陕北野生观赏植物图鉴

SHANBEI YESHENG GUANSHANG ZHIWU TUJIAN

刘翠英　张　静　武慧平　主编

西北农林科技大学出版社
· 杨凌 ·

图书在版编目（CIP）数据

陕北野生观赏植物图鉴 / 刘翠英，张静，武慧平主编. -- 杨凌 : 西北农林科技大学出版社，2024.6.
ISBN 978-7-5683-1423-7

Ⅰ. Q948.524.1-64

中国国家版本馆CIP数据核字第2024N252J3号

陕北野生观赏植物图鉴

刘翠英　张静　武慧平　**主编**

出版发行	西北农林科技大学出版社		
地　　址	陕西杨凌杨武路3号	**邮　编**	712100
电　　话	总编室：029-87093195	发行部：029-87093302	
电子邮箱	press0809@163.com		
印　　刷	陕西天地印刷有限公司		
版　　次	2024年6月第1版		
印　　次	2024年6月第1次印刷		
开　　本	880 mm × 1230 mm　1/16		
印　　张	21.75		
字　　数	265千字		

ISBN 978-7-5683-1423-7

定价：168.00元

作者简介

刘翠英，陕西西乡人。毕业于西北农林科技大学，硕士，榆林学院三级教授，硕士研究生导师。陕西省教学名师，榆林市有突出贡献拔尖人才，现为陕西省植物学会常务理事、榆林市古树名木专家委员会委员、榆林市花卉协会会员。长期从事陕北野生植物资源调查及资源利用研究工作，主持陕西省科技厅项目2项、陕西省教育厅项目2项、榆林市科技局项目8项;先后在国内外30多种期刊上发表科研论文80多篇，参编专著3部；授权国家发明专利4项、实用新型专利8项。

张静，陕西神木人。毕业于西北农林科技大学，硕士，榆林学院副教授，硕士生导师。现任中国园艺学会压花分会理事、陕西省植物学会会员、榆林市科技特派员、榆林市健康影响评价评估专家库专家。长期从事旱区植物资源及园林地被植物节水生理研究，先后主持参与完成了省市项目20余项，在国内外学术期刊发表学术论文十余篇、参编著作1部，授权国家实用新型专利8项，取得榆林市行业技术规范5项，获榆林市第十五届自然科学优秀论文一等奖1项。

武慧平，内蒙古乌兰浩特人。毕业于西北农林科技大学，硕士，榆林学院副教授。主讲“计算机辅助设计”“园林植物栽培养护学”等课程，研究方向为园林植物栽培与应用。主持神木市壹号院景观设计、府谷哈镇镇政府办公区绿化方案设计、榆林郭家沟工业园区蓄供水工程厂区绿化设计、神木大保当镇街道主入口绿化设计。先后主持参与完成了省市项目12项，在国内外学术期刊发表学术论文12篇、出版专著1部，授权国家实用新型专利3项。

《陕北野生观赏植物图鉴》

编写人员名单

主　编： 刘翠英　张　静　武慧平

参　编：（按姓氏拼音排序）

白晓霞　蔡欣澄　程亚瑞　高　静　郭丽丽

纪晓玲　刘翠英　刘海霞　梁倩雨　龙佳文

乔　乐　王竟慷　武慧平　许波喜　易熠秋

赵　楠　张　静　张　盼　张子敬　张　敏

拍　摄： 刘翠英　郭丽丽　梁倩雨　马春平　张福海

刘米丽　王培才　蹇攀峰　田先华

PREFACE 前言

我国幅员辽阔，横跨寒、温、热不同气候带，地形复杂，气候多样，适宜多种生物的生存和繁衍。野生观赏植物是指仍在原产地处于天然自生状态、具有一定观赏价值的观赏树木、花卉以及地被草本植物，其中绝大多数种类尚未被大规模地栽培应用。它们大多形态优雅，色彩丰富，风韵别致，无论自然生长在山川原野，还是引种栽植在城市公园、绿地、庭院或居室内，均能为环境增美添色，美化人类生活，是地方天然风景和植被的重要组成部分，是大自然恩赐给人类的宝贵财富。

野生观赏植物种质资源是花卉苗木育种的物质基础，对其进行调查、收集和引种是促进花卉苗木产业持续、协调发展不可或缺的推动力。因此，国内外都很重视观赏植物种质资源的调查研究工作。我国是观赏植物资源大国，曾对世界园林园艺发展做出过重大贡献，被誉为“园林之母”。自20世纪70年代起，相关研究者就对我国的野生观赏植物资源进行广泛的调查研究，引种筛选出一大批有应用前景的观赏植物和园林植物育种材料。近年来，随着经济发展和物质生活水平的提高，城市生态文明建设理念逐渐深入人心，不仅要求城市绿化、美化，而且要求彩化、香化、个性化，当地野生观赏植物的应用正是直观表达区域特色的重要方法之一，各类观赏植物资源，尤其是乔木和花灌木，正逐渐被开发应用于城市绿化建设中。因此，调查研究和开发利用当地的野生观赏植物资源，对于培育观赏植物新品种，丰富城市园林植物多样性，促进生态文明建设，提高园林绿化水平，提升城市品位，都具有非常重要的现实意义。

陕北地区包括陕西省的延安市和榆林市，位于东经107°15'～110°15'、北纬35°02'～39°35'之间，处于黄土高原中部地带，共23个县2个市辖区，总面积7.99万km^2。西北部是黄土丘陵与毛乌素沙地过渡地带，东南部为黄土高原，西部为白于山黄土丘陵，东北部是以梁峁地形为主的黄土丘陵，南部为黄龙山、劳山、子午岭沿线山地林区。处于农牧交错地带，暖温带半湿润季风气候与温带大陆性季风气候的过渡区。境内无定河、延河、洛河等多条水系川流而过，地形地貌复杂、生态多样，年平均气温8～12℃，年平均降水量约350～600 mm。土壤以栗钙土、黄绵土、草原风沙土为主。气候干燥、光照充足、昼夜温差大，气候、植被、地貌过渡性明显。

据不完全统计，陕北地区有维管植物129科563属1297种（含种下等级），其中野生植物有105科415属954种以上，野生观赏植物有96科329属690种以上。观赏种类在30种以上的大科有菊科、禾本科、蔷薇科、豆科、毛茛科、唇形科等。乔木雄伟高大、多姿多彩、形态优美而奇特，灌木繁花似锦、色彩斑斓，草本花卉小巧玲珑，水生花卉挺立于水中或漂浮于水面之上的，藤本植物攀援、附生于岩石、悬崖及树干之上，不同生活型、生态型的野生观赏植物尽显其风采，为园林绿化植物选择提供了多种可能性。

陕北野生观赏植物资源丰富，观赏价值高，应用潜力巨大，但迄今为止还没有一本系统介绍陕北地区野生观赏植物的著作。从本世纪以来，我们对陕北地区野生植物资源进行了多次野外考察，重点对陕北地区野生观赏植物资源进行了系统地观察和研究工作，拍摄了1000余种植物2万多张照片。在此基础上，经过有关专家的选择和鉴别，我们编著了这本《陕北野生观赏植图鉴》。本书从我们观察研究的近700种野生观赏植物中挑选出具有开发利用价值的观赏植物70科228属320种。每种植物都配有1～5张反映其整体景观或观赏部位或生境的彩色照片，介绍了其形态特征、花果期、分布、生境、观赏特点、园林用途和配置形式。具有严谨的科学性、高度的艺术性和极强的实用性。旨在为从事野生观赏植物资源保护与利用研究的农林科技人员提供一部图文并茂的工具书，也为观赏植物科研工作者了解陕北地区观赏植物资源状况提供一部直观的鉴赏图谱。部分植物为本区新纪录，如黄连花、斑叶堇菜。也有许多观赏价值很高的植物，由于野外调查时未见，或由于拍摄的照片质量欠佳而没能被收录入本书中，深感遗憾！

书中的科名排列，蕨类植物门科的顺序按照吴兆洪和秦仁昌在《中国蕨类植物科属志》（1991年）中的系统，裸子植物门科的顺序按郑万钧系统（1978年），被子植物按照APG系统，中文名和拉丁名以《中国植物志》、中国自然标本馆（CFH）物种库、iplant植物智－植物物种信息系统、中国植物图像库（Plant Photo Bank of China，PPBC）为准。科内的属名和种名按拉丁文字母顺序排列，书末还附有中名和拉丁学名索引。植物形态特征的描述主要参考《中国植物志》和《中国高等植物图鉴》，生长环境的描述主要参考《黄土高原植物志》和实地采集记录，用途主要参考《中国资源植物》。

本书的出版得到了榆林市科技局项目“北方资源型缺水城市节水型园林绿地建设研究—陕北地区乡土芳香植物引种与园林应用筛选试验研究”“陕北地区野生花卉资源调查与引种驯化研究”和“适用于矿区生态修复的乡土地被植物筛选研究”、榆林市牧草遗传改良与资源利用重点实验室、榆林市林草局、沙产业陕西省高等学校重点实验室，以及榆林学院出版基金资助，在此一并表示感谢！

由于编著时间及我们的知识水平所限，书中疏漏和错误在所难免，敬请读者指正。

编者

2024年1月于榆林

CONTENTS

目 录

蕨类植物门 Pteridophyta

裸子植物门 Gymnospermae

被子植物门 Angiospermae

单子叶植物纲 Monocotyledones

双子叶植物纲 Dicotyledoneae

蕨类植物门

Pteridophyta

陕北野生
观赏植物图鉴

SHANBEI YESHENG
GUANSHANG ZHIWU TUJIAN

1. 中华卷柏 *Selaginella sinensis* (Desv.) Spring

土生或旱生蕨类植物。匍匐，根托在主茎上断续着生，自主茎分叉处下方生出，纤细，根多分叉，光滑。主茎通体羽状分枝，不呈“之”字形，无关节，禾秆色，茎圆柱状，不具纵沟，光滑无毛，内具维管束 1 条；侧枝多，小枝稀疏，规则排列，分枝无毛，背腹压扁，叶全部交互排列，略二形，纸质，表面光滑，边缘不为全缘，具白边。分枝上的腋叶对称，窄倒卵形，中叶多少对称，小枝上的卵状椭圆形，排列紧密，侧叶多少对称，略上斜，孢子叶穗紧密，四棱柱形，单个或成对生于小枝末端，孢子叶一形，卵形，边缘具睫毛，有白边，先端急尖，龙骨状；大孢子白色；小孢子橘红色。

本地可见于榆阳区、神木市等地，生于海拔 900 ～ 1500 m 灌丛中岩石上或土坡上。分布于我国黑龙江、吉林、辽宁、内蒙古、河北、山东、山西、河南、陕西、宁夏、江苏、安徽、湖北及云南西北部。

植株低矮，姿态优美，色彩翠绿，匍匐蔓延，四季常绿，可作地被植物种植于岩石上或土坡上，也可用于山石盆景作为铺面植物，干净卫生，整洁美观。

图 1　中华卷柏

2. 问荆 *Equisetum arvense* L.

多年生中小型蕨类植物。根茎斜伸，直立和横走，黑棕色，节和根密生黄棕色长毛或光滑无毛。地上枝当年枯萎，枝二型。能育枝春季先萌发，高 5 ～ 35 cm，中部直径 3 ～ 5 mm，节间长 2 ～ 6 cm，黄棕色，无轮茎分枝，脊不明显，有密纵沟；鞘筒栗棕色或淡黄色，长约 0.8 cm，鞘齿 9 ～ 12 枚，栗棕色，长 4 ～ 7 mm，狭三角形，鞘背仅上部有一浅纵沟，孢子散后能育枝枯萎。不育枝后萌发，高达 40 cm，主枝中部直径 1.5 ～ 3.0 mm，节间长 2 ～ 3 cm，绿色，轮生分枝多，主枝中部以下有分枝。脊的背部弧形，无棱，有横纹，无小瘤；鞘筒狭长，绿色，鞘齿三角形，5 ～ 6 枚，中间黑棕色，边缘膜质，淡棕色，宿存。侧枝柔软纤细，扁平状，有 3 ～ 4 条狭而高的脊，脊的背部有横纹；鞘齿 3 ～ 5 个，披针形，绿色，边缘膜质，宿存。孢子囊穗圆柱形，长 1.8 ～ 4.0 cm，直径 0.9 ～ 1.0 cm，顶端钝，成熟时柄伸长，柄长 3 ～ 6 cm。

本区域多处可见。生于海拔 600 ～ 2200 m 的河边、路旁砂地或山坡林下，灌丛或杂草中。广布于我国东北、华北、西北、华东、华中、西南。日本、朝鲜半岛、喜马拉雅山地、俄罗斯及欧洲、北美洲也产。

营养茎枝碧绿，小枝轮生而下垂，孢子囊形似笔头，形状奇特，惹人喜爱，既可盆栽观赏，也可以在园林中沟边水旁成片种植。

图 2-1　问荆植株

图 2-2　问荆孢子囊穗

3. 木贼 *Equisetum hyemale* L.

大型蕨类植物。根茎横走或直立，黑棕色，节和根有黄棕色长毛。地上枝多年生。枝一型，高达 1 m 或更多，中部径（3 ～）5 ～ 9 mm，节间长 5 ～ 8 mm，绿色，不分枝或基部有少数直立侧枝。地上枝有脊 16 ～ 22 个，脊背部弧形或近方形，有小瘤 2 行；鞘筒长 0.7 ～ 1.0 cm，黑棕色或顶部及基部各有一圈或顶部有一圈黑棕色，鞘齿 16 ～ 22 枚，披针形，长 3 ～ 4 mm，先端淡棕色，膜质，芒状，早落，下部黑棕色，薄革质，基部背面有 4 纵棱，宿存或同鞘筒早落。孢子囊穗卵状，长 1.0 ～ 1.5 cm，径 5 ～ 7 mm，顶端有小尖突，无柄。

可见于榆阳区、横山区，生于海拔 1000 ～ 1200 m 的山地疏林下、河边砂地或杂草中；分布于我国东北、华北及甘肃、新疆、河南、湖北、重庆、四川。日本、朝鲜半岛、俄罗斯、欧洲、北美及中美洲也产。

植株常丛生，光滑的茎秆亭亭玉立，直立向上，株型特别，茎枝绿色，四季常青，可作花境、地被或盆栽观赏。

图 3-1　木贼孢子囊穗

图 3-2　木贼植株

4. 草麻黄 *Ephedra sinica* Stapf

草本状灌木，高 20～40 cm，木质茎短或呈匍匐状，小枝直伸或微曲，叶 2 裂，裂片锐三角形，先端急尖。雄球花多呈复穗状，常具总梗；雌球花单生，在幼枝上顶生，在老枝上腋生，常在成熟过程中基部有梗抽出，使雌球花呈侧枝顶生状，卵圆形或矩圆状卵圆形，成熟时肉质红色。花期 5—6 月，种子 8—9 月成熟。

产府谷、神木、榆阳、米脂、佳县、绥德、横山、吴起、志丹、延川，生于山坡、平原、干燥荒地、河床及草原等处，常组成大面积的单纯群落。分布于我国华北及吉林、辽宁、河南、甘肃、宁夏。蒙古也产。

植株低矮，叶片嫩绿，花果色艳丽夺目。秋冬季节，红绿相间，茎叶花果均具有观赏性，适合做地被植物和盆栽观赏。

图 4-1　草麻黄植株及生境

图 4-2　草麻黄花

图 4-3　草麻黄果实

裸子植物门

Gymnospermae

陕北野生
观赏植物图鉴

SHANBEI YESHENG
GUANSHANG ZHIWU TUJIAN

5. 杜松 *Juniperus rigida* Sieb. et Zucc.

常绿小乔木，高达 10 m。枝近直展，树冠塔形或锥状圆柱形。小枝下垂。叶条状刺形，质厚，坚硬而直，长 1.2 ～ 1.7 cm，宽约 1 mm，先端锐尖，上面凹下成深槽，槽内有 1 条窄的白粉带，下面有明显的纵脊。球果圆球形，径 6 ～ 8 mm，熟时淡褐黑或蓝黑色，被白粉。种子近卵圆形，长约 6 mm，先端尖，有 4 条钝棱。花期 5 月，果次年 10 月成熟。

产府谷、榆阳。生于海拔 1400 ～ 2200 m 的山坡。分布于我国东北、华北及宁夏、甘肃。朝鲜、日本也有分布。

杜松树形美观，枝叶浓密，姿态优美挺拔，可丛植、列植在庭院、道路两旁、建筑物周围，也可点缀广场和草坪，还可以作为盆栽室内种植，装饰家居。

图 5-1　杜松植株

图 5-2　杜松雄球花、芽

图 5-3　杜松球果

6. 叉子圆柏 *Juniperus sabina* L.

匍匐常绿灌木，高不及 1 m，稀灌木或小乔木；枝密，斜上伸展，枝皮灰褐色，裂成薄片脱落；一年生枝的分枝皆为圆柱形，径约 1 mm。叶二型：刺叶常生于幼树上，稀在壮龄树上与鳞叶并存，常交互对生或兼有三叶交叉轮生，排列较密，向上斜展，长 3 ～ 7 mm，先端刺尖，上面凹，下面拱圆，中部有长椭圆形或条形腺体；鳞叶交互对生，排列紧密或稍疏，斜方形或菱状卵形，长 1.0 ～ 2.5 mm，先端微钝或急尖，背面中部有明显的椭圆形或卵形腺体。雌雄异株，稀同株；雄球花椭圆形或矩圆形，长 2 ～ 3 mm，雄蕊 5 ～ 7 对，各具 2 ～ 4 花药，药隔钝三角形；雌球花曲垂或初期直立而随后俯垂。球果生于向下弯曲的小枝顶端，熟前蓝绿色，熟时褐色至紫蓝色或黑色，多少有白粉，具 1 ～ 4（～ 5）粒种子，多为 2 ～ 3 粒，形状各式，多为倒三角状球形，长 5 ～ 8 mm，径 5 ～ 9 mm；种子常为卵圆形，微扁，长 4 ～ 5 mm，顶端钝或微尖，有纵脊与树脂槽。

产神木、榆林、横山、靖边。生于海拔 1100 ～ 1500 m 的石砾山坡或沙丘。分布于我国内蒙古、新疆、青海、甘肃、宁夏。中亚及欧洲南部也产。

植株低矮，匍匐有姿，四季常青，园林置景可塑性大。作为常绿地被和基础种植，增加层次；孤植、群植于大面积草坪，画龙点睛；可置景向上攀援或向下垂瀑于假山、栅栏，飘逸秀美；孤植、群植于树丛、林缘及建筑物背阴处，冬、夏昂然；配置于铁路、公路路基、屋顶及其他坡面，既可护坡又可观赏，浑然天成；公路、街心花园置景，高低相宜；楼顶、立体等高层置景，悠然自得；盆栽用于室内装饰。

图 6-1　叉子圆柏植株

图 6-2　叉子圆柏球果

7. 侧柏 *Platycladus orientalis* (L.) Franco

常绿乔木，高达 20 多米，胸径 1 m。树皮薄，浅灰褐色，纵裂成条片。枝条向上伸展或斜展，幼树树冠卵状尖塔形，老树树冠则为广圆形。生鳞叶的小枝细，向上直展或斜展，扁平，排成一平面。叶鳞形，长 1 ~ 3 mm，先端微钝，小枝中央叶的露出部分呈倒卵状菱形或斜方形，背面中间有条状腺槽，两侧的叶船形，先端微内曲，背部有钝脊，尖头的下方有腺点。雄球花黄色，卵圆形，长约 2 mm；雌球花近球形，径约 2 mm，蓝绿色，被白粉。球果近卵圆形，长 1.5 ~ 2.0（~ 2.5）cm，成熟前近肉质，蓝绿色，被白粉，成熟后木质，开裂，红褐色；中

图 7-1　侧柏雌球花

图 7-2　侧柏雄球花

间两对种鳞倒卵形或椭圆形，鳞背顶端的下方有一向外弯曲的尖头，上部1对种鳞窄长，近柱状，顶端有向上的尖头，下部1对种鳞极小，长达13 mm，稀退化而不显著。种子卵圆形或近椭圆形，顶端微尖，灰褐色或紫褐色，长6～8 mm，稍有棱脊，无翅或有极窄之翅。花期3—4月，球果10月成熟。

全区域都有分布。生于海拔600～1500 m的山坡、田边。我国南北各省区多有分布。

树姿优美，果形奇特，寿命长，是北方冬季重要园林绿化树种。适宜于寺庙园林、纪念性园林、古典园林中应用，也常做绿篱栽培。

图7-3　侧柏球果（幼果）

图7-4　侧柏球果（成熟）

被子植物门

Angiospermae

陕北野生观赏植物图鉴

SHANBEI YESHENG GUANSHANG ZHIWU TUJIAN

单子叶植物纲 Monocotyledones

8. 菖蒲 *Acorus calamus* L.

多年生草本植物。根茎横走，稍扁，分枝，径 0.5 ～ 1.0 cm，黄褐色，芳香。叶基生，基部两侧膜质叶鞘宽 4 ～ 5 mm，向上渐窄，脱落；叶片剑状线形，长 0.9 ～ 1.0（～ 1.5）m，基部对褶，中部以上渐窄，草质，绿色，光亮，两面中肋隆起，侧脉 3 ～ 5 对，平行，纤弱，伸至叶尖。花序梗二棱形，长（15 ～）40 ～ 50 cm；叶状佛焰苞剑状线形，长 30 ～ 40 cm；肉穗花序斜上或近直立，圆柱形，长 4.5 ～ 6.5（～ 8.0）cm。花黄绿色，花被片长约 2.5 mm，宽约 1 mm；花丝长 2.5 mm。浆果长圆形，成熟时红色。花期 6—9 月。

本地均产。生于海拔 2000 m 以下的沼泽、溪流或水田边。分布于我国各地。广布于北温带及亚洲热带地区。

叶丛挺立翠绿，端庄秀丽，具有香气，适宜水系景观绿化，可丛植于湖、塘岸边，或点缀于庭园水景和临水假山一隅，还可用于室内水培观赏。叶、花序还可以作插花材料。

图 8-1　菖蒲花序

图 8-2　菖蒲植株及生境

9. 泽泻 *Alisma plantago-aquatica* L.

多年生水生或沼生草本植物。茎块大。叶通常多数，沉水叶条形或披针形，挺水叶宽披针形、椭圆形至卵形。花两性，外轮花被卵形，内轮花被圆形，白色，粉红色或浅紫色，花柱直立，花药椭圆形，黄色，或淡绿色；花托平凸，近圆形。瘦果椭圆形，或近矩圆形。种子紫褐色。花果期 5—10 月。

榆阳、横山、靖边、吴堡等地可见。生于海拔 1000 ~ 1400 m 的池沼、溪流的浅水中。分布于我国东北及内蒙古、新疆、云南等地。中亚、东亚、非洲、欧洲、北美洲及大洋洲也产。

叶片翠绿，宽大。花序长，花白素雅，花期较长。最宜在浅水岸边丛植或池中栽植，也可作花境材料及切花，盆栽或沼泽园用。

图 9-1 泽泻生境

图 9-2 泽泻植株

图 9-3 泽泻花序

10. 慈姑 *Sagittaria trifolia* subsp. *leucopetala* (Miq.) Q. F. Wang

植株高大，粗壮。叶片宽大，肥厚，顶裂片先端钝圆，卵形至宽卵形。匍匐茎末端膨大呈球茎。球茎卵圆形或球形，可达（5～8）cm×（4～6）cm。圆锥花序高大，长 20～60 cm，有时可达 80 cm 以上，分枝 1～3 枚，着生于下部，具 1～2 轮雌花，主轴雌花 3～4 轮，位于侧枝之上；雄花多轮，生于上部，组成大型圆锥花序。果期花托扁球形，直径 4～5 mm，高约 3 mm。种子褐色，具小凸起。

榆阳区可见。产榆溪河河畔、黄河湿地，生于湿地、稻田、沼泽。我国长江以南各省区广泛栽培。日本、朝鲜半岛也有栽培。

叶形奇特，株型美观，花色淡雅，适应能力较强，可做水面、池边的绿化材料。丛植或者散植，也可作为盆栽观赏。

图 10-1　慈姑植株

图 10-2　慈姑花

图 10-3　慈姑果实

11. 花蔺 *Butomus umbellatus* L.

多年生水生或湿生草本植物，丛生。根茎横走或斜生，节生多数须根。叶基生，上部伸出水面，三棱状条形，长 0.3 ～ 1.2 m，宽 0.3 ～ 1.0 cm，先端渐尖，基部鞘状，鞘缘膜质。花葶圆柱形，长 0.7 ～ 1.5 m。伞形花序顶生，具多花；苞片 3 枚，卵形，长约 2 cm，先端渐尖；花两性；花梗长 4 ～ 10 cm；花径 1.5 ～ 2.5 cm；花被片 6 枚，宿存，外轮花被片较小，萼片状，绿色，稍带红色，内轮的较大，花瓣状，粉红色；雄蕊 9 枚，花丝扁，基部稍宽；心皮 6 个，1 轮，基部联合成环，胚珠多数，柱头纵折状，外曲。蓇葖果沿腹缝线开裂，顶端具长喙。种子多数，细小，具沟纹。花果期 7—9 月。

可见于榆阳区。生于池塘、河岸、湖泊、水塘、沟渠、溪畔等浅水中。分布于我国黑龙江、内蒙古、河北、山西、新疆、山东、江苏、安徽、河南、湖北等省区。亚洲及欧洲温带地区有分布。

株型秀丽，花叶美观，开花时点点粉红色花附在翠绿的叶丛之上，轻盈优美。可群植或片植于园林中溪边、池旁等湿地水景中，也可盆栽观赏。

图 11-1　花蔺花序

图 11-2　花蔺植株及生境

12. 山丹 *Lilium pumilum* DC.

多年生草本植物。鳞茎卵形或圆锥形，高 2.5 ~ 4.5 cm，径 2 ~ 3 cm；鳞片长圆形或长卵形，长 1.0 ~ 3.5 cm，宽 1.0 ~ 1.5 cm，白色。茎高达 60 cm，有小乳头状突起，有的带紫色条纹。叶散生茎中部，线形，长 3.5 ~ 9.0 cm，宽 1.5 ~ 3.0 mm，中脉下面突出，边缘有乳头状突起。花单生或数朵成总状花序。花鲜红色，常无斑点，有时有少数斑点，下垂；花被片反卷，长 4.0 ~ 4.5 cm，宽 0.8 ~ 1.1 cm，蜜腺两侧有乳头状突起；花丝长 1.2 ~ 2.5 cm，无毛，花药长约 1 cm，黄色；子房长 0.8 ~ 1.0 cm；花柱长 1.2 ~ 1.5 cm，柱头膨大，径 5 mm，3 裂。蒴果长圆形，长 2 cm。花期 7—8 月，果期 9—10 月。

产榆阳、米脂、绥德、佳县、吴堡、清涧、子洲等黄土高原区。生于海拔 600 ~ 2100 m 的草地、田边、灌丛或林缘。分布于我国东北、华北及山东、河南、宁夏、甘肃、青海。朝鲜、蒙古、俄罗斯也产。

花姿雅致，叶青翠娟秀，茎干亭亭玉立，花形美观，花色鲜艳，香气浓郁。可群植于庭院树下、林缘坡地，亦可列植于花坛四周或散播于花坛中间、布置专类园，也可盆栽于窗台或摆放于书室以增添书室房屋的雅趣，还可做切花材料。

图 12　山丹

13. 火烧兰 *Epipactis helleborine* (L.) Crantz.

地生草本植物，高 20 ～ 70 cm。根状茎粗短。茎上部被短柔毛，下部无毛，具 2 ～ 3 枚鳞片状鞘。叶 4 ～ 7 枚，互生；叶片卵圆形、卵形至椭圆状披针形，罕有披针形，长 3 ～ 13 cm，宽 1 ～ 6 cm，先端通常渐尖至长渐尖；向上叶逐渐变窄而呈披针形或线状披针形。总状花序长 10 ～ 30 cm，通常具 3 ～ 40 朵花；花苞片叶状，线状披针形，下部的长于花 2 ～ 3 倍或更多，向上逐渐变短；花梗和子房长 1.0 ～ 1.5 cm，具黄褐色绒毛；花绿色或淡紫色，下垂，较小；中萼片卵状披针形，较少椭圆形，舟状，长 8 ～ 13 mm，宽 4 ～ 5 mm，先端渐尖；侧萼片斜卵状披针形，长 9 ～ 13 mm，宽约 4 mm，先端渐尖；花瓣椭圆形，长 6 ～ 8 mm，宽 3 ～ 4 mm，先端急尖或钝；唇瓣长 6 ～ 8 mm，中部明显缢缩；下唇兜状，长 3 ～ 4 mm；上唇近三角形或近扁圆形，长约 3 mm，宽约 3 ～ 4 mm，先端锐尖，在近基部两侧各有一枚长约 1 mm 的半圆形褶片，近先端有时脉稍呈龙骨状；蕊柱长约 2 ～ 5 mm（不包括花药）。蒴果倒卵状椭圆状，长约 1 cm，具极疏的短柔毛。花期 7 月，果期 9 月。

产榆阳、靖边、延安、宜川、富县、黄陵、黄龙。生于海拔 900 ～ 2900 m 的山地草丛、灌丛或林缘。分布于我国辽宁、河北、山西、甘肃、青海、新疆、安徽、湖北、重庆、四川、贵州、云南、西藏。阿富汗、巴基斯坦、不丹、尼泊尔、俄罗斯及中亚、西南亚、北非、欧洲也产，在北美洲已归化。

株型轩昂挺秀，叶片似剑，花容端庄，晶莹，自然清晰。开花时甜香四溢，沁人心脾。可盆栽观赏。

图 13-1　火烧兰花期植株

图 13-2　火烧兰果实

14. 绶草 *Spiranthes sinensis* (Pers.) Ames

植株高 13 ～ 30 cm。根数条，指状，肉质，簇生于茎基部。茎较短，近基部生 2 ～ 5 枚叶。叶片宽线形或宽线状披针形，极罕为狭长圆形，直立伸展。花茎直立，长 10 ～ 25 cm，上部被腺状柔毛至无毛；总状花序具多数密生的花，长 4 ～ 10 cm，呈螺旋状扭转；花小，紫红色、粉红色或白色，在花序轴上呈螺旋状排生；萼片的下部靠合，中萼片狭长圆形，舟状，长 4 mm，宽 1.5 mm，先端稍尖，与花瓣靠合呈兜状。花期 7—8 月。

产榆阳、横山、靖边、黄陵。生于海拔 600 ～ 1300 m 的山坡草地、河滩沼泽草甸或林下。分布几遍全国。阿富汗、印度、尼泊尔、克什米尔、不丹、缅甸、泰国、越南、马来西亚、菲律宾、日本、朝鲜、俄罗斯、澳大利亚也产。

植株低矮，花序排列奇特，花色艳丽，花朵小而密集，具有很高的观赏价值，因独特的花型，被称为“通往天国的阶梯”。适宜引种栽培，布置成花坛、花境、观赏地被、小品盆栽等形式，供人们观赏。

图 14　绶草

15. 射干 *Belamcanda chinensis* (L.) Redouté

多年生草本植物。根状茎为不规则的块状，斜伸，黄色或黄褐色；须根多数，带黄色。茎高 1.0 ～ 1.5 m，实心。叶互生，嵌叠状排列，剑形，长 20 ～ 60 cm，宽 2 ～ 4 cm，基部鞘状抱茎，顶端渐尖，无中脉。花序顶生，叉状分枝，每分枝的顶端聚生有数朵花；花梗细，长约 1.5 cm；花梗及花序的分枝处均包有膜质的苞片，苞片披针形或卵圆形；花橙红色，散生紫褐色的斑点，直径 4 ～ 5 cm；花被裂片 6 枚，2 轮排列，外轮花被裂片倒卵形或长椭圆形，长约 2.5 cm，宽约 1 cm，顶端钝圆或微凹，基部楔形，内轮较外轮花被裂片略短而狭；雄蕊 3 枚，长 1.8 ～ 2.0 cm，着生于外花被裂片的基部，花药条形，外向开裂，花丝近圆柱形，基部稍扁而宽；花柱上部稍扁，顶端 3 裂，裂片边缘略向外卷，有细而短的毛，子房下位，倒卵形，3 室，中轴胎座，胚珠多数。蒴果倒卵形或长椭圆形，长 2.5 ～ 3.0 cm，直径 1.5 ～ 2.5 cm，顶端无喙，常残存有凋萎的花被，成熟时室背开裂，果瓣外翻，中央有直立的果轴；种子圆球形，黑紫色，有光泽，直径约 5 mm，着生在果轴上。花期 6—8 月，果期 7—9 月。

产延安、宜君等地。生于海拔 400 ～ 1800 m 的山坡草地、田埂或沟岸。分布几遍全国。东亚及东南亚也产。

茎叶挺拔、叶姿优美、叶色葱茏，花枝错落有致，花姿轻盈，花瓣有红色斑点，美丽妖娆、花形飘逸，花色鲜艳，花香浓烈，并且花期尤其长。花朵在闭合时会像糖纸一样呈现螺旋状卷曲，黄绿色的膜质果实玲珑可爱。可作为花境镶嵌于林缘、建植在城市开放绿地和草坪，或与不同花期的木本花灌木和草本花灌木配合种植在公路分隔带，做花径、大型岩石园的材料，做花坛、花境的配植材料，花枝用于插花欣赏。也是切花、切叶的好材料。

图 15-1　射干植株、花序

图 15-2 射干花

图 15-3 射干幼果

图 15-4 射干果实

图 15-5 射干种子

16. 马蔺 *Iris lactea* Pall.

多年生密丛草本植物。根状茎粗壮，包有红紫色老叶残留纤维，斜伸。叶基生，灰绿色，质坚韧，线形，无明显中脉，长约 50 cm，宽 4 ~ 6 cm。花茎高 3 ~ 10 cm；苞片 3 ~ 5 枚，草质，绿色，边缘膜质，白色，包 2 ~ 4 朵花。花蓝紫或乳白色，径 5 ~ 6 cm；花被筒短，长约 3 mm；外花被裂片倒披针形，长 4.2 ~ 4.5 cm，内花被裂片窄倒披针形，长 4.2 ~ 4.5 cm；雄蕊长 2.5 ~ 3.2 cm，花药黄色；子房纺锤形，长 4.0 ~ 4.5 cm。蒴果长椭圆状柱形，有短喙，有 6 肋。种子多面体形，棕褐色，有光泽。花期 5—6 月，果期 6—9 月。

产神木、榆阳、横山、绥德、米脂、吴堡、延安、子长、吴起、甘泉、黄龙。生于海拔 550 ~ 1600 m 的荒地、草丛。分布于我国东北、华北、西北及山东、安徽、河南、湖北、西藏。阿富汗、巴基斯坦、印度、哈萨克斯坦、蒙古、朝鲜、俄罗斯也产。

株丛挺立，叶片灰绿柔软，花形奇特，花色淡雅美丽，花蜜清香，花期长，可形成美丽的园林景观。对环境适应性强，长势旺盛，管理粗放，是节水、抗旱、耐盐碱、抗杂草、抗病、抗虫、抗鼠害的优良观赏地被植物。因此，可用于水边、城市开放绿地、道路两侧绿化隔离带和缀花草地中，也可以用于专类园，或做切花。

图 16-1　马蔺花

图 16-2　马蔺果实和种子

17. 细叶鸢尾 *Iris tenuifolia* Pall.

密丛草本植物，植株基部宿存老叶叶鞘。根状茎块状，木质。叶质坚韧，丝状或线形，无中脉，长 20 ～ 60 cm，宽 1.5 ～ 2.0 mm。花茎短，不伸出地面。苞片 4 枚，膜质，披针形，包 2 ～ 3 朵花。花蓝紫色，径约 7cm；花被筒长 4.5 ～ 6.0 cm；外花被裂片匙形，长 4.5 ～ 5.0 cm，宽约 1.5 cm；无附属物，常有纤毛，内花被裂片倒披针形，长约 5 cm；雄蕊长约 3 cm，花丝丝状，宽约 2 mm；花柱分枝扁平，长约 4 cm，顶端裂片窄三角形，子房细圆柱形，长约 1 cm。蒴果倒卵圆形，长 3.2 ～ 4.5 cm，有短喙。花期 4—5 月，果期 8—9 月。

产神木、吴堡、绥德、清涧、横山、靖边、定边、吴起。生于海拔 650 ～ 1100 m 的固定沙丘或砂质草地。分布于我国东北、华北、西北及西藏。阿富汗、巴基斯坦、哈萨克斯坦、蒙古、俄罗斯也产。

株型优美，叶片碧绿，花形奇特，花色艳丽，是良好的观花观叶植物。可用于池边等湿地和浅水处的景观绿化，应用于花径、花境、点缀草坪与岩石园、疏林地与坡地地被栽植，或与不同种（品种）鸢尾建植专类花园等。既可以成片种植，也可以和其他植物组成植物景观。此外，细叶鸢尾的花茎健壮，单株花有 2 ～ 3 朵，可用于插花、束花，是极具潜质的鲜切花资源。

图 17-1　细叶鸢尾植株

图 17-2　细叶鸢尾花

18. 黄花菜 *Hemerocallis citrina* Baroni

多年生草本植物，植株较高大。根近肉质，中下部呈纺锤状。叶 7 ～ 20 枚，长 0.5 ～ 1.3 m，宽 0.6 ～ 2.5 cm。花葶长短不一，一般稍长于叶，基部三棱形，上部多少圆柱形，有分枝；苞片披针形，下面的长 3 ～ 10 cm，自下向上渐短，宽 3 ～ 6 mm。花梗长不及 1 cm；花多朵，最多可达 100 朵以上。花被淡黄色，有时花蕾顶端带黑紫色；花被管长 3 ～ 5 cm，花被裂片长（6）7 ～ 12 cm，内 3 片宽 2 ～ 3 cm。蒴果钝三棱状椭圆形，长 3 ～ 5 cm。种子约 20 多个，黑色，有棱，从开花到种子成熟 40 ～ 60 d。花果期 5—9 月。

本地多见。生于海拔 800 ～ 1700 m 的山地草丛或林缘。我国内蒙古、河北、山东、江苏、安徽、浙江、江西、河南、湖北、湖南、四川均有分布。日本、朝鲜也产。

春季萌发早，叶丛美丽，自春至深秋始终保持鲜绿，花葶高出叶丛，花大色艳。夏季观赏其花朵，其他季节观赏其叶。适宜花境应用，丛植于路旁、篱缘、疏林边，可以很好地体现田野风光。也可作切花。

图 18-1　黄花菜植株

图 18-2　黄花菜花

19. 薤白 *Allium macrostemon* Bunge

草本植物。鳞茎单生，近球状，径 0.7 ～ 1.5（～ 2.0）cm，基部常具小鳞茎，外皮带黑色，纸质或膜质，不裂。叶半圆柱状或三棱状半圆柱形，中空，短于花葶，宽 2 ～ 5 mm。花葶圆柱状，高达 70 cm，1/4 ～ 1/3 被叶鞘；总苞 2 裂，宿存：伞形花序半球状或球状，花多而密集，或间具珠芽，或全为珠芽。花梗近等长，长为花被片 3 ～ 5 倍，具小苞片；珠芽暗紫色，具小苞片；花淡紫或淡红色：花被片长圆状卵形或长圆状披针形，长 4.0 ～ 5.5 mm，等长，内轮常较窄；花丝等长，比花被片稍短或长 1/3，基部合生并与花被片贴生，基部三角形，内轮基部较外轮宽 1.5 倍：子房近球形，腹缝基部具有帘的凹陷蜜穴，花柱伸出花被。花果期 5—7 月。

图 19-1　薤白幼苗

本地多见。南北均产，生于海拔 340 ～ 2300 m 的山丘、草地、田边、林缘。我国除新疆、青海、海南外，各地均有分布。日本、朝鲜、蒙古、俄罗斯远东地区也产。

植株低矮，叶色葱绿，气质高雅，伞形花序顶生，球状，花粉红色或玫瑰色，花色鲜艳。非常适合作地被植物或与其他花卉搭配使用，种植于花境、岩石园，创造出美妙的自然风景。可于阳台、庭院栽培，还可作切花。

图 19-2　薤白花序

20. 蒙古韭 *Allium mongolicum* Regel

草本植物。鳞茎密集地丛生，圆柱状；鳞茎外皮褐黄色，破裂成纤维状，呈松散的纤维状。叶半圆柱状至圆柱状，比花葶短，粗 0.5 ～ 1.5 mm。花葶圆柱状，高 10 ～ 30 cm，下部被叶鞘；总苞单侧开裂，宿存；伞形花序半球状至球状，具多而通常密集的花；小花梗近等长，从与花被片近等长直到比其长 1 倍，基部无小苞片；花淡红色、淡紫色至紫红色，大；花被片卵状矩圆形，长 6 ～ 9 mm，宽 3 ～ 5 mm，先端钝圆，内轮的常比外轮的长；花丝近等长，为花被片长度的 1/2 ～ 2/3，基部合生并与花被片贴生，内轮的基部约 1/2 扩大成卵形，外轮的锥形；子房倒卵状球形；花柱略比子房长，不伸出花被外。

产榆阳、神木、横山、靖边、定边。生于海拔 1000 ～ 1400 m 的沙地草丛、沙丘上及田边。分布于我国辽宁、内蒙古、宁夏、甘肃、青海、新疆。哈萨克斯坦、蒙古、俄罗斯也产。

株型清秀，花序圆大，绿叶紫花，芳香引蝶，具有良好的观赏价值。耐干旱，根系发达，生长快速，具有防风固沙和防止水土流失的生态保护功能。可做地被植物，或用于缀花草坪。

图 20-1　蒙古韭花

图 20-2　蒙古韭幼边苗

21. 细叶韭 *Allium tenuissimum* L.

草本植物。鳞茎数枚聚生，近圆柱状，外皮紫褐、黑褐或灰褐色，膜质，顶端不规则开裂。叶半圆柱状或近圆柱状，与花葶近等长，宽 0.3 ~ 1.0 mm，光滑，稀沿棱具细糙齿。花葶圆柱状，高达 30（~ 50）cm，具细纵棱，下部被叶鞘；总苞单侧开裂，宿存；伞形花序半球状或近帚状，疏散。小花梗近等长，长 0.5 ~ 1.5 cm，果期略伸长，具纵棱，光滑，稀沿纵棱具细糙齿，基部无小苞片；花白或淡红色，稀紫红色；内轮花被片倒卵状长圆形，长 3.0 ~ 4.2 mm，先端平截或钝圆状平截，外轮的卵状长圆形或宽卵状长圆形，长 2.8 ~ 4.0 mm，先端钝圆，比内轮的稍短；花丝长约为花被片 2/3，基部合生并与花被片贴生，内轮下部约 2/3 扩大成卵圆形，外轮的锥形，有时基部略扩大，稍短于内轮；子房卵圆形，基部无凹陷的蜜穴，花柱不伸出花被。花果期 7—9 月。

图 21　细叶韭

产榆阳、神木、绥德、横山、靖边、洛川、延川、宜君、黄龙等地。生于海 800 ~ 1400 m 的沙地草丛、山地草丛或岩石上。分布于我国东北、华北及山东、浙江、河南、宁夏、甘肃、新疆。哈萨克斯坦、蒙古、俄罗斯也产。

花色洁白或淡紫，花期长，花香特异，美丽可爱，是良好的观花观叶植物。可用于缀花草坪、花境、室内观赏。

22. 知母 *Anemarrhena asphodeloides* Bunge

多年生草本植物。根状茎横走，径 0.5 ~ 1.5 cm，为残存叶鞘覆盖；根较粗。叶基生，禾叶状，叶长 15 ~ 60 cm，宽 0.2 ~ 1.1 cm。先端渐尖近丝状，基部渐宽成鞘状，具多条平行脉，中脉不明显。花葶生于叶丛中或侧生，直立；花 2 ~ 3 朵簇生，排成总状花序，花序长 20 ~ 50 cm；苞片小，卵形或卵圆形，先端长渐尖。花粉红、淡紫或白色；花被片 6 枚，基部稍合生，条形，长 0.5 ~ 1.0 cm，中央具 3 脉，宿存；雄蕊 3 枚，生于内花被片近中部，花丝短，扁平，花药近基着，内向纵裂；子房 3 室，每室 2 枚胚珠，花柱与子房近等长，柱头小。蒴果窄椭圆形，长 0.8 ~ 1.3 cm，径 5 ~ 6 mm，顶端有短喙，室背开裂，每室 1 ~ 2 枚种子。种子长 0.7 ~ 1.0 cm，黑色，具 3 ~ 4 窄翅。花果期 6—9 月。

产榆阳、神木、绥德、横山、靖边、吴起、子长、宜君、洛川等地。生于海拔 1200 m 以下的干旱山坡、草地、路旁较干燥处或向阳处。分布于我国东北、华北及甘肃、宁夏、江苏、四川、贵州等地，台湾等其他省区有栽培。朝鲜半岛和蒙古也有。

叶片线形舒展，浓绿茂密，可用作地被植物栽培种植。

图 22-1　知母植株

图 22-2　知母果实

23. 兴安天门冬 *Asparagus dauricus* Link

直立草本植物，高约 30 ～ 70 cm。根细长，粗约 2 mm。茎和分枝有条纹，有时幼枝具软骨质齿。叶状枝每 1 ～ 6 枚成簇，通常全部斜立，和分枝交成锐角，很少兼有平展和下倾的，稍扁的圆柱形，略有几条不明显的钝棱，长 1 ～ 4（～ 5）cm，粗约 0.6 mm，伸直或稍弧曲，有时有软骨质齿；鳞片状叶基部无刺。花每 2 朵腋生，黄绿色；雄花花梗长 3 ～ 5 mm，和花被近等长，关节位于近中部；花丝大部分贴生于花被片上，离生部分很短，只有花药一半长；雌花极小，花被长约 1.5 mm，短于花梗，花梗关节位于上部。浆果直径 6 ～ 7 mm，有 2 ～ 4（～ 6）颗种子。花期 5—6 月，果期 7—9 月。

产榆阳、横山、定边、宜君。生于海拔 1000 ～ 1400 m 的草地。分布于我国东北、华北及山东、宁夏。朝鲜、蒙古及俄罗斯西伯利亚和远东地区也产。

株型美观，叶片亮绿，果实红艳，既有文竹的秀丽，又有吊兰的飘逸，观赏价值较高。可盆栽装饰家庭室内或厅堂，也可剪取茎叶用作插花的衬叶。

图 23-1　兴安天门冬植株

图 23-2　兴安天门冬果实

24. 鸭跖草 *Commelina communis* L.

一年生披散草本植物。茎匍匐生根，多分枝，长达 1 m，下部无毛，上部被短毛。叶披针形或卵状披针形，长 3 ～ 9 cm，宽 1.5 ～ 2.0 cm。总苞片佛焰苞状，柄长 1.5 ～ 4.0 cm，与叶对生，折叠状，展开后心形，顶端短尖，基部心形，长 1.2 ～ 2.5 cm，边缘常有硬毛；聚伞花序，下面一枝有 1 朵花，梗长 8 mm，不孕；上面一枝具 3 ～ 4 朵花，具短梗，几不伸出总苞片。花梗花期长 3 mm，果期弯曲，长不及 6 mm；萼片膜质，长约 5 mm，内面 2 枚常靠近或合生；花瓣深蓝色，内面 2 枚具爪，长约 1 cm。蒴果椭圆形，长 5 ～ 7 mm，2 室，2 爿裂，种子 4 颗。种子长 2 ～ 3 mm，棕黄色，一端平截，腹面平，有不规则窝孔。

榆阳区可见，分布于我国云南、四川、甘肃以东的南北各省区，生于湿地。越南、朝鲜半岛、日本、俄罗斯远东地区及北美有分布。

植株低矮，叶色翠绿，花形奇特，花瓣上面两瓣为蓝色，下面一瓣为白色，花苞呈佛焰苞状。只见两片蓝色花瓣像微拢的双翼，黄色的鲜亮花蕊，长长的白色花丝舒卷如蝴蝶的触须。可植于湿地、疏林下或药草园，用于花坛及基础种植。亦可植于花台，或悬挂于走廊或屋檐下。

图 24-1　鸭跖草花

图 24-2　鸭跖草群落

25. 黑三棱 *Sparganium stoloniferum* (Graebn.) Buch.–Ham. ex Juz.

多年生水生或沼生草本植物。块茎膨大；根状茎粗壮。茎直立，高 0.7 ～ 1.2 m 或更高，挺水。叶长（20 ～）40 ～ 90 cm，宽 0.7 ～ 1.6 cm，具中脉，上部扁平，下部下面呈龙骨状凸起或菱形，基部鞘状。圆锥花序开展，长 20 ～ 60 cm，具 3 ～ 7 个侧枝，每侧枝上着生 7 ～ 11 个雄头状花序和 1 ～ 2 个雌头状花序，后者径 1.5 ～ 2.0 cm，花序轴顶端通常具 3 ～ 5 个雄头状花序或更多，无雌头状花序；雄头状花序呈球形，径约 1 cm。雄花花被片匙形，膜质，先端浅裂，早落，花药近倒圆锥形，较花丝短 1/3；雌花花被长 5 ～ 7 mm，生于子房基部，宿存，子房顶端骤缩，无柄，花柱长约 1.5 mm，柱头分叉或否，长 3 ～ 4 mm，向上渐尖。果长 6 ～ 9 mm，倒圆锥形，上部通常膨大呈冠状，具棱，成熟时褐色。花果期 5—10 月。

榆阳区可见。分布于我国东北、华北及甘肃、新疆、江苏、江西、湖北、云南、西藏。生于海拔 1500 m 以下湖泊、河沟、沼泽或水塘边浅水处。巴基斯坦、阿富汗、日本、朝鲜、俄罗斯及中亚、西南亚也产。

植株高大，粗壮，大型圆锥花序，果实大，具棱，叶片线形舒展，叶色光亮，花形、果形均很独特，可用于水景绿化布置。也可以做切花。

25-1　黑三棱花序、果实

图 25-2　黑三棱植株

26. 水烛 *Typha angustifolia* L.

多年生水生或沼生草本植物。根状茎乳白色。地上茎粗壮，向上渐细，高 1.3 ~ 2.0 m。叶片条形，长 40 ~ 70 cm，宽 0.4 ~ 0.9 cm，光滑无毛，上部扁平，下部腹面微凹，背面逐渐隆起呈凸形，横切面呈半圆形，细胞间隙大，海绵状；叶鞘抱茎。雌雄花序紧密连接；雄花序长 2.7 ~ 9.2 cm，花序轴具白色弯曲柔毛；雌花序长 4.5 ~ 15.2 cm，基部具 1 枚叶状苞片，花后脱落；小坚果椭圆形至长椭圆形；果皮具长形褐色斑点。种子褐色，微弯。花果期 5—8 月。

产神木、榆阳、米脂、绥德、横山、佳县、吴堡、靖边、延川。生于湖泊、溪畔、池塘、沟渠、沼泽边缘浅水处。分布于我国东北及内蒙古、河北、甘肃、新疆、山东、江苏、台湾、河南、湖北、云南。广布于亚洲、欧洲、北美及澳大利亚。

植株高大，叶丛秀丽潇洒，雌雄花序同花轴，整齐圆滑形似蜡烛，色彩艳丽，别具一格。是水边丛植或片植的好材料，可以观叶和花序。花序还可作切花或干花。

图 26 水烛

27. 小香蒲 *Typha minima* Funk

多年生沼生或水生草本植物。根状茎姜黄或黄褐色，顶端乳白色。茎直立，高 16 ~ 65 cm。叶通常基生，鞘状，长 15 ~ 40 cm，宽 1 ~ 2 mm，短于花葶，叶鞘边缘膜质，叶耳长 0.5 ~ 1.0 cm。雌雄花序远离，雄花序长 3 ~ 8 cm，花序轴无毛，基部具 1 叶状苞片，长 4 ~ 6 cm，宽 4 ~ 6 mm，脱落；雌花序长 1.6 ~ 4.5 cm，叶状苞片宽于叶片。雄花无花被，雄蕊单生，有时 2 ~ 3 枚合生，基部具短柄，花药长 1.5 mm；雌花具小苞片；孕性雌花子房长 0.8 ~ 1.0 mm，纺锤形，子房柄长约 4 mm，花柱长约 0.5 mm，柱头线形；不孕雌花子房倒圆锥形，白色丝状毛先端膨大呈圆形，生于子房柄基部，与不孕雌花及小苞片近等长，短于柱头。小坚果椭圆形，纵裂；果皮膜质。种子黄褐色，椭圆形。花果期 5—8 月。

产神木、榆阳、延安、甘泉、黄龙等地。分布于我国东北、华北及甘肃、山东、河南、湖北、四川、西藏。巴基斯坦、阿富汗、蒙古、俄罗斯及中亚、西南亚、欧洲也产。生于池塘、水沟边浅水处、干后的湿地或低洼处。

叶色浓绿，茎干比较纤细，花序为米黄色，穗形奇特，小巧可爱。适宜于点缀园林水池、湖畔等小型的水体，构筑水景，做花境、水景背景材料，还可作为盆栽布置庭院和插花材料应用。

图 27-1　小香蒲植株及生境

图 27-2　小香蒲秋季景

图 27-3　小香蒲种子

图 27-4　小香蒲冬季景观

28. 笄石菖 *Juncus prismatocarpus* R. Brown

多年生草本植物，高 17 ～ 65 cm。茎丛生，圆柱形或稍扁，径 1 ～ 3 mm。叶基生和茎生；基生叶少数，茎生叶 2 ～ 4 枚；叶片线形通常扁平，长 10 ～ 25 cm，具不完全横隔；叶鞘长 2 ～ 10 cm，叶耳稍钝。花序具 5 ～ 20（～ 30）个头状花序，排成顶生复聚伞花序；头状花序半球形或近球形，径 0.7 ～ 1.0 cm，有（4 ～）8 ～ 15（～ 20）朵花；叶状苞片线形，短于花序；苞片多枚，宽卵形或卵状披针形，长 2.0 ～ 2.5 mm，先端锐尖或尾尖，膜质，1 脉。花被片线状披针形或窄披针形，长 3.5 ～ 4.0 mm，或内轮稍短，绿或淡红褐色，背面有纵脉，边缘窄膜质；雄蕊 3 枚，花药线形，长 0.9 ～ 1.0 mm，淡黄色，花丝长 1.2 ～ 1.4 mm；花柱短，柱头 3 分叉，常弯曲。蒴果三棱状圆锥形，长 3.8 ～ 4.5 mm，具短尖头，1 室，淡褐或黄褐色。种子长卵形，长 0.6 ～ 0.8 mm，具小尖头，蜡黄色，具纵纹及细横纹。花期 3—6 月，果期 7—8 月。

图 28-1　笄石菖花序

产神木、榆阳、横山、靖边、延安。分布于我国华东、华中、华南、西南及山西、台湾。生于海拔 500 ～ 1800 m 田地、溪边、路旁沟边、疏林草地及山坡湿地。日本、朝鲜及南亚、东南亚、大洋洲也产。

植株低矮，叶色翠绿，花形奇特，花色艳丽，可用作插花、干花，也可用于湿地绿化。

图 28-2　笄石菖植株

29. 红鳞扁莎 *Pycreus sanguinolentus* (Vahl) Nees

一年生草本植物，具须根。秆密丛生，高 10 ～ 50 cm，扁三棱状，平滑，下部叶稍多。叶常短于秆，稀长于秆，宽 2 ～ 4 mm，边缘具细刺，鞘稍短，淡绿色，最下部叶鞘稍带棕色；叶状苞片 3 ～ 4 枚，近于平向展开，长于花序。长侧枝聚伞花序简单，辐射枝 3 ～ 5 条，长达 4.5 cm，有的极短，辐射枝上端具 4 ～ 10 多个小穗密集成短穗状花序。小穗辐射展开，窄长圆形或长圆状披针形，长 0.5 ～ 2.0 cm，宽 2.5 ～ 3.0 mm，具 6 ～ 30 朵花；小穗轴直，无翅。鳞片稍疏松，覆瓦状排列，卵形，先端钝，长约 2 mm，膜质，背面中间黄绿色，3 ～ 5 条脉，两侧具较宽的槽，麦秆黄色或褐黄色，边缘暗血红色或暗褐红色；雄蕊 3（～ 2）枚，花药线形；花柱长，柱头 2 个，细长。小坚果宽倒卵形或长圆状倒卵形，双凸状，长为鳞片 1/2 ～ 3/5，成熟时黑色。花果期 7—12 月。

产神木、榆阳、清涧、安塞、延川、延安。生于海拔 300 ～ 1350 m 的河滩、渠岸等湿地或浅水中。分布几遍全国。日本、俄罗斯东西伯利亚地区、越南、菲律宾、印度、印度尼西亚、非洲及中亚地区有分布。

植株低矮，花形奇特，花色艳丽，可用作插花、干花，也可用于湿地绿化。

图 29-1　红鳞扁莎花序

图 29-2　红鳞扁莎植株

30. 扁秆荆三棱 *Bolboschoenus planiculmis*

为多年生草本植物，具匍匐根状茎和块茎。秆高可达 100 cm，一般较细，三棱形，靠近花序部分粗糙，具秆生叶。叶片平张，向先端渐狭，具长鞘。苞片叶状，边缘粗糙；聚伞花序，小穗卵形或长圆状卵形，先端或多或少缺刻状撕裂，具芒；上生小刺，花药线形，药隔稍突出；花柱长。小坚果倒卵形，扁，两面稍凹或稍凸，5—9 月开花结果。

产神木、榆林、绥德、横山、子洲、靖边、安塞、延安、延长、洛川、黄龙。生于海拔 420 ～ 1350 m 的水边湿地或浅水中。分布于我国东北、华北、西北及山东、江苏、安徽、浙江、台湾、河南、湖北、云南。印度、蒙古、俄罗斯、朝鲜、日本、菲律宾、巴布亚新几内亚及中亚、西南亚、欧洲也产。

三棱形茎干、叶色光亮，花形果形奇特，可植于沼泽地、湿地或水边。

图 30　扁秆荆三棱

31. 褐穗莎草 *Cyperus fuscus* L.

一年生草本植物。成株秆丛生，直立，三棱形，较细弱，高 15 ～ 30 cm。叶较秆长或短，宽 2 ～ 4 mm，边缘稍粗糙。叶鞘带紫红色。花和子实长侧枝聚伞花序复出，有1～6个长短不等的辐射枝，小穗常多个聚集成头状。小穗线形。鳞片宽卵形，顶端钝，中央黄绿色，两侧红褐色。小坚果椭圆形或倒卵状椭圆形，有3棱，淡黄色，有细小的网孔。5月份出苗，花期6—8月份，果期8—10月份。

产榆阳、定边。生于海拔330～1400 m的水边湿地。分布于我国黑龙江、辽宁、内蒙古、河北、山西、宁夏、甘肃、新疆、山东、江苏、安徽、河南、四川、云南。阿富汗、巴基斯坦、印度、克什米尔地区、蒙古、俄罗斯、老挝、泰国、越南及中亚、北非、欧洲、大西洋群岛也产。

叶色亮绿，花果色鲜艳，可植于河湖岸边、湿地等水景绿化。

图31 褐穗莎草

32. 头状穗莎草 *Cyperus glomeratus* L.

一年生草本植物。株高50～95 cm，钝三棱状，基部稍膨大。叶短于秆，叶鞘长，边缘粗糙。小穗多列，紧密排列，线状披针形或线形，小穗轴具白色透明翅。鳞片疏松排列，近长圆形。雄蕊花药短，长圆形。小坚果长圆形。花期6—10月；果期6—10月。

产榆阳、绥德。生于海拔300～1100 m的水边湿地。分布于东北、华北及宁夏、甘肃、山东、江苏、安徽、浙江、河南、湖北。克什米尔地区、日本、朝鲜、俄罗斯及中亚、西南亚、欧洲也产。

植株高大，三棱形茎干、叶色光亮，长而薄的尖叶从顶部呈放射状，类似于遮阳伞的肋骨。花朵开在圆形、黄绿色或米色的小穗中。果长圆形，初时绿色，成熟金黄色，像一束别致的捧花，生动有趣。种植于湿地公园，可做花境、丛植或列植，可做干花、插花。

图 32-1　头状穗莎草生境

图 32-2　头状穗莎草群落

图 32-3　头状穗莎草植株

33. 水葱 *Scirpus validus* Vahl

匍匐根状茎粗壮，须根多数。秆圆柱状，高 1 ～ 2 m，平滑，基部叶鞘 3 ～ 4 枚，鞘长达 38 cm，膜质，最上部叶鞘具叶片。叶片线形，长 1.5 ～ 11.0 cm，苞片 1 个，为秆的延长，直立，钻状，常短于花序，稀稍长于花序。长侧枝聚伞花序简单或复出，假侧生，辐射枝 4 ～ 13 个或更多，长达 5 cm，一面凸，一面凹，边缘有锯齿。小穗单生或 2 ～ 3 个簇生辐射枝顶端，卵形或长圆形，长 0.5 ～ 1.0 cm，宽 2.0 ～ 3.5 mm，多花。鳞片椭圆形或宽卵形，先端稍凹，具短尖，膜质，长约 3 mm，棕或紫褐色，背面有锈色小点突起，1 脉，边缘具缘毛；下位刚毛 6 枚，等长于小坚果，红棕色，有倒刺。雄蕊 3 枚，花药线形，药隔突出；花柱中等长，柱头 2（～ 3）个，长于花柱。小坚果倒卵形或椭圆形，双凸状，稀棱形，长约 2 mm。花果期 6—9 月。

产榆阳、靖边。生于海拔 1300 m 左右的水边湿地。分布于我国东北、华北、西北、西南及山东、江苏、浙江、台湾、湖北、湖南、广东。朝鲜半岛、日本、亚洲其他国家、马尔加什及欧洲均有分布。

株丛翠绿挺立，色泽淡雅洁净，引来蜻蜓等昆虫在上驻足，十分有趣。在水景园林中可做背景材料，可用于水面绿化或作岸边、池旁点缀，是典型的竖线条花卉。可以盆栽观赏，切茎用于插花。在湿地水际线片植。茂密、翠绿、直挺且较光亮的杆，在水体涟漪的映衬下，既壮观而又具妙趣。

图 33 水葱

34. 三棱水葱 *Schoenoplectus triqueter* (Linnaeus) Palla

多年生草本植物，匍匐根状茎细长，径 1 ～ 5 mm，干时红棕色。秆散生，粗壮，高 20 ～ 90 cm，三棱形，基部具 2 ～ 3 膜质鞘，横脉隆起，最上部鞘具叶片。叶片扁平，长 1.3 ～ 5.5（～ 8.0）cm，宽 1.5 ～ 2.0 mm；苞片 1，为秆的延长，三棱形，长 1.5 ～ 7.0 cm。简单长侧枝聚伞花序假侧生，辐射枝 1 ～ 8 个，三棱形，棱粗糙，长达 5 cm，每辐射枝顶端簇生 1 ～ 8 个小穗。小穗卵形或长圆形，长 0.6 ～ 1.2（～ 1.4）cm，宽 3 ～ 7 mm，密生多花。鳞片长圆形、椭圆形或宽卵形，先端微凹或圆，长 3 ～ 4 mm，膜质，黄棕色，具中肋，先端短尖，边缘疏生缘毛；下位刚毛（2 ～）3 ～ 5 个，几等长或稍长于小坚果，有倒刺。雄蕊 3 枚，花药线形，药隔暗褐色，稍突出；花柱短，柱头 2 个，细长。小坚果倒卵形，平凸状，长 2 ～ 3 mm，成熟时褐色。花果期 6—9 月。

产神木、榆林、绥德、横山、靖边、安塞、延川、延安。生于海拔 550 ～ 1350 m 的水边湿地、沼泽地或浅水中。分布于我国大部分地区。俄罗斯、日本、朝鲜半岛、中亚、欧洲及美洲有分布。

植株茂密，生长旺盛，叶色葱绿，茎干三棱形，具有较好的观赏价值，可栽于水榭旁、人工湖及其他水景区，亦可栽于盆中。

图 34　三棱水葱

35. 芨芨草 *Achnatherum splendens* (Trin.)

植株具粗而坚韧外被砂套的须根。秆直立，坚硬，内具白色的髓，形成大的密丛，高 50 ～ 250 cm，径 3 ～ 5 mm，节多聚于基部，具 2 ～ 3 节，平滑无毛，基部宿存枯萎的黄褐色叶鞘。叶鞘无毛，具膜质边缘；叶舌三角形或尖披针形，长 5 ～ 10（～ 15）mm；叶片纵卷，质坚韧，长 30 ～ 60 cm，宽 5 ～ 6 mm，上面脉纹凸起，微粗糙，下面光滑无毛。圆锥花序，长（15 ～）30 ～ 60 cm，开花时呈金字塔形开展，主轴平滑，或具角棱而微粗糙，分枝细弱，2 ～ 6 枚簇生，平展或斜向上升，长 8 ～ 17 cm，基部裸露；小穗长 4.5 ～ 7 .0 mm（除芒），灰绿色，基部带紫褐色，成熟后常变草黄色；颖膜质，披针形，顶端尖或锐尖，第一颖长 4 ～ 5 mm，具 1 脉，第二颖长 6 ～ 7 mm，具 3 脉；外稃长 4 ～ 5 mm，厚纸质，顶端具 2 微齿，背部密生柔毛，具 5 脉，基盘钝圆，具柔毛，长约 0.5 mm，芒自外稃齿间伸出，直立或微弯，粗糙，不扭转，长 5 ～ 12 mm，易断落；内稃长 3 ～ 4 mm，具 2 脉而无脊，脉间具柔毛；花药长 2.5 ～ 3.5 mm，顶端具毫毛。花果期 6—9 月。

产榆阳、神木、绥德、子洲、靖边、定边、吴起、安塞。生于海拔 1150 ～ 1400 m 的山坡草地。分布于我国西北及黑龙江、内蒙古、山西、河南、四川、云南、西藏。中亚及巴基斯坦、阿富汗、印度北部、蒙古、俄罗斯也产。

茎秆直立，高达 150 cm。圆锥花序开展如羽，株型周正，叶片优美，主要作为园林景观中的点缀植物，观赏效果好，宜于丛植或与其他观赏草和花卉配置成花境。

图 35-1　芨芨草群落

图 35-2　芨芨草植株

图 35-3　芨芨草花序

36. 拂子茅 *Calamagrostis epigeios* (L.) Roth

多年生草本植物，具根状茎。秆直立，平滑无毛或花序下稍粗糙，高 45 ～ 100 cm，径 2 ～ 3 mm。叶鞘平滑或稍粗糙，叶舌膜质，长圆形，叶片长 15 ～ 27 cm，宽 4 ～ 8（～ 13）mm，扁平或边缘内卷。圆锥花序紧密，圆筒形，劲直、具间断；小穗长 5 ～ 7 mm，淡绿色或带淡紫色；雄蕊 3 枚，花药黄色，长约 1.5 mm。花果期 5—9 月。

本区域均产。生于海拔 700 ～ 2200 m 的河岸、沟渠、草丛、林下等潮湿处。分布几遍全国。广布于欧、亚温带地区。

株型挺直而紧凑，早春叶片绿色或淡青铜色。春末开花，初时窄细的淡粉色花序耸立在绿色光亮的茎秆顶端。初夏花序逐渐膨胀开来变为淡紫色，松散而开展。一旦花期结束，圆锥花序的小穗轴沿着主轴收拢起来，颜色逐渐变为丰富的浅褐色，整个夏秋季节一直保持这样，直到进入冬季。花序硬直的穗轴可能因风弯曲，但不会折断，总可以恢复直立的姿态。适宜布置花带、花境或片植做背景。既可以孤植也可以丛植或片植。片植时大量的花序几乎处于同一高度，给人产生强烈的竖线条感。

图 36-1 拂子茅花序

图 36-2　拂子茅秋季景观

图 36-3　拂子茅冬季景观

37. 假苇拂子茅 *Calamagrostis pseudophragmites* (Haller f.) Koeler

多年生粗壮草本植物。秆直立，高可达 100 cm，叶鞘平滑无毛，或稍粗糙，短于节间，叶舌膜质，长圆形，顶端钝而易破碎。叶片扁平或内卷，上面及边缘粗糙，下面平滑。圆锥花序，长圆状披针形，疏松开展，分枝簇生，直立，细弱，稍糙涩。小穗长 5 ～ 7 mm，草黄色或紫色，成熟时常带褐色。颖线状披针形，成熟后张开，顶端长渐尖，外稃透明膜质，顶端全缘，稀微齿裂，细直，细弱，7—9 月开花结果。

本区域均产。生于海拔 420 ～ 1600 m 河岸、沟渠、草地、林缘等潮湿处。分布于我国东北、西南及内蒙古、甘肃、青海、新疆、湖北。巴基斯坦、印度、不丹、日本、朝鲜、蒙古、俄罗斯及中亚、欧洲也产。

株型挺直而紧凑，圆锥花序羽毛状，雍容华贵，淡紫色，而后变为银灰色。秋冬季花序变为金黄色，与冬季雪景相呼应形成独特的冬季景观效果。适宜布置花带、花境或片植做背景。既可以孤植也可以丛植或片植；片植时大量的花序几乎处于同一高度，给人产生强烈的竖线条感。

图 37-1　假苇拂子茅花序

图 37-2　假苇拂子茅秋冬季景观

38. 虎尾草 *Chloris virgata* Sw.

一年生草本植物。秆直立或基部膝曲，高 12 ～ 75 cm，径 1 ～ 4 mm，光滑无毛。叶鞘背部具脊，包卷松弛，无毛；叶舌长约 1 mm，无毛或具纤毛；叶片线形，长 3 ～ 25 cm，宽 3 ～ 6 mm，两面无毛或边缘及上面粗糙。穗状花序 5 ～ 10 余枚，长 1.5 ～ 5.0 cm，指状着生于秆顶，常直立而并拢成毛刷状，有时包藏于顶叶之膨胀叶鞘中，成熟时常带紫色；小穗无柄，长约 3 mm；颖膜质，1 脉；第一颖长约 1.8 mm，第二颖等长或略短于小穗，中脉延伸成长 0.5 ～ 1.0 mm 的小尖头；第一小花两性，外稃纸质，两侧压扁，呈倒卵状披针形，长 2.8 ～ 3.0 mm，3 脉，沿脉及边缘被疏柔毛或无毛，两侧边缘上部 1/3 处有长 2 ～ 3 mm 的白色柔毛，顶端尖或有时具 2 微齿，芒自背部顶端稍下方伸出，长 5 ～ 15 mm；内稃膜质，略短于外稃，具 2 脊，脊上被微毛；基盘具长约 0.5 mm 的毛；第二小花不孕，长楔形，仅存外稃，长约 1.5 mm，顶端截平或略凹，芒长 4 ～ 8 mm，自背部边缘稍下方伸出。颖果纺锤形，淡黄色，光滑无毛而半透明。花果期 6—10 月。

图 38　虎尾草

产府谷、神木、榆阳、绥德、靖边、定边、吴起、安塞、子长、延安、黄陵。生于海拔 420 ～ 1600 m 的荒芜草地或河岸。分布于我国东北、华北、西北及山东、江苏、河南、四川、云南、西藏。阿富汗、巴基斯坦、印度、尼泊尔、不丹、缅甸及西南亚、非洲、美洲、大洋洲及太平洋诸岛也产。

植株低矮，叶片线形，穗状花序紫色，毛茸茸地簇成一团，并拢成毛刷状，远远看上去像老虎的尾巴。适合做地被植物，也可以做切花、压花。

39. 糙隐子草 *Cleistogenes squarrosa* (Trin.) Keng

多年生草本植物。秆直立或铺散，密丛，纤细，高 10 ～ 30 cm，具多节，干后常呈蜿蜒状或廻旋状弯曲，植株绿色，秋季经霜后常变成紫红色。叶鞘多长于节间，无毛，层层包裹直达花序基部；叶舌具短纤毛；叶片线形，长 3 ～ 6 cm，宽 1 ～ 2 mm，扁平或内卷，粗糙。圆锥花序，狭窄，长 4 ～ 7 cm，宽 5 ～ 10 mm；小穗长 5 ～ 7 mm，含 2 ～ 3 朵小花，绿色或带紫色；颖具 1 脉，边缘膜质，第一颖长 1 ～ 2 mm，第二颖长 3 ～ 5 mm；外稃披针形，具 5 脉，第一外稃长 5 ～ 6 mm；先端常具较稃体为短或近等长的芒；花药长约 2 mm。花果期 7—9 月。

产神木、榆阳、吴堡、绥德、清涧、横山、靖边、定边、子长。生于海拔 420 ～ 1500 m 的丘陵坡地、沙地，固定或半固定沙丘等处。分布于我国东北、华北、西北及山东、河南。哈萨克斯坦、蒙古、俄罗斯、高加索地区也产。

植株低矮，株型紧凑。适应性强，耐寒、耐旱、耐盐碱。茎秆粗壮、寿命长，为建立人工草场和环保固沙的主要草种。常用于防风固沙、生态恢复等场合，被公认为珍贵的防沙植物。可做地被植物。

图 39　糙隐子草

40. 画眉草 *Eragrostis pilosa* (L.) Beauv.

一年生草本。秆高 15 ~ 60 cm，径 1.5 ~ 2.5 mm，4 节。叶鞘扁，疏散包茎，鞘缘近膜质，鞘口有长柔毛，叶舌为一圈纤毛，长约 0.5 mm；叶无毛，线形扁平或卷缩，长 6 ~ 20 cm，宽 2 ~ 3 mm。圆锥花序，开展或紧缩，长 10 ~ 25 cm，宽 2 ~ 10 cm；分枝单生、簇生或轮生，上举，腋间有长柔毛。小穗长 0.3 ~ 1.0 cm，宽 1.0 ~ 1.5 mm，有 4 ~ 14 朵小花；颖膜质，披针形，第一颖长约 1 mm，无脉，第二颖长约 1.5 mm，1 脉。外稃宽卵形，先端尖，第一外稃长约 1.8 mm；内稃迟落或宿存，长约 1.5 mm，稍弓形弯曲，脊有纤毛；雄蕊 3 枚，花药长约 0.3 mm。颖果长圆形，长约 0.8 mm。花果期 8—11 月。

图 40 画眉草

本区域均产。生于海拔 1800 m 以下的荒芜草地或路旁。分布于我国黑龙江、内蒙古、宁夏、山东、安徽、浙江、福建、台湾、河南、湖北、贵州、云南、西藏。东南亚、非洲、大洋洲、欧洲南部也产。

植株低矮，叶色青翠，茎秆修长纤细但又柔韧，蓬松舒展。头顶的穗成熟后，会转变为暗绿色或带着丝丝紫黑色，细小的碎穗，像星星一样，点点滴滴缀满了枝干，像漫天的繁星，如同地面盛开的满天星，装饰着花秆，阳光照耀下，闪烁如羽鳞。可孤植，片植或用于花带、花境配置。做插花，摆放在室内也很完美。

41. 紫大麦草 *Hordeum roshevitzii* Bowden

多年生草本植物，具短根茎。秆直立，丛生，光滑无毛，高可达 70 cm，质较软，叶舌膜质，叶片常扁平。穗状花序，绿色或带紫色；穗轴边具纤毛；颖及外稃均为刺芒状；中间小穗无柄；外稃披针形，内稃与外稃等长。6—8 月开花结果。

榆阳区可见。分布于我国内蒙古、甘肃、青海、新疆等省区。生于河边、草地沙质土壤上。

茎秆直立，叶窄长、嫩绿，穗状花序紫红色，适合布置花境、做地被植物。或做切花、干花用于田园居家、乡村情调的装饰品。

图 41　紫大麦草

42. 白茅 *Imperata cylindrica* (L.) Beauv.

多年生草本植物，具粗壮的长根状茎。秆直立，高 30 ～ 80 cm，具 1 ～ 3 节，节无毛。叶鞘聚集于秆基，甚长于其节间，质地较厚，老后破碎呈纤维状；叶舌膜质，长约 2 mm，紧贴其背部或鞘口，具柔毛，分蘖叶片长约 20 cm，宽约 8 mm，扁平，质地较薄；秆生叶片长 1 ～ 3 cm，窄线形，通常内卷，顶端渐尖呈刺状，下部渐窄，或具柄，质硬，被有白粉，基部上面具柔毛。圆锥花序，稠密，长 20 cm，宽达 3 cm，小穗长 4.5 ～ 5.0（～ 6.0）mm，基盘具长 12 ～ 16 mm 的丝状柔毛；两颖草质及边缘膜质，近相等，具 5 ～ 9 脉，顶端渐尖或稍钝，常具纤毛，脉间疏生长丝状毛，第一外稃卵状披针形，长为颖片的 2/3，透明膜质，无脉，顶端尖或齿裂，第二外稃与其内稃近相等，长约为颖之一半，卵圆形，顶端具齿裂及纤毛；雄蕊 2 枚，花药长 3 ～ 4 mm；花柱细长，基部多少连合，柱头 2 枚，紫黑色，羽状，长约 4 mm，自小穗顶端伸出。颖果椭圆形，长约 1 mm，胚长为颖果之一半。花果期 4—6 月。

本区域均产。生于海拔 290 ～ 1400 m 的山坡草地或田边、沟岸。分布几遍全国。亚洲热带及亚热带、大洋洲也产。

植株低矮，通常成片地生长，叶色青翠，绿叶如矛，花序密生白毛，花期呈现白茫茫的一片犹如雪景一般美丽。适合群植作地被植物，可用于边坡绿化以及矿区生态修复，也可以作切花、干花。

图 42-1 白茅植株

图 42-2 白茅花序

图 42-3 白茅群落景观

43. 羊草 *Leymus chinensis* (Trin.) Tzvel.

多年生草本植物，具发达的下伸或横走的根状茎。须根系，具砂套。秆直立，疏丛状或单生，高 30 ~ 90 cm，一般具 2 ~ 3 节，生殖枝可具 3 ~ 7 节。叶鞘光滑，短于节间基部的叶鞘，常残留呈纤维状。叶具耳，叶舌截平，纸质，叶片灰绿色或黄绿色，长 7 ~ 14 cm，宽 3 ~ 5 mm，质地较厚而硬，干后内卷，上面及边缘粗糙或有毛，下面光滑。穗状花序，直立，长 12 ~ 18 cm，宽 6 ~ 10 mm，穗轴坚硬，边缘被纤毛，每节有 1 ~ 2 小穗，小穗长 10 ~ 20 mm，含 5 ~ 10 朵小花。颖锥状，具 1 脉，边缘有微纤毛，不覆盖外稃。外稃披针状，无毛，5 脉不明显，第一外稃长 8 ~ 11 mm。颖果长椭圆形，深褐色。

产神木、绥德、子长、洛川、黄陵。生于海拔 800 ~ 1100 m 的山坡草地。分布于我国东北、华北及山东、河南、甘肃、青海、新疆。朝鲜、蒙古、俄罗斯也产。

根茎穿透侵占能力强，且能形成强大的根网，盘结固持土壤作用很大，是很好的水土保持植物。耐盐碱、耐寒、耐旱，在平原、山坡、沙漠中均能生长，可做地被植物或用于边坡绿化和矿区生态修复。

图 43　羊草

44. 赖草 *Leymus secalinus* (Georgi) Tzvel.

多年生草本植物，植株具下伸和横走根茎。秆单生或疏丛生，直立，高0.4～1.0 m，上部密生柔毛，花序下部毛密，具3～5节。叶鞘无毛或在幼嫩时边缘具纤毛；叶平展或干时内卷，长8～30 cm，宽4～7 mm，上面及边缘粗糙或被柔毛，下面无毛，微粗糙或被微毛。穗状花序，灰绿色，直立，长10～15(～24)cm，径1.0～1.7 cm；穗轴节间长3～7 mm，被柔毛。小穗(1～)2～3(～4)个，生于穗轴每节，长1～2 cm，具4～7(～10)朵小花；小穗轴节间长1.0～1.5 mm，贴生毛；颖线状披针形，1～3脉，先端芒尖，边缘被纤毛，第一颖长0.8～1.3 cm，第二颖长1.1～1.7 cm。外稃披针形，5脉，被柔毛，先端芒长1～3 mm，基盘被柔毛，第一外稃长0.8～1.4 cm；内稃与外稃近等长，脊上半部被纤毛；花药长3.5～4.0 mm。花果期6—10月。

产绥德、靖边、黄龙。生于海拔800～1500 m的山坡草地。分布于我国东北、华北、西北及四川。印度、日本、朝鲜、蒙古、俄罗斯及中亚也产。

植株高大，株型紧凑，叶色青绿，绿期长，穗状花序长而直立。适合作地被植物，用于草坪、花境，也适合作切花、压花材料。

图44　赖草

45. 沙生赖草 *Leymus arenarius* (L.) Hochst.

多年生草本植物，具横走和直伸根茎。叶片常内卷且质地较硬，灰绿色。小穗常以 1 ～ 5 枚簇生于穗轴的每节，小穗轴多少扭转，致使颖与稃体位置改变而不在一个面上，颖自披针形变至窄披针形或锥刺状。小穗含 2 至数朵小花；颖具 3 ～ 5 脉，为锥刺状者仅具 1 脉；外稃披针形，先端渐尖，无芒或具小尖头；内稃的脊上具细刺毛或无毛；子房被毛。颖果扁长圆形。

神木可见。从暖温带、中温带的森林草原到干草原、荒漠草原、草原化荒漠，以至 4500 m 以上的高寒地带都有分布。

植株高大，株型紧凑，返青期早，生长旺盛，叶色灰绿，绿期长，穗状花序长而直立。适合作地被植物，用于草坪、花境，适合作切花材料。

图 45　沙生赖草

46. 荻 *Triarrhena sacchariflora* (Maxim.) Nakai

多年生草本植物。匍匐根状茎，秆直立，高可达 1.5 m，直径约 5 mm，节生柔毛。叶鞘无毛，叶舌短，具纤毛；叶片扁平，宽线形，边缘锯齿状粗糙，基部常收缩成柄，粗壮。圆锥花序疏展成伞房状，主轴无毛，腋间生柔毛，小穗柄顶端稍膨大，小穗线状披针形，成熟后带褐色，基盘具长为小穗 2 倍的丝状柔毛；顶端膜质长渐尖，边缘和背部具长柔毛。颖果长圆形，8—10 月开花结果。

本区域多见。生于山坡草地和平原岗地、河岸湿地。分布于我国黑龙江、吉林、辽宁、河北、山西、河南、山东及甘肃等省；日本、朝鲜、西伯利亚及乌苏里也有分布。

株型大，质感强，叶片细长，银白色扇形的丝状花序随风摇曳，自然而充满野趣，长时间宿存，迎霜斗雪，经冬不凋，在瑟瑟秋风和皑皑冬雪中倍显沧桑、凄凉和倔强。常用于庭院花园、园林坡地、河流两岸、草坪一隅或花境的装饰，不仅具有很强的视觉冲击，而且可以起到固土护坡作用。在园林中作为景观焦点或衬景材料，列植可作为绿屏，花序可作为干燥花。

图 46　荻

47. 狼尾草 *Pennisetum alopecuroides* (L.) Spreng.

多年生草本植物。须根较粗壮。秆直立，丛生，高 30 ～ 120 cm，在花序下密生柔毛。叶鞘光滑，两侧压扁，主脉呈脊，在基部者跨生状，秆上部者长于节间；叶舌具长约 2.5 mm 纤毛；叶片线形，长 10 ～ 80 cm，宽 3 ～ 8 mm，先端长渐尖，基部生疣毛。圆锥花序，直立，长 5 ～ 25 cm，宽 1.5 ～ 3.5 cm；主轴密生柔毛；总梗长 2 ～ 3（～ 5）mm；刚毛粗糙，淡绿色或紫色，长 1.5 ～ 3.0 cm；小穗通常单生，偶有双生，线状披针形，长 5 ～ 8 mm；第一颖微小或缺，长 1 ～ 3 mm，膜质，先端钝，脉不明显或具 1 脉；第二颖卵状披针形，先端短尖，具 3 ～ 5 脉，长约为小穗 1/3 ～ 2/3；第一小花中性，第一外稃与小穗等长，具 7 ～ 11 脉；第二外稃与小穗等长，披针形，具 5 ～ 7 脉，边缘包着同质的内稃；鳞被 2 枚，楔形；雄蕊 3 枚，花药顶端无毫毛；花柱基部联合。颖果长圆形，长约 3.5 mm。叶片表皮细胞结构上下不同；上表皮脉间细胞 2 ～ 4 行为长筒状、有波纹、壁薄的长细胞；下表皮脉间 5 ～ 9 行为长筒形，壁厚，有波纹长细胞与短细胞交叉排列。花果期夏秋季。

图 47　狼尾草

榆阳区可见。生于海拔 460 ～ 1800 m 的荒芜草地、田边或路旁。分布于我国华东、西南及黑龙江、河北、台湾、河南、湖北、广东、海南。印度、缅甸、日本、朝鲜、马来西亚、印度尼西亚、菲律宾、澳大利亚及太平洋诸岛也产。

株型优美，多丛生，叶嫩绿色，线形，花序繁密、整齐，突出于叶丛之上，形似狼尾，整体状如喷泉，有白、粉、紫色，质朴自然。盛花期时很容易成为视觉焦点。小空间应用宜丛植，或盆栽观赏；大空间可片植，景象壮观。适合与其他观赏草和花卉配置，广泛用于水景园外围、道路两侧、园林坡地、花坛、花境的布置。花序可做切花与干燥花。

48. 虉草 *Phalaris arundinacea* L.

多年生草本植物，具根状茎。秆较粗壮，高 60 ～ 150 cm。叶鞘无毛，叶片宽 5 ～ 15 mm，灰绿色。圆锥花序，紧密狭窄，长 8 ～ 15 cm，分枝密生小穗；小穗长 4 ～ 5 mm，含 3 朵小花，下方 2 朵退化为条形的不孕外稃，顶生的两性；颖革质，等长，脊上粗糙，上部有极狭的翼；孕花外稃软骨质，宽披针形，长 3 ～ 4 mm，具 5 脉，上部具柔毛；内稃与外稃同长，具 2 脉，有 1 脊，脊的两旁疏生柔毛。

榆阳区可见。生于海拔 1800 m 左右的山地林下。分布于我国东北、华北、西北、中南及山东、江苏、安徽、浙江、台湾、江西、四川、云南。广布于北半球温带地区。

叶片柔软飘逸，白色条纹极其壮观，为优良观赏草，可片植林缘、草地边缘，或者花境、花坛中运用，或者岩石园点缀。

图 48　虉草

49. 芦苇 *Phragmites australis* (Cav.) Trin. ex Steud.

多年生草本植物。秆高 1～3（～8）m，径 1～4 cm，具 20 多节，最长节间位于下部第 4～6 节，长 20～25（～40）cm，节下被蜡粉。叶鞘下部者短于上部者，长于节间；叶舌边缘密生一圈长约 1 mm 纤毛，两侧缘毛长 3～5 mm，易脱落；叶片长 30 cm，宽 2 cm。圆锥花序，长 20～40 cm，宽约 10 cm，分枝多数，长 5～20 cm，着生稠密下垂的小穗。小穗柄长 2～4 mm，无毛；小穗长约 1.2 cm，具 4 朵花。颖具 3 脉，第一颖长 4 mm；第二颖长约 7 mm。第一不孕外稃雄性，长约 1.2 cm，第二外稃长 1.1 cm，3 脉，先端长渐尖，基盘长，两侧密生等长于外稃的丝状柔毛，与无毛的小穗轴相连接处具关节，成熟后易自关节脱落；内稃长约 3 mm，两脊粗糙。颖果长约 1.5 mm。花期为 8—12 月。

本区域均产。分布于我国各省区，生于江河湖泽、池塘沟渠沿岸和低湿地。为全球广泛分布。

茎秆直立，植株高大，形态优美，迎风摇曳多姿态，质朴无华野趣浓。株丛洒脱，花序美观，用于大型景观水面及园林低湿处的绿化，是净化水质、沼泽湿地、护土固堤、改良土壤的首选。花序可用于制作干花。

图 49-1　芦苇植株

图 49-2　芦苇花序

图 49-3　芦苇秋冬季景观

50. 硬质早熟禾 *Poa sphondylodes* Trin.

多年生，密丛型草本植物。秆高 30 ～ 60 cm，具 3 ～ 4 节，顶节位于中部以下，上部长裸露，紧接花序以下和节下均多少糙涩。叶鞘基部带淡紫色，顶生者长 4 ～ 8 cm，长于其叶片；叶舌长约 4 mm，先端尖；叶片长 3 ～ 7 cm，宽 1 mm，稍粗糙。圆锥花序，紧缩而稠密，长 3 ～ 10 cm，宽约 1 cm；分枝长 1 ～ 2 cm，4 ～ 5 枚着生于主轴各节，粗糙；小穗柄短于小穗，侧枝基部即着生小穗；小穗绿色，熟后草黄色，长 5 ～ 7 mm，含 4 ～ 6 朵小花；颖具 3 脉，先端锐尖，硬纸质，稍粗糙，长 2.5 ～ 3.0 mm，第一颖稍短于第二颖；外稃坚纸质，具 5 脉，间脉不明显，先端极窄，膜质下带黄铜色，脊下部 2/3 和边脉下部 1/2 具长柔毛，基盘具中量绵毛，第一外稃长约 3 mm；内稃等长或稍长于外稃，脊粗糙具微细纤毛，先端稍凹；花药长 1.0 ～ 1.5 mm。颖果长约 2 mm，腹面有凹槽。花果期 6—8 月。

产神木、府谷、榆阳、米脂、绥德、清涧、延安、洛川。生于海拔 460 ～ 1100 m 的山坡草地、干燥沙地。分布于我国东北及内蒙古、河北、河南、江苏、安徽、台湾、四川。日本、朝鲜、俄罗斯远东地区也产。

植株低矮，枝叶丛生，返青早，绿色期长，耐践踏，适合于公园、学校、医院的观赏草坪，高尔夫球场、运动场草坪以及堤坝护坡等设施草坪种植。

图 50　硬质早熟禾

51. 长芒棒头草 *Polypogon monspeliensis* (L.) Desf.

一年生草本植物。秆高 8 ～ 60 cm，无毛，4 ～ 5 节。叶鞘松散，短于或下部者长于节间，叶舌长 2 ～ 8 mm，撕裂状；叶片长 2 ～ 13 cm，宽 2 ～ 9 mm，上面和边缘粗糙，下面较光滑。圆锥花序，穗状，长 1 ～ 10 cm，宽 0.5 ～ 3.0 cm（包括芒）。小穗淡灰绿色，成熟后枯黄色，长 2.0 ～ 2.5 mm；颖倒卵状长圆形，被纤毛，先端 2 浅裂，芒长 3 ～ 7 mm，细而粗糙。外稃长 1.0 ～ 1.2 mm，先端具微齿，芒约与稃体等长而易脱落；花药长约 0.8 mm。花果期 5—10 月。

产榆阳、绥德、靖边、子长。生于河滩、沟渠、湿润草地、溪边或浅流水中。分布于我国华北、西北、华东及河南、台湾、广东、四川、云南、西藏。巴基斯坦、印度、蒙古、俄罗斯，高加索地区及中亚、非洲、欧洲也产。

茎秆直立，绿期长，花序大，可做地被植物在郊野公园应用。可作切插花素材，或做干花，用于制作贺卡或其他贴花素材。

图 51　长芒棒头草花序

52. 沙鞭 *Psammochloa villosa* (Trin.) Bor

多年生草本植物。具长 2 ～ 3 m 的根状茎；秆直立，光滑，高 1 ～ 2 m，径 0.8 ～ 1.0 cm，基部具有黄褐色枯萎的叶鞘。叶鞘光滑，几乎包裹全部植株；叶舌膜质，长 5 ～ 8 mm，披针形；叶片坚硬，扁平，常先端纵卷，平滑无毛，长达 50 cm，宽 5 ～ 10 mm。圆锥花序，紧密直立，长达 50 cm，宽 3.0 ～ 4.5 cm，分枝数枚，生于主轴 1 侧，斜向上升，微粗糙，小穗柄短；小穗淡黄白色，长 10 ～ 16 mm；两颖近等长或第一颖稍短，披针形，被微毛，具 3 ～ 5 脉，其

2 边脉短而不很明显；外稃长 10 ～ 12 mm，背部密生长柔毛，具 5 ～ 7 脉，顶端具 2 微齿，基盘钝，无毛，芒直立，易脱落，长 7 ～ 10 mm；内稃近等长于外稃，背部被长柔毛，圆形无脊，具 5 脉，中脉不明显，边缘内卷，不为外稃紧密包裹；鳞被 3 枚，卵状椭圆形；雄蕊 3 枚，花药长约 7 mm，顶生毫毛。花果期 5—9 月。

产长城沿线风沙区。生于海拔 910 ～ 2 900 m 的沙丘上或草地里。分布于我国内蒙古、宁夏、甘肃、青海、新疆。蒙古也产。

植株高大，叶片狭长，柔韧性好，根状茎呈线状向外延伸，纵横交织如网，花絮大，经冬不落。耐干旱，不怕风吹和沙埋，萌动早，生长快，繁殖力强，为良好的固沙植物。可做地被植物，用于边坡绿化。花序可用作切花或干花花材。

图 52-1　沙鞭植株

图 52-2　沙鞭花序

53. 金色狗尾草 *Setaria glauca* (L.) Beauv.

一年生草本植物，单生或丛生。秆直立或基部倾斜膝曲，近地面节可生根，高 20 ～ 90 cm，光滑无毛，仅花序下面稍粗糙。叶鞘下部扁压具脊，上部圆形，光滑无毛，边缘薄膜质，光滑无纤毛；叶舌具一圈长约 1 mm 的纤毛，叶片线状披针形或狭披针形，长 5 ～ 40 cm，宽 2 ～ 10 mm，先端长渐尖，基部钝圆，上面粗糙，下面光滑，近基部疏生长柔毛。圆锥花序，紧密呈圆柱状或狭圆锥状，长 3 ～ 17 cm，宽 4 ～ 8 mm（刚毛除外），直立，主轴具短细柔毛，刚毛金黄色或稍带褐色，粗糙，长 4 ～ 8 mm，先端尖，通常在一簇中仅具一个发育的小穗，第一颖宽卵形或卵形，长为小穗的 1/3 ～ 1/2，先端尖，具 3 脉；第二颖宽卵形，长为小穗的 1/2 ～ 2/3，先端稍钝，具 5 ～ 7 脉，第一小花雄性或中性，第一外稃与小穗等长或微短，具 5 脉，其内稃膜质，等长且等宽于第二小花，具 2 脉，通常含 3 枚雄蕊或无；第二小花两性，外稃革质，等长于第一外稃。先端尖，成熟时，背部极隆起，具明显的横皱纹；鳞被楔形；花柱基部联合；叶上表皮脉间均为无波纹的或微波纹的、有角棱的壁薄的长细胞，下表皮脉间均为有波纹的、壁较厚的长细胞，并有短细胞。花果期 6—10 月。

全区域可见。我国各地均有分布。生长在林边、山坡、路边和荒芜的园地及荒野。广布于世界各地。

植株低矮，叶色嫩绿，花序大，色艳，可做鲜切花、插花、永生花。

图 53　金色狗尾草花序

54. 狗尾草 *Setaria viridis* (L.) Beauv.

一年生草本植物。根为须状，高大植株具支持根。秆直立或基部膝曲，高 10 ～ 100 cm，基部径达 3 ～ 7 mm。叶鞘松弛，无毛或疏具柔毛或疣毛，边缘具较长的密绵毛状纤毛；叶舌极短，缘有长 1 ～ 2 mm 的纤毛；叶片扁平，长三角状狭披针形或线状披针形，先端长渐尖或渐尖，基部钝圆形，几呈截状或渐窄，长 4 ～ 30 cm，宽 2 ～ 18 mm，通常无毛或疏被疣毛，边缘粗糙。

圆锥花序，紧密呈圆柱状或基部稍疏离，直立或稍弯垂，主轴被较长柔毛，长 2 ~ 15 cm，宽 4 ~ 13 mm（除刚毛外），刚毛长 4 ~ 12 mm，粗糙或微粗糙，直或稍扭曲，通常绿色或褐黄到紫红或紫色；小穗 2 ~ 5 个簇生于主轴上或更多的小穗着生在短小枝上，椭圆形，先端钝，长 2.0 ~ 2.5 mm，铅绿色；第一颖卵形、宽卵形，长约为小穗的 1/3，先端钝或稍尖，具 3 脉；第二颖几与小穗等长，椭圆形，具 5 ~ 7 脉；第一外稃与小穗等长，具 5 ~ 7 脉，先端钝，其内稃短小狭窄；第二外稃椭圆形，顶端钝，具细点状皱纹，边缘内卷，狭窄；鳞被楔形，顶端微凹；花柱基分离；叶上下表皮脉间均为微波纹或无波纹的、壁较薄的长细胞。花果期 5—10 月。

全区域可见。产我国各地。生于海拔 4000 m 以下的荒野、道旁。广布于世界各地。

狗尾草因其花序远远望去像毛茸茸的狗尾而得名。叶子窄长，有些呈半卷曲状，叶色深绿，叶形、花形优美，生长速度快，能迅速覆盖地面，形成漂亮的草坪。可用作地被植物建植草坪，也可以作切花、插花。还可以做草编小物件。

图 54-1　狗尾草花序

图 54-2　狗尾草群落秋季景观

55. 长芒草 *Stipa bungeana* Trin.

一年生草本植物，秆丛生，高 20 ～ 60 cm，2 ～ 5 节。叶鞘无毛或边缘具纤毛，基生者有内藏小穗，基生叶舌钝圆，长约 1 mm，顶端具柔毛，秆生者披针形，长 3 ～ 5 mm，顶端常 2 裂；叶片纵卷似针状，茎生者长 3 ～ 15 cm，基生者长 5 ～ 20 cm。圆锥花序，基部被顶生叶鞘包裹，成熟后伸出鞘外，长 10 ～ 30 cm；分枝细弱，每节 2 ～ 4 枚。小穗灰绿或紫色；颖近等长，边缘膜质，长 0.9 ～ 1.5 cm，3 ～ 5 脉，先端延伸成芒状；外稃长 4.5 ～ 6.0 mm，5 脉，背部沿脉密生毛，基盘长约 1 mm，密生柔毛，芒二回膝曲、扭转，微粗糙，第一芒柱长 1.0 ～ 1.5 cm，第二芒柱长 0.5 ～ 1.0 cm，芒针长 3 ～ 5 cm；内稃与外稃等长。内藏小穗的颖果卵圆形，被无芒、无毛之稃体紧密包裹。花果期 6—8 月。

产榆阳、靖边、定边、子长、延川、延安。生于海拔 420 ～ 1900 m 的荒坡、田边、河岸。分布于我国西北及内蒙古、河北、山东、河南、江苏、安徽、四川、西藏。中亚及蒙古也产。

长芒草叶片亮绿色，花序初绽呈淡红色，干枯呈银白色，阳光下格外夺目。耐寒，耐旱，耐践踏，绿期长，寿命长。适于在公园、坡地等土壤贫瘠的地方种植，可用作地被植物，还可作插花、干花。

图 55-1　长芒草花序

图 55-2　长芒草群落

56. 大针茅 *Stipa grandis* P. A. Smirn.

一年生草本植物。秆高 0.5 ～ 1.0 m，3 ～ 4 节。叶鞘下部者通常长于节间，粗糙或平滑；基生叶钝圆，长 0.5 ～ 1.0 mm，缘具睫毛，秆生者披针形，长 0.3 ～ 1.0 cm，叶片纵卷似针状，上面具微毛，下面光滑，基生叶长达 50 cm。圆锥花序，基部包于叶鞘内，长 20 ～ 50 cm；分枝细弱，向上伸展，被短刺毛。小穗淡绿或紫色；颖披针形，长 3.0 ～ 4.5 cm，先端丝状长尾尖，3 ～ 5 脉，第一颖略长。外稃长 1.5 ～ 1.7 cm，5 脉，顶生 1 圈短毛，背部具成纵行短毛，基盘长约 4 mm，被柔毛，芒二回膝曲，扭转，光滑或微粗糙，第一芒柱长 6 ～ 10 cm，第二芒柱长 2.0 ～ 2.5 cm，芒针长（10）12 ～ 18 cm，丝状卷曲；内稃与外稃等长，2 脉；花药长约 7 mm。花果期 6—8 月。

产神木、榆阳、绥德、清涧、横山、靖边、安塞、延安、黄龙。生于海拔 750 ～ 1700 m 的荒坡草地。分布于我国东北、华北及宁夏、甘肃、青海、河南。蒙古、俄罗斯也产。

茎秆直立，密簇丛生，叶色亮绿，花、叶俱美。其细腻叶片如头发丝一般细长柔

图 56-1　大针茅果序

图 56-2　大针茅花序

软，在微风下摇曳，分外妖娆，可以创造风吹麦浪般的效果，与硬质景观形成鲜明对比；也可与任何宿根植物搭配，在羽毛草柔软如丝的衬托下，宿根花卉的花朵也摇曳生姿，更加妩媚动人；冬天和春天叶子绿色，夏秋半枯黄发白，不仅没有降低其观赏效果，反而让其有种像迷雾般的朦胧感；在花境中与其他宿根花卉搭配时可以制造烟雾般的梦幻场景，极致柔美。适合孤植或片植，常用于自然风景区空旷地带的地面覆盖，也可配置在花境和岩石园或列植在花坛边界、堤岸旁。

57. 菰 *Zizania latifolia* (Griseb.) Stapf

多年生宿根草本植物，具匍匐根茎。须根粗壮。秆高 1 ～ 2 m，径约 1 cm，多节，基部节生不定根。叶鞘长于节间，肥厚，有小横脉；叶舌膜质，长约 1.5 cm，顶端尖；叶片长 50 ～ 90 cm，宽 1.5 ～ 3.0 cm。圆锥花序，长 30 ～ 50 cm，分枝多数，簇生，上升，果期开展。雄小穗长 1.0 ～ 1.5 cm，两侧扁，着生花序下部或分枝上部，带紫色，外稃具 5 脉，先端渐尖具小尖头，内稃具 3 脉，中脉成脊，具毛，花药长 0.5 ～ 1.0 cm。雌小穗圆筒形，长 1.8 ～ 2.5 cm，宽 1.5 ～ 2.0 mm，着生花序上部和分枝下方与主轴贴生处，外稃 5 脉粗糙，芒长 2 ～ 3 cm，内稃具 3 脉。颖果圆柱形，长约 1.2 cm，胚小形，为果体 1/8。

榆阳区可见。生于池沼或河湖岸边水中。分布于我国华北、华东、华中、华南、西南及吉林、辽宁、台湾。印度、缅甸、日本、朝鲜、俄罗斯也产。

植株高大，随风飘逸，姿态优雅，叶片挺拔，翠绿婆娑，圆锥花序大型，开花时上举，结果时开展，极为美丽。适宜水景岸边及水体绿化，园林丛植于湖边、路边，建筑物旁，柔化建筑、铺装等硬质景观元素。或点缀于庭园水景和临水假山一隅，可同时生长于水中和陆地上，很适合营造从浮生到挺水，再从挺水过渡到陆地的过渡带，具有很高的观赏价值。

图 57　菰

双子叶植物纲 Dicotyledoneae

58. 地丁草 *Corydalis bungeana* Turcz.

二年生草本植物，高达50 cm，具主根。茎基部铺散分枝，具棱。基生叶多数，长4～8 cm，叶柄与叶片近等长，基部稍具鞘，边缘膜质，叶二至三回羽状全裂，一回羽片3～5对，具短柄，二回羽片2～3对，顶端裂成短小裂头，圆肾形，顶端稍凹下，无乳突，边缘膜质。蒴果椭圆形，下垂，长1.5～2.0 cm，种子2列。种子边缘具4～5列小凹点，种阜鳞片状。

图 58-1　地丁草花

产榆阳、吴堡、绥德、靖边、志丹、甘泉、宜君、子午岭。生于海拔800～1500 m的水旁或潮湿草地。分布于我国吉林、辽宁、内蒙古、河北、山西、宁夏、甘肃、山东、江苏、河南、湖南。蒙古、朝鲜及俄罗斯远东地区也产。

植株低矮，花形、叶形奇特，可做观花观叶地被、花境自然造景，花坛镶边等，也可以盆栽观赏或建专类园。

图 58-2　地丁草植株

59. 紫堇 *Corydalis edulis* Maxim.

一年生灰绿色草本植物，高可达 50 cm，茎分枝，叶片近三角形，上面绿色，下面苍白色，羽状全裂，裂片狭卵圆形，顶端钝，茎生叶与基生叶同形。总状花序，有花。花粉红色至紫红色，平展。苞片狭卵圆形至披针形，萼片小，近圆形。蒴果线形，下垂，种子密生环状小凹点；种阜小，紧贴种子。3—4 月开花，4—5 月结果。

榆阳区可见。分布于我国辽宁、北京、河北、山西、河南、陕西、甘肃、四川、云南、贵州、湖北、江西、安徽、江苏、浙江、福建。日本也有分布。生于海拔 400 ~ 1200 m 左右的丘陵、沟边或多石地。

植株低矮，耐阴性好，花色清丽明快，花形奇特，优雅别致，形如雀鸟，造型可爱；叶形秀丽，叶色青翠，花序颖长，可做观花观叶地被、花境自然造景、花坛镶边等，也可以盆栽观赏或建专类园。

图 59-1　紫堇花序

图 59-2　紫堇植株

60. 秃疮花 *Dicranostigma leptopodum* (Maxim.) Fedde

多年生或二年生草本，高达 80 cm，具淡黄色汁液，被短柔毛，稀无毛。茎多条，被白粉。基生叶丛生，窄倒披针形，长 10 ~ 15 cm，羽状深裂，裂片 4 ~ 6 对，小裂片羽状深裂或浅裂，下面疏被白色短柔毛，叶柄长 2 ~ 5 cm，疏被白色短柔毛，具纵纹；茎生叶少数，生于茎上部，长 1 ~ 7 cm，羽状深裂、浅裂或二回羽状深裂，裂片具疏齿，先端三角状渐尖，无柄。花 1 ~ 5 朵成聚伞花序顶生。花梗长 2.0 ~ 2.5 cm，无毛，具苞片；萼片卵形，长 0.6 ~ 1.0 cm，先端渐尖，具匙形距，无毛，稀被短柔毛；花瓣倒卵形或圆形，长 1.0 ~ 1.6 cm，黄色；花丝长 3 ~ 4 mm，花药长 1.5 ~ 2.0 mm；子房密被疣状短毛，花柱短，柱头 2 裂。蒴果线形，长 4.0 ~ 7.5 cm，径约 2 mm，无毛，顶端至近基部 2 瓣裂。种子卵球形，长约 0.5 mm，红褐色，具网纹。花期 3—5 月，果期 6—7 月。

产榆阳、延安、黄陵、黄龙、子午岭。生于海拔 420 ~ 1300 m 的荒坡草地或灌丛下。分布于我国华北及河南、甘肃、青海、四川、云南、西藏。

植株低矮，叶形美观，花大色艳，花香清淡，可在庭院、公园中做花坛、花境植物。

图 60-1　秃疮花花、果实和叶

图 60-2　秃疮花幼苗

61. 角茴香 *Hypecoum erectum* L.

一年生草本植物，高 15 ~ 30 cm。根圆柱形，长 8 ~ 15 cm，向下渐狭，具少数细根。花茎多，圆柱形，二歧状分枝。基生叶多数，叶片轮廓倒披针形，长 3 ~ 8 cm，多回羽状细裂，裂片线形，先端尖；叶柄细，基部扩大成鞘；茎生叶同基生叶，但较小。二歧聚伞花序，多花；苞片钻形，长 2 ~ 5 mm。萼片卵形，长约 2 mm，先端渐尖，全缘；花瓣淡黄色，长 1.0 ~ 1.2 cm，无毛，外面 2 枚倒卵形或近楔形，先端宽，3 浅裂，中裂片三角形，长约 2 mm，里面 2 枚倒三角形，长约 1 cm，3 裂至中部以上，侧裂片较宽，长约 5 mm，具微缺刻，中裂片狭，匙形，长约 3 mm，先端近圆形；雄蕊 4 枚，长约 8 mm，花丝宽线形，长约 5 mm，扁平，下半部加宽，花药狭长圆形，长约 3 mm；子房狭圆柱形，长约 1 cm，粗约 0.5 mm，花柱长约 1 mm，柱头 2 深裂，裂片细，向两侧伸展。蒴果长圆柱形，长 4 ~ 6 cm，粗 1.0 ~ 1.5 mm，直立，先端渐尖，两侧稍压扁，成熟时分裂成 2 果瓣。种子多数，近四棱形，两面均具十字形的突起。花果期 5—8 月。

产神木、榆阳、吴堡、绥德、靖边、定边、志丹、延安、宜君、子午岭。生于海拔 480 ~ 1400 m 的荒坡、田埂。分布于我国黑龙江、辽宁、内蒙古、河北、山东、山西、湖北、宁夏、甘肃、新疆。蒙古及俄罗斯西伯利亚地区分布。

植株矮小，常呈灰绿色，花色金黄。常成片分布，花开时能形成金色的花海景观。可做地被植物，用于缀花草坪。

图 61　角茴香

62. 耧斗菜 *Aquilegia viridiflora* Pall.

多年生草本植物。茎高达 50 cm，被柔毛或腺毛。基生叶具长柄，二回三出复叶；小叶楔状倒卵形，长 1.5 ～ 3.0 cm，宽长近相等或更宽，3 裂，疏生圆齿，上面无毛，下面被短柔毛或近无毛；茎生叶较小。花序具 3 ～ 7 朵花。花梗长 2 ～ 7 cm；萼片黄绿色，窄卵形，长 1.2 ～ 1.5 cm；花瓣黄绿色，瓣片宽长圆形，与萼片近等长，距长 1.2 ～ 1.8 cm，直或稍弯；雄蕊长达 2 cm，伸出花外，退化雄蕊长 7 ～ 8 mm；心皮（4 ～）5（～ 6），子房密被腺毛。蓇葖长 2.0 ～ 2.5 cm。花期 5—7 月。

榆阳区可见。生于海拔 1000 ～ 1200 m 的山坡。分布于我国东北、华北及山东、宁夏、甘肃、青海。俄罗斯远东地区也产。

植株高矮适中，叶片美丽动人，颜色清新翠绿，花形独特别致，花姿优雅，花色多种，开花时间长。适于在花坛、花境、草坪、密林、洼地和溪边或者岩石园种植，也可进行盆栽观赏，或作切花。

图 62-1　耧斗菜花

图 62-2　耧斗菜植株

63. 芹叶铁线莲 *Clematis aethusifolia* Turcz.

多年生草质藤本，幼时直立，以后匍匐，长 0.5 ～ 4.0 m。根细长，棕黑色。茎纤细，有纵沟纹，微被柔毛或无毛。二至三回羽状复叶或羽状细裂，连叶柄长达 7 ～ 10 cm，稀达 15 cm，末回裂片线形，宽 2 ～ 3 mm，顶端渐尖或钝圆，背面幼时微被柔毛，以后近于无毛，具一条中脉，在表面下陷，在背面隆起；小叶柄短或长 0.5 ～ 1.0 cm，边缘有时具翅；小叶间隔 1.5 ～ 3.5 cm；叶柄长 1.5 ～ 2.0 cm，微被绒毛或无毛。聚伞花序，腋生，常 1（～ 3）

花；苞片羽状细裂；花钟状下垂，直径 1.0 ～ 1.5 cm；萼片 4 枚，淡黄色，长方椭圆形或狭卵形，长 1.5 ～ 2.0 cm，宽 5 ～ 8 mm，两面近于无毛，外面仅边缘上密被乳白色绒毛，内面有三条直的中脉能见；雄蕊长为萼片之半，花丝扁平，线形或披针形，中部宽达 1.5 mm，两端渐窄，中上部被稀疏柔毛，其余无毛；子房扁平，卵形，被短柔毛，花柱被绢状毛。瘦果扁平，宽卵形或圆形，成熟后棕红色，长 3 ～ 4 mm，被短柔毛，宿存花柱长 2.0 ～ 2.5 cm，密被白色柔毛。花期 7—8 月，果期 9 月。

图 63-1　芹叶铁线莲花

图 63-2　芹叶铁线莲果实

产神木、榆阳、靖边、定边、志丹、子长、延长、宜川、宜君、子午岭。生于海拔 680 ～ 1300 m 的山坡、草地或山沟。分布于我国内蒙古、河北、山西、宁夏、甘肃、青海。蒙古、俄罗斯西伯利亚地区也产。

花大色艳，花形奇特，又具有攀附性，毛茸茸的果实经冬不落，茎叶花果均美丽，是优良的垂直绿化材料，可用于廊架、篱垣、立柱、垂直悬吊及植物造型。还可用于新娘捧花、礼仪花环及环状门饰。

64. 宽芹叶铁线莲 *Clematis aethusifolia* var. *latisecta* Maxim.

与芹叶铁线莲的区别：常为一回羽状复叶，有 2 ～ 3 对小叶，小叶片长 2.0 ～ 3.5 cm，3 深裂，裂片宽倒卵形或近于圆形，边缘有圆锯齿或浅裂。

产神木、靖边。生于海拔 1180 m 左右的山沟水旁。分布于我国黑龙江、内蒙古、河北、山西。蒙古、俄罗斯西伯利亚也产。

枝叶秀丽，花朵大、花色鲜艳、花期长且具有攀缘性，茎叶花果均美丽，被誉为“攀缘植物皇后”。常用于墙篱，拱门，廊架，花柱等处做观赏爬藤，也用于垂吊装饰和盆栽观赏。

图 64-1　宽芹叶铁线莲花

图 64-2　宽芹叶铁线莲生境、植株

图 64-3　宽芹叶铁线莲果实

65. 灌木铁线莲 *Clematis fruticosa* Turcz.

直立小灌木。茎高达 1 m；枝被柔毛。单叶，薄革质，窄披针形或披针形，长 1.5 ～ 4.5（～ 6.0）cm，先端尖，基部宽楔形或近平截，具小牙齿，羽状浅裂或深裂，两面疏被柔毛，后脱落无毛；叶柄长 0.3 ～ 1.2 cm。花序顶生或腋生，1 ～ 3 花；苞片叶状。花梗长 0.4 ～ 1.3 cm；萼片 4，黄色，斜展，椭圆状卵形，长 1 ～ 2 cm，无毛或疏被毛，边缘被绒毛；雄蕊无毛，花药窄长圆形，长 2.5 ～ 4.0 mm，顶端钝。瘦果卵圆形，长约 5 mm，被柔毛；宿存花柱长约 2.5 cm，羽毛状。花期 7—8 月。

产神木、榆阳、米脂、佳县、绥德、靖边、子长、安塞、延安、宜君、子午岭。生于海拔 800 ～ 1580 m 的山坡。分布于我国内蒙古、河北、山西。蒙古也产。

株型圆润美观，花大色艳，既能适应干旱寒冷，又能适应阴湿环境，适用于做地被植物，可用于河滩、溪地丰富园林景观；可用于干旱寒冷地区及岩石园丰富景观多样性；盆栽装饰阳台和窗台。

图 65-1　灌木铁线莲生境、植株

图 65-2　灌木铁线莲花

图 65-3　灌木铁线莲果实

66. 黄花铁线莲 *Clematis intricata* Bunge

草质藤本。茎纤细，多分枝，有细棱，近无毛或有疏短毛。一至二回羽状复叶；小叶有柄，2～3全裂或深裂、浅裂，中间裂片线状披针形、披针形或狭卵形，长1.0～4.5 cm，宽0.2～1.5 cm，顶端渐尖，基部楔形，全缘或有少数牙齿，两侧裂片较短，下部常2～3浅裂。聚伞花序，腋生，通常为3花，有时单花；花序梗较粗，长1.2～3.5 cm，有时极短，疏被柔毛；中间花梗无小苞片，侧生花梗下部有2片对生的小苞片，苞片叶状，较大，全缘或2～3浅裂至全裂；萼片4，黄色，狭卵形或长圆形，顶端尖，长1.2～2.2 cm，宽4～6 mm，两面无毛，偶尔内面有极稀柔毛，外面边缘有短绒毛；花丝线形，有短柔毛，花药无毛。瘦果卵形至椭圆状卵形，扁，长2.0～3.5 mm，边缘增厚，被柔毛，宿存花柱长3.5～5.0 cm，被长柔毛。花期6—7月，果期8—9月。

产神木、榆阳、绥德、横山、靖边、定边、吴起、志丹、安塞、延安、宜川、洛川、黄龙、宜君。生于海拔860～1800 m的山坡草地或灌丛中。分布于我国华北及辽宁、甘肃、青海。蒙古南部也产。

株型丰满美观，枝叶扶疏，叶片秀丽，花大色艳，聚合果白色球状，风趣独特，茎叶花果均美丽，是攀援绿化中不可缺少的良好材料。可布置于墙垣、棚架、阳台、门廊等处，效果显得格外优雅别致。也可做高档盆花栽培。

图66-1　黄花铁线莲叶

图66-2　黄花铁线莲花

图66-3　黄花铁线莲果实

67. 翠雀 *Delphinium grandiflorum* L.

多年生草本植物，茎高达 65 cm，与叶柄均被反曲平伏柔毛。基生叶及茎下部叶具长柄；叶圆五角形，长 2.2 ～ 6.0 cm，宽 4.0 ～ 8.5 cm，3 全裂，中裂片近菱形，一至二回 3 裂至近中脉，侧裂片扇形，不等 2 深裂近基部，两面疏被短柔毛或近无毛；叶柄长为叶片 3 ～ 4 倍。总状花序，具 3 ～ 15 花。花梗长 1.5 ～ 3.8 cm，与序轴密被平伏白色柔毛；小苞片生于花梗中部或上部，与花分开，线形或丝形，长 3.5 ～ 7.0 mm；萼片紫蓝色，椭圆形或宽椭圆形，长 1.2 ～ 1.8 cm，被短柔毛，距钻形，长 1.7 ～ 2.0（～ 2.3）cm；退化雄蕊的瓣片近圆形或宽倒卵形，顶端全缘或微凹，腹面中央被黄色髯毛，雄蕊无毛；心皮 3。种子沿棱具翅。花期 5—10 月。

本区域多见。生于海拔 1000 ～ 1200 m 的山坡草地或疏林下。分布于我国东北、华北及青海东部、河南西部、四川西北部。蒙古及俄罗斯西伯利亚地区也产。

花形奇特似飞鸟，花序硕大，色彩鲜艳，干后不变色。可丛植于花坛、花境、专类园，也可盆栽观赏或用作切花和干花。

图 67-1　翠雀花

图 67-2　翠雀果实

68. 碱毛茛 *Halerpestes sarmentosa* (Adams) Komarov et Alissova

多年生草本植物。匍匐茎细长。叶具长柄，无毛；叶近圆形、肾形或宽卵形，长 0.4 ～ 2.5 cm，宽 0.4 ～ 2.8 cm，基部宽楔形、平截或心形，具 3 ～ 5 齿或微 3 ～ 5 浅裂。花葶高达 16 cm；苞片线形或窄倒卵形；花 1 ～ 2 顶生。萼片呈椭圆形，长约 3.5 mm，无毛；花瓣 5，窄椭圆形，长约 3 mm；雄蕊（6 ～）14 ～ 20，与花瓣近等长。聚合果卵圆形，长达 6 mm；瘦果紧密排列，长约 1.8 mm。花果期 5—9 月。

图 68-1　碱毛茛花

产神木、榆阳、横山、绥德、延川、甘泉、

宜君、子午岭。生于海拔 700 ～ 2300 m 的山沟湿地或河滩。分布于我国东北、华北、西北及四川、西藏。巴基斯坦、印度、哈萨克斯坦、蒙古、朝鲜及俄罗斯西伯利亚地区也产。

植株低矮，匍匐生长，叶片小巧，叶色嫩绿，花小色艳，可做地被植物用于湿地绿化，也可盆栽观赏。

68-2　碱毛茛植株、生境

69. 白头翁 *Pulsatilla chinensis* (Bunge) Regel

多年生草本植物，植株高达 35 cm。根茎径 0.8 ～ 1.5 cm。叶 4 ～ 5；叶宽卵形，长 4.5 ～ 14.0 cm，宽 8.5 ～ 16.0 cm，下面被柔毛，3 全裂，中裂片常具柄，3 深裂，小裂片分裂较浅，末回裂片卵形，侧裂片较小，不等 3 裂；叶柄长 5 ～ 7 cm，密被长柔毛。花葶 1 ～ 2，被柔毛；总苞管长 0.3 ～ 1.0 cm，裂片线形。花梗长 2.5 ～ 5.5 cm；花直立；萼片 6，蓝紫色，长圆状卵形，长 2.8 ～ 4.4 cm；雄蕊长约萼片之一半。瘦果扁纺锤形，长 3.5 ～ 4.0 mm，被长柔毛，宿存花柱长 3.5 ～ 6.5 cm，被向上斜展长柔毛。花期 4—5 月。

产清涧、延安、甘泉、洛川、黄龙。生于海拔 400 ～ 2800 m 的向阳山坡草地。分布于我国东北、华北及甘肃、河南、湖北、江苏、安徽。朝鲜及俄罗斯远东地区也产。

植株矮小，全株被毛，开花早，花型漂亮，颜色艳丽，花期长，聚合果白色球状，观赏性强，抗寒、抗旱、耐瘠薄，抗病性强，叶形美观，可植于林间隙地及灌木丛间，或以自然的方式栽植在花境中，布置小景，路旁、屋顶绿化，也可作地被植物点缀草坪，盆栽观赏。

图 69-1 白头翁植株

图 69-2 白头翁花

图 69-3 白头翁果实

70. 茴茴蒜 *Ranunculus chinensis* Bunge

一年生草本植物。须根多数簇生。茎直立粗壮，高 20 ～ 70 cm，直径在 5 mm 以上，中空，有纵条纹，分枝多，与叶柄均密生开展的淡黄色糙毛。基生叶与下部叶有长达 12 cm 的叶柄，为 3 出复叶，叶片宽卵形至三角形，长 3 ～ 8（～ 12）cm，小叶 2 ～ 3 深裂，裂片倒披针状楔形，宽 5 ～ 10 mm，上部有不等的粗齿或缺刻或 2 ～ 3 裂，顶端尖，两面伏生糙毛，小叶柄长 1 ～ 2 cm 或侧生小叶柄较短，生开展的糙毛。上部叶较小和叶柄较短，叶片 3 全裂，裂片有粗齿牙或再分裂。花序有较多疏生的花，花梗贴生糙毛；花直径 6 ～ 12 mm；萼片狭卵形，长 3 ～ 5 mm，外面生柔毛；花瓣 5，宽卵圆形，与萼片近等长或稍长，黄色或上面白色，基部有短爪，蜜槽有卵形小鳞片；花药长约 1 mm；花托在果期显著伸长，圆柱形，长达 1 cm，密生白短毛。聚合果长圆形，直径 6 ～ 10 mm；瘦果，扁平，长 3.0 ～ 3.5 mm，宽约 2 mm，为厚的 5 倍以上，无毛，边缘有宽约 0.2 mm 的棱，喙极短，呈点状，长 0.1 ～ 0.2 mm。花果期 5—9 月。

产榆阳、绥德、宜君、延安、洛川、黄龙、黄陵。生于海拔 350 ～ 2050 m 的河滩、溪旁、草地或林下。广布于我国南北各省区。巴基斯坦、印度、不丹、哈萨克斯坦、蒙古、泰国、日本、朝鲜及俄罗斯西伯利亚地区也产。

植株低矮，叶形奇特，花色亮丽。常种植于水边、湿地、树下，或草坪中丛植，以及种植在建筑物的阴面，也适宜作盆栽和压花。

图 70-1　茴茴蒜植株

图 70-2　茴茴蒜花和果实

71. 毛茛 *Ranunculus japonicus* Thunb.

多年生草本植物。须根多数簇生。茎直立，高 30 ～ 70 cm，中空，有槽，具分枝，生开展或贴伏的柔毛。基生叶多数；叶片圆心形或五角形，长及宽为 3 ～ 10 cm，基部心形或截形，通常 3 深裂不达基部，中裂片倒卵状楔形或宽卵圆形或菱形，3 浅裂，边缘有粗齿或缺刻，侧裂片不等地 2 裂，两面贴生柔毛，下面或幼时的毛较密；叶柄长达 15 cm，生开展柔毛。下部叶与基生叶相似，渐向上叶柄变短，叶片较小，3 深裂，裂片披针形，有尖齿牙或再分裂；最上部叶线形，全缘，无柄。聚伞花序，有多数花，疏散；花直径 1.5 ～ 2.2 cm；花梗长达 8 cm，贴生柔毛；萼片椭圆形，长 4 ～ 6 mm，生白柔毛；花瓣 5，倒卵状圆形，长 6 ～ 11 mm，宽 4 ～ 8 mm，基部有长约 0.5 mm 的爪，蜜槽鳞片长 1 ～ 2 mm；花药长约 1.5 mm；花托短小，无毛。聚合果近球形，直径 6 ～ 8 mm；瘦果扁平，长 2.0 ～ 2.5 mm，上部最宽处与长近相等，约为厚的 5 倍以上，边缘有宽约 0.2 mm 的棱，无毛，喙短直或外弯，长约 0.5 mm。花果期 4—9 月。

图 71　毛茛

产榆阳、宜君、延安、延川、安塞、洛川、黄龙、黄陵。生于海拔 630 ～ 2500 m 的溪旁或潮湿草地、林缘。分布于我国除新疆、西藏以外的广大地区。俄罗斯远东地区及日本也产。

植株低矮，花色鲜艳，适合丛植于草坪、花坛等处，也可盆栽装饰室内、庭院等处，还可作切花，用于制作各种花艺作品。

72. 短梗箭头唐松草 *Thalictrum simplex* var. *brevipes* Hara

多年生草本植物。植株全部无毛。茎高 54 ~ 100 cm，不分枝或在下部分枝。茎生叶向上近直展，为二回羽状复叶；茎下部的叶片长达 20 cm，小叶多为楔形，小裂片狭三角形，顶端锐尖；茎上部叶渐变小，小叶倒卵形或楔状倒卵形，基部圆形、钝或楔形，裂片顶端急尖；茎下部叶有稍长柄，上部叶无柄。圆锥花序，长 9 ~ 30 cm，分枝与轴成斜上 45° 角；花梗较短，长 1 ~ 4（~ 5）mm。萼片 4，早落，狭椭圆形，长约 2.2 mm；雄蕊约 15，长约 5 mm，花药狭长圆形，长约 2 mm，顶端有短尖头，花丝丝形；心皮 3 ~ 6，无柄，柱头宽三角形。瘦果狭椭圆球形或狭卵球形，长约 2 mm，有 8 条纵肋。7—8 月开花；果期 8—9 月。

图 72-1　短梗箭头唐松草生境、植株

图 72-2　短梗箭头唐松草花

图 72-3　短梗箭头唐松草花序

图 72-4　短梗箭头唐松草秋叶

产神木、榆阳、宜君。生于海拔 1000 ～ 2400 m 的山坡、河滩或田埂。分布于我国华北及辽宁、甘肃、青海、湖北、四川。朝鲜、日本也产。

株型伞状，姿态优美；枝叶生长繁茂，大枝斜出，小枝直立，花萼线形，无花瓣，色泽玉白或紫红的花丝，气质高雅，宜于公园、庭院作林下地被植物栽培。

73. 展枝唐松草 *Thalictrum squarrosum* Stephan ex Willd.

多年生草本植物，植株无毛。茎高达 1 m，中部以上近二歧状分枝。茎下部及中部叶柄短，二至三回羽状复叶；小叶坚纸质或薄革质，楔状倒卵形、宽倒卵形、长圆形或圆卵形，长 0.8 ～ 2.0（3.5）cm，常 3 浅裂或疏生齿，下面被白粉，脉平或下面稍隆起。圆锥花序，伞房状，近二歧状分枝。花梗长 1.5 ～ 3.0 cm；萼片 4，淡黄绿色，脱落，长 3 mm；雄蕊 5 ～ 14，花丝丝状，花药长圆形，具小尖头；心皮 1 ～ 3（～ 5），柱头三角形，具宽翅。瘦果，近纺锤形，稍斜，长 4.0 ～ 5.2 mm，宿存柱头长。花期 7—8 月。

产榆阳、横山、米脂、靖边、吴起、安塞、志丹、延安、宜川、宜君、子午岭。生于海拔 1000 ～ 1600 m 的山坡草地。分布于我国东北及华北。蒙古及俄罗斯西伯利亚地区也有分布。

株型优美，枝繁叶茂，叶形奇特，细小繁密，花丝下垂披散，潇洒飘逸。花色淡雅，花香宜人。适宜野生花卉园、野趣园或自然风景园丛植点缀，或作花境等的花材。宜于公园、庭院作林下地被植物栽培。也可盆栽、切花、切叶观赏。

图 73　展枝唐松草

74. 香茶藨子 *Ribes odoratum* Wendl.

落叶灌木，高 1 ～ 2 m。小枝具柔毛，老时脱落，无刺。叶圆肾形或倒卵圆形，长宽均 2 ～ 5 cm，基部楔形，稀近圆或平截，幼时两面具柔毛，常有腺体，老时近无毛，掌状 3 ～ 5 深裂，具粗钝锯齿；叶柄长（0.5 ～）1.0 ～ 2.0 cm，被柔毛。花两性，芳香；总状花序，长 2 ～ 5 cm，常下垂，具 5 ～ 10 花；花序轴和花梗具柔毛。花梗长 2 ～ 5 mm；苞片卵状披针形或椭圆状披针形，两面有柔毛；花萼黄色，或仅萼筒黄色微带浅绿色晕，无毛，萼筒管形，长 1.2 ～ 1.5 cm，萼片长圆形或匙形；花瓣近匙形或近宽倒卵形，浅红色，无毛；子房无毛；花柱不裂或柱头 2 裂，柱头绿色。果球形或宽椭圆形，长 0.8 ～ 1.0 cm，熟时黑色，无毛。花期 5 月，果期 7—8 月。

榆阳区可见。原产北美洲，生于山地河流沿岸。我国黑龙江、辽宁公园及植物园有栽植。

株型美观，生长旺盛，叶形奇特，花朵繁密，花色鲜艳，开花时香气四溢，且果实黄色。春季黄花繁而有浓香，秋季叶色绚丽。是叶花果兼赏的花灌木，宜丛植于庭院、山石、坡地、林缘、草坪、角隅、岩石旁，也可作花篱栽植。

图 74-1　香茶藨子花

图 74-2　香茶藨子果实

图 74-3　香茶藨子秋色叶

75. 乌头叶蛇葡萄 *Ampelopsis aconitifolia* Bunge

木质藤本。小枝圆柱形，有纵棱纹，被疏柔毛。卷须 2 ～ 3 叉分枝，相隔 2 节间断与叶对生。叶为掌状 5 小叶，小叶 3 ～ 5 羽裂，披针形或菱状披针形，顶端渐尖，基部楔形，中央小叶深裂，或有时外侧小叶浅裂或不裂。花序为疏散的伞房状复二歧聚伞花序，通常与叶对生或假顶生；花序梗长 1.5 ～ 4.0 cm。果实近球形，直径 0.6 ～ 0.8 cm，有种子 2 ～ 3 颗，种子倒卵圆形，顶端圆形，基部有短喙，种脐在种子背面中部近圆形，种脊向上渐狭呈带状，腹部中棱脊微突出，两侧洼穴呈沟状，从基部向上斜展达种子上部 1/3。花期 5—6 月，果期 8—9 月。

产神木、榆阳、绥德、清涧、横山、靖边、延长、延安、洛川、黄龙、宜君。生于海拔 600 ～ 1350 m 的山地灌丛中。分布于我国内蒙古、河北、山西、河南、甘肃。

枝条虬曲多姿，苍劲古朴，根部扭曲盘旋，枝蔓飘逸，掌状叶清新可爱，极富有野趣。多用于篱垣、林缘地带，可用于棚架、篱笆攀援或墙体垂直绿化。

图 75-1　乌头叶蛇葡萄叶

图 75-2　乌头叶蛇葡萄果实

76. 掌裂蛇葡萄 *Ampelopsis delavayana* var. *glabra* (Diels et Gilg)C.L.Li

木质藤本，小枝圆柱形，有纵棱纹，植株光滑无毛。卷须 2 ～ 3 叉分枝，相隔 2 节间断与叶对生。3 ～ 5 小叶，中央小叶披针形或椭圆披针形，顶端渐尖，基部近圆形，侧生小叶卵椭圆形或卵披针形，长 4.5 ～ 11.5 cm，宽 2 ～ 4 cm，基部不对称，近截形，边缘有粗锯齿，齿端通常尖细；叶柄长 3 ～ 10 cm，中央小叶有柄或无柄，侧生小叶无柄。多歧聚伞花序与叶对生，花序梗长 2 ～ 4 cm，被短柔毛；花梗长 1.0 ～ 2.5 mm，伏生短柔毛；花蕾卵形，高 1.5 ～ 2.5 mm，顶端圆形；萼碟形，边缘呈波状浅裂，无毛；花瓣 5，卵椭圆形，高 1.3 ～ 2.3 mm，外面无毛，雄蕊 5 枚，花药卵圆形，长宽近相等，花盘明显，5 浅裂；子房下部与花盘合生，花柱明显，柱头不明显扩大。果实近球形，直径 0.8 cm，有种子 2 ～ 3 颗；种子倒卵圆形，顶端近圆形，基部有短喙，种脐在种子背面中部向上渐狭呈卵椭圆形，顶端种脊突出，腹部中棱脊突出，两侧洼穴呈沟状楔形，上部宽，斜向上展达种子中部以上。花期 5—6 月，果期 7—9 月。

产神木、榆阳、绥德、横山、靖边、安塞、子长、延安、甘泉、黄陵、黄龙。生于海拔 750 ～ 1750 m 的山地灌丛或疏林中。分布于我国内蒙古、吉林、辽宁、河北、山东、江苏、河南、湖北。

枝蔓飘逸，叶形奇特，秋叶红艳，果熟时红果串串悬挂枝间，别具风趣，具有垂直绿化、地表覆盖、丰富造景色彩等多重功能，所以宜植于庭院墙垣、公园池畔或石旁，可作盆栽垂吊植物。

图 76-1　掌裂蛇葡萄生境

图 76-2　掌裂蛇葡萄叶和花序

图 76-3　掌裂蛇葡萄果实

77. 蒺藜 *Tribulus terrestris* Linnaeus

一年生草本植物。茎平卧，无毛，被长柔毛或长硬毛，枝长 20 ～ 60 cm，偶数羽状复叶，长 1.5 ～ 5.0 cm；小叶对生，3 ～ 8 对，矩圆形或斜短圆形，长 5 ～ 10 mm，宽 2 ～ 5 mm，先端锐尖或钝，基部稍偏斜，被柔毛，全缘。花腋生，花梗短于叶，花黄色；萼片 5，宿存；花瓣 5；雄蕊 10，生于花盘基部，基部有鳞片状腺体，子房 5 棱，柱头 5 裂，每室 3 ～ 4 胚珠。果有分果瓣 5，硬，长 4 ～ 6 mm，无毛或被毛，中部边缘有锐刺 2 枚，下部常有小锐刺 2 枚，其余部位常有小瘤体。花期 5—8 月，果期 6—9 月。

图 77-1　蒺藜植株

图 77-2　蒺藜花、叶

图 77-3　蒺藜果实

产神木、府谷、榆阳、横山、靖边、定边、绥德、米脂、吴堡、清涧，佳县、子洲、延安、延长、安塞、洛川、黄陵。我国各地有分布。生于沙地、荒地、山坡、居民点附近。

植株低矮，平卧生长。花形果形奇特，颜色明快，耐旱性强，可用于沙地、边坡绿化。

78. 霸王 *Zygophyllum xanthoxylum* (Bunge) Maxim.

灌木，高 50 ～ 100 cm。枝弯曲，开展，皮淡灰色，木质部黄色，先端具刺尖，坚硬。叶在老枝上簇生，幼枝上对生；叶柄长 8 ～ 25 mm；小叶 1 对，长匙形，狭矩圆形或条形，长 8 ～ 24 mm，宽 2 ～ 5 mm，先端圆钝，基部渐狭，肉质，花生于老枝叶腋；萼片 4，倒卵形，绿色，长 4 ～ 7 mm；花瓣 4，倒卵形或近圆形，淡黄色，长 8 ～ 11 mm；雄蕊 8，长于花瓣。蒴果近球形，长 18 ～ 40 mm，翅宽 5 ～ 9 mm，常 3 室，每室有 1 种子。种子肾形，长 6 ～ 7 mm，宽约 2.5 mm。花期 4—5 月，果期 7—8 月。

产陕北长城沿线风沙区。分布于我国内蒙古西部、甘肃西部、宁夏西部、新疆、青海。蒙古也有分布。

叶色灰绿，果形奇特，可与白刺、野枸杞、沙棘、柠条、柽柳、紫穗槐、梭梭、花棒等混交，进行水土保持和荒山绿化。

图 78　霸王

79. 沙冬青 *Ammopiptanthus mongolicus* (Maxim. ex Kom.) Cheng f.

常绿灌木，高 1.5 ~ 2.0 m，多叉状分枝；枝皮黄绿色，幼时被灰白色短柔毛。3 小叶，稀单叶，叶柄长 0.5 ~ 1.5 cm，密被灰白色短柔毛；托叶小，三角形或三角状披针形，与叶柄连合并抱茎，被银白色绒毛；小叶或叶菱状椭圆形或宽披针形，长 2.0 ~ 3.5 cm，先端急尖或钝，微凹，基部楔形或宽楔形，两面密被银白色绒毛，全缘，羽状脉，侧脉极不明显。总状花序，顶生，有 8 ~ 12 朵密集的花；苞片卵形，密被短柔毛，脱落。花互生；花梗长约 1 cm，近无毛，中部有 2 枚小苞片；花萼钟形，萼齿 5，上方 2 齿合生为较大的齿；花冠黄色，花瓣均具长瓣柄，旗瓣倒卵形，长约 2 cm，翼瓣比龙骨瓣短，长圆形，长 1.7 cm，龙骨瓣分离，基部有长 2 mm 的耳；子房具柄，线形，无毛。荚果扁平，线形，长 5 ~ 8 cm，无毛，有 2 ~ 5 种子；果柄长 0.8 ~ 1.0 cm。种子圆肾形。花期 4—5 月，果期 5—6 月。

榆阳区可见。生于沙地。分布于我国内蒙古、宁夏、甘肃、新疆。哈萨克斯坦、吉尔吉斯斯坦、蒙古也产。

株型美观，叶色靓丽，花大色艳，四季常绿。开花早，花期长。可孤植或群植观赏，也可植为花篱或作盆景。

图 79-1　沙冬青花

图 79-2　沙冬青果实

图 79-3　沙冬青植株

80. 草木樨状黄芪 *Astragalus melilotoides* Pall.

多年生草本植物。主根粗壮。茎直立或斜生，高 30 ～ 50 cm，多分枝，具条棱，被白色短柔毛或近无毛。羽状复叶有 5 ～ 7 片小叶，长 1 ～ 3 cm；叶柄与叶轴近等长；托叶离生，三角形或披针形，长 1.0 ～ 1.5 mm；小叶长圆状楔形或线状长圆形，长 7 ～ 20 mm，宽 1.5 ～ 3.0 mm，先端截形或微凹，基部渐狭，具极短的柄，两面均被白色细伏贴柔毛。总状花序，生多数花，稀疏；总花梗远较叶长；花小；苞片小，披针形，长约 1 mm；花梗长 1 ～ 2 mm，连同花序轴均被白色短伏贴柔毛；花萼短钟状，长约 1.5 mm，被白色短伏贴柔毛，萼齿三角形，较萼筒短；花冠白色或带粉红色，旗瓣近圆形或宽椭圆形，长约 5 mm，先端微凹，基部具短瓣柄，翼瓣较旗瓣稍短，先端有不等的 2 裂或微凹，基部具短耳，瓣柄长约 1 mm，龙骨瓣较翼瓣短，瓣片半月形，先端带紫色，瓣柄长为瓣片的 1/2；子房近无柄，无毛。荚果宽倒卵状球形或椭圆形，先端微凹，具短喙，长 2.5 ～ 3.5 mm，假 2 室，背部具稍深的沟，有横纹；种子 4 ～ 5 颗，肾形，暗褐色，长约 1 mm。花期 7—8 月，果期 8—9 月。

图 80-1　草木樨状黄芪花序

产神木、榆阳、绥德、横山、靖边、定边、吴起、志丹、安塞、延川、延安、洛川、黄龙。生于海拔 580 ～ 1900 m 的荒坡或沙地。分布于我国东北、华北及河南、宁夏、甘肃、青海、四川。日本、蒙古及俄罗斯西伯利亚地区也产。

图 80-2　草木樨状黄芪植株

株型美观，枝繁叶茂，根系发达，适应性强，具有耐寒、抗旱、耐贫瘠、耐盐、抗风沙的能力。花形奇特，花香浓郁、持久，可用于芳香植物专类园，也可作为沙区及黄土丘陵区水土保持植物。

81. 蒙古黄芪 *Astragalus mongholicus* Bunge.

多年生草本植物，高 50 ～ 100 cm。主根肥厚，木质，常分枝，灰白色。茎直立，上部多分枝，有细棱，被白色柔毛。羽状复叶有 13 ～ 27 片小叶，长 5 ～ 10 cm；叶柄长 0.5 ～ 1.0 cm；托叶离生，卵形，披针形或线状披针形，长 4 ～ 10 mm，下面被白色柔毛或近无毛；小叶椭圆形或长圆状卵形，长 7 ～ 30 mm，宽 3 ～ 12 mm，先端钝圆或微凹，具小尖头或不明显，基部圆形，上面绿色，近无毛，下面被伏贴白色柔毛。总状花序稍密，有 10 ～ 20 朵花；总花梗与叶近等长或较长，至果期显著伸长；苞片线状披针形，长 2 ～ 5 mm，背面被白色柔毛；花梗长 3 ～ 4 mm，连同花序轴稍密被棕色或黑色柔毛；小苞片 2；花萼钟状，长 5 ～ 7 mm，外面被白色或黑色柔毛，有时萼筒近于无毛，仅萼齿有毛，萼齿短，三角形至钻形，长仅为萼筒的 1/4 ～ 1/5；花冠黄色或淡黄色，旗瓣倒卵形，长 12 ～ 20 mm，顶端微凹，基部具短瓣柄，翼瓣较旗瓣稍短，瓣片长圆形，基部具短耳，瓣柄较瓣片长约 1.5 倍，龙骨瓣与翼瓣近等长，瓣片半卵形，瓣柄较瓣片稍长；子房有柄，被细柔毛。荚果薄膜质，稍膨胀，半椭圆形，长 20 ～ 30 mm，宽 8 ～ 12 mm，顶端具刺尖，两面被白色或黑色细短柔毛，果颈超出萼外；种子 3 ～ 8 颗。花期 6—8 月，果期 7—9 月。

产神木、府谷、绥德、子洲、黄陵、黄龙。生于海拔 1200 m 左右的山坡草地或灌丛、林缘，各地也常见栽培。分布于我国黑龙江、吉林、内蒙古、河北、山西、山东、新疆、西藏。哈萨克斯坦、蒙古、俄罗斯也产。

株型美观，花白色芳香，膜质荚果小巧可爱，可丛植于草坪，矿区生态修复，或植于药用植物专类园。

图 81　蒙古黄芪

82. 斜茎黄芪 *Astragalus laxmannii* Jacq.

多年生草本植物，高 20 ～ 100 cm。根较粗壮，暗褐色，有时有长主根。茎多数或数个丛生，直立或斜上，有毛或近无毛。羽状复叶有 9 ～ 25 片小叶，叶柄较叶轴短；托叶三角形，渐尖，基部稍合生或有时分离，长 3 ～ 7 mm；小叶长圆形、近椭圆形或狭长圆形，长 10 ～ 25（～ 35）mm，宽 2 ～ 8 mm，基部圆形或近圆形，有时稍尖，上面疏被伏贴毛，下面较密。总状花序，长圆柱状、穗状、稀近头状，生多数花，排列密集，有时较稀疏；总花梗生于茎的上部，较叶长或与其等长；花梗极短；苞片狭披针形至三角形，先端尖；花萼管状钟形，长 5 ～ 6 mm，被黑褐色或白色毛，或有时被黑白混生毛，萼齿狭披针形，长为萼筒的 1/3；花冠近蓝色或红紫色，旗瓣长 11 ～ 15 mm，倒卵圆形，先端微凹，基部渐狭，翼瓣较旗瓣短，瓣片长圆形，与瓣柄等长，龙骨瓣长 7 ～ 10 mm，瓣片较瓣柄稍短；子房被密毛，有极短的柄。荚果，长圆形，长 7 ～ 18 mm，两侧稍扁，背缝凹入成沟槽，顶端具下弯的短喙，被黑色、褐色或和白色混生毛，假 2 室。花期 6—8 月，果期 8—10 月。

产神木、府谷、榆阳、横山、定边、靖边、吴堡、志丹、富县、黄陵、黄龙。生于海拔 740 ～ 1700 m 的荒坡草地。分布于我国东北、华北、西北、西南及河南。日本、朝鲜、蒙古、俄罗斯及北美温带地区也产。

生长旺盛，茎秆平卧或斜生。长圆柱形的总状花序上花朵密集，花冠有的粉紫，有的接近蓝色，视觉效果很强烈。可作切花、插花材料，可用作地被植物。

图 82-1　斜茎黄芪花期植株

图 82-2　斜茎黄芪幼苗

图 82-3　斜茎黄芪花序

83. 糙叶黄芪 *Astragalus scaberrimus* Bunge

多年生草本植物，密被白色伏贴毛。根状茎短缩，多分枝，木质化；地上茎不明显或极短，有时伸长而匍匐。羽状复叶有 7 ~ 15 片小叶，长 5 ~ 17 cm；叶柄与叶轴等长或稍长；托叶下部与叶柄贴生，长 4 ~ 7 mm，上部呈三角形至披针形；小叶椭圆形或近圆形，有时披针形，长 7 ~ 20 mm，宽 3 ~ 8 mm，先端锐尖、渐尖，有时稍钝，基部宽楔形或近圆形，两面密被伏贴毛。总状花序，生 3 ~ 5 朵花，排列紧密或稍稀疏；总花梗极短或长达数厘米，腋生；花梗极短；苞片披针形，较花梗长；花萼管状，长 7 ~ 9 mm，被细伏贴毛，萼齿线状披针形，与萼筒等长或稍短；花冠淡黄色或白色，旗瓣倒卵状椭圆形，先端微凹，中部稍缢缩，下部稍狭成不明显的瓣柄，翼瓣较旗瓣短，瓣片长圆形，先端微凹，较瓣柄长，龙骨瓣较翼瓣短，瓣片半长圆形，与瓣柄等长或稍短；子房有短毛。荚果披针状长圆形，微弯。花期 4—8 月，果期 5—9 月。

产榆阳、绥德、横山、靖边、吴起、志丹、延安、洛川、黄龙。生于海拔 400 ~ 1450 m 的山坡草地或河滩。分布于我国东北、华北及河南、宁夏、甘肃、四川。蒙古、俄罗斯西伯利亚地区也产。

植株低矮，根状茎短缩，植株匍匐在地，根系发达，绿期长，花或淡黄或白色，花瓣外缘有一圈不太显著的淡紫，使得整朵花更具灵气。在园林中的沙质地及河岸沙地、缓坡地作地被成片种植。或作缀花草坪。

图 83-1　糙叶黄耆花

图 83-2　糙叶黄耆花期植株

84. 柠条锦鸡儿 *Caragana korshinskii* Kom.

灌木，有时小乔木状，高 1～4 m；老枝金黄色，有光泽；嫩枝被白色柔毛。羽状复叶有 6～8 对小叶；托叶在长枝者硬化成针刺，长 3～7 mm，宿存；叶轴长 3～5 cm，脱落；小叶披针形或狭长圆形，长 7～8 mm，宽 2～7 mm，先端锐尖或稍钝，有刺尖，基部宽楔形，灰绿色，两面密被白色伏贴柔毛。花梗长 6～15 mm，密被柔毛，关节在中上部；花萼管状钟形，长 8～9 mm，宽 4～6 mm，密被伏贴短柔毛，萼齿三角形或披针状三角形；花冠长 20～23 mm，旗瓣宽卵形或近圆形，先端截平而稍凹，宽约 16 mm，具短瓣柄，翼瓣瓣柄细窄，稍短于瓣片，耳短小，齿状，龙骨瓣具长瓣柄，耳极短；子房披针形，无毛。荚果扁，披针形，长 2.0～2.5 cm，宽 6～7 mm，有时被疏柔毛。花期 5 月，果期 6 月。

图 84-1　柠条锦鸡儿植株

产神木、榆阳、横山、定边、靖边。分布于我国内蒙古、山西、宁夏、甘肃、青海、新疆。蒙古也产。

茎干直立，叶色灰白色，开花时满树金黄，花大色艳，花果形奇特，生命力顽强，可植于岩石旁，小路边，或作绿篱用，亦可作盆景材料。

图 84-2　柠条锦鸡儿花

85. 中间锦鸡儿 *Caragana liouana* Zhao Y. Chang et Yakovlev

灌木，高 0.7～1.5（～2.0）m。老枝黄灰色或灰绿色，幼枝被柔毛。羽状复叶有 3～8 对小叶；托叶在长枝者硬化成针刺，长 4～7 mm，宿存；叶轴长 1～5 cm，密被白色长柔毛，脱落；小叶椭圆形或倒卵状椭圆形，长 3～10 mm，宽 4～6 mm，先端圆或锐尖，很少截形，有短刺尖，基部宽楔形，两面密被长柔毛。花梗长 10～16 mm，关节在中部以上，很少在中下部；花萼管状钟形，长 7～12 mm，宽 5～6 mm，密被短柔毛，萼齿三角状；花冠黄色，长 20～25 mm，旗瓣宽卵形或近圆形，瓣柄为瓣片的 1/4～1/3，翼瓣长圆形，先端稍尖，瓣柄与瓣片近等长，耳不明显；子房无毛。荚果披针形或长圆状披针形，扁，长 2.5～3.5 cm，宽 5～6 mm，先端短渐尖。花期 5 月，果期 6 月。

产府谷、神木、榆阳、绥德、横山、靖边、吴起、志丹。生于海拔 880 ～ 1500 m 的沙地或黄土山坡。分布我国于内蒙古、河北、山西、宁夏、甘肃。

干似古铁，枝叶茂密，叶色鲜绿，花亦美丽，形状酷似一只鸟雀，开花时满树金黄。果形奇特，果色艳丽。宜布置于林缘、路边或建筑物旁，可种在园林中岩石旁，小路边，或作绿篱用，亦可作盆景材料。

图 85-1　中间锦鸡儿植株

图 85-2　中间锦鸡儿花

图 85-3　中间锦鸡儿花果实

86. 小叶锦鸡儿 *Caragana microphylla* Lam.

灌木，高达 2 ～ 3 m。老枝深灰色或黑绿色，幼枝被毛。羽状复叶有 5 ～ 10 对小叶；托叶长 1.5 ～ 5.0 cm，脱落；小叶倒卵形或倒卵状长圆形，长 0.3 ～ 1.0 cm，宽 2 ～ 8 mm，先端圆或钝，具短刺尖，幼时被短柔毛。花单生，花梗长约 1 cm，近中部具关节，被柔毛；花萼管状钟形，长 0.9 ～ 1.2 cm，宽 5 ～ 7 mm，萼齿宽三角形，先端尖；花冠黄色，长约 2.5 cm，旗瓣宽倒卵形，基部具短瓣柄，翼瓣的瓣柄长为瓣片的 1/2，耳齿状，龙骨瓣的瓣柄与瓣片近等长，瓣片基部无明显的耳；子房无毛，无柄。荚果圆筒形，长 4 ～ 5 cm，宽 4 ～ 5 mm，稍扁，无毛，具锐尖头，无柄。花期 5—6 月，果期 7—8 月。

产神木、榆阳、米脂、绥德、吴堡、靖边。生于海拔 1000 ～ 1350 m 的山坡。分布于我国东北、华北及山东、宁夏、甘肃。蒙古、俄罗斯也产。

株型美观，枝叶秀美，花色艳丽，荚果小巧可爱。可种植于林缘、路边、岩石旁、建筑物旁，或作绿篱用。

图 86-1　小叶锦鸡儿植株

图 86-2　小叶锦鸡儿花

图 86-3　小叶锦鸡儿果实

87. 塔落木羊柴 *Corethrodendron lignosum* var. *Laeve* (Maximowicz) L. R. Xu et B. H. Choi

灌木，高 1 m 左右。树皮灰黄色或灰褐色，呈纤维状剥落。奇数羽状复叶，小叶 5 ～ 8 对，线形或线状长圆形，长 1 ～ 2 cm，宽 3 ～ 10 mm，全缘，两面疏被短绒毛；托叶早落。总状花序，具花 4 ～ 10 朵，紫红色。荚果念珠状，1 ～ 3 节，多为 1 节，果节扁圆形，具网纹，无毛。花期 6—8 月，果期 9—10 月。

产陕北风沙区。生于沙丘或沙地。分布于我国内蒙古、山西西北部、宁夏东部，甘肃、新疆有栽培。

自然造形好，高度适中，返青早，绿期长；具有无限开花习性，花期长，花量大，整个株丛给人的感觉是以花为主，以叶为辅，观赏价值比较高。可丛植于林缘、草地，或片植种成花海，也可用于防风固沙、保持水土、改良土壤、矿区生态修复。

图 87-1　塔落木羊柴植株

图 87-2　塔落木羊柴花

图 87-3　塔落木羊柴果实

88. 细枝羊柴 *Corethrodendron scoparium* Fisch. et Basiner

半灌木，高约 80 ～ 300 cm。茎直立，多分枝，幼枝绿色或淡黄绿色，被疏长柔毛，茎皮亮黄色，呈纤维状剥落。托叶卵状披针形。褐色干膜质，长 5 ～ 6 mm，下部合生，易脱落。茎下部叶具小叶 7～11 片，上部的叶通常具小叶 3～5 片，最上部的叶轴完全无小叶或仅具 1 枚顶生小叶；小叶片灰绿色，线状长圆形或狭披针形，长 15～30 mm，宽 3～6 mm，无柄或近无柄，先端锐尖，具短尖头，基部楔形，表面被短柔毛或无毛，背面被较密的长柔毛。总状花序，腋生，上部明显超出叶，总花梗被短柔毛；花少数，长 15～20 mm，外展或平展，疏散排列；苞片卵形，长约 1.0～1.5 mm；具 2～3 mm 的花梗；花萼钟状，长 5～6 mm，被短柔毛，萼齿长为萼筒的 2/3，上萼齿宽三角形，稍短于下萼齿；花冠紫红色，旗瓣倒卵形或倒卵圆形，长 14～19 mm，顶端钝圆，微凹，翼瓣线形，长为旗瓣的 1/2，龙骨瓣通常稍短于旗瓣；子房线形，被短柔毛。荚果 2～4 节，节荚宽卵形，长 5～6 mm，宽 3～4 mm，两侧膨大，具明显细网纹和白色密毡毛；种子圆肾形，长 2～3 mm，淡棕黄色，光滑。花期 6—9 月，果期 8—10 月。

本区域可见于神木、榆阳、横山、定边、靖边。生于半荒漠的沙丘或沙地，荒漠前山冲沟中的沙地。分布于我国内蒙古、宁夏、甘肃、新疆。哈萨克斯坦、蒙古也产。

干皮层裂，嫩枝稠密，生长期长，枝条柔美而曲长，花序长而繁茂，花形奇特，花色艳丽，花期长，可用于固沙林、沙漠公路防护林、乡镇绿化林等，也可以片植成花海。

图 88-1　细枝羊柴花、叶

图 88-2　细枝羊柴植株

89. 紫穗槐 *Amorpha fruticosa* L.

落叶灌木，丛生，高 1 ～ 4 m。小枝灰褐色，被疏毛，后变无毛，嫩枝密被短柔毛。叶互生，奇数羽状复叶，长 10 ～ 15 cm，有小叶 11 ～ 25 片，基部有线形托叶；叶柄长 1 ～ 2 cm；小叶卵形或椭圆形，长 1 ～ 4 cm，宽 0.6 ～ 2.0 cm，先端圆形，锐尖或微凹，有一短而弯曲的尖刺，基部宽楔形或圆形，上面无毛或被疏毛，下面有白色短柔毛，具黑色腺点。穗状花序，常 1 至数个顶生和枝端腋生，长 7 ～ 15 cm，密被短柔毛；花有短梗；苞片长 3 ～ 4 mm；花萼长 2 ～ 3 mm，被疏毛或几无毛，萼齿三角形，较萼筒短；旗瓣心形，紫色，无翼瓣和龙骨瓣；雄蕊 10，下部合生成鞘，上部分裂，包于旗瓣之中，伸出花冠外。荚果下垂，长 6 ～ 10 mm，宽 2 ～ 3 mm，微弯曲，顶端具小尖，棕褐色，表面有凸起的疣状腺点。花、果期 5—10 月。

本区域可见于榆阳区、横山、靖边。原产美国东北部和东南部，现我国东北、华北、西北及山东、安徽、江苏、河南、湖北、广西、四川等省区均有栽培。

树形美观，枝条直立匀称，枝繁叶茂，花序修长挺拔，花色奇特而浓重，形似风铃一般的紫色小花密集着生成长长的花序，或直立或侧生，虽不艳丽，却够壮观，香味清新柔和。可以用作庭院、边坡、高速路、屋顶绿化。也可用作防护林和生态修复树种。

图 89-1　紫穗槐植株

图 89-2　紫穗槐花序

90. 小冠花 *Coronilla varia* (L.) Lassen

多年生草本植物，茎直立，粗壮，多分枝，疏展，高 50 ～ 100 cm。茎、小枝圆柱形，具条棱，髓心白色，幼时稀被白色短柔毛，后变无毛。奇数羽状复叶，具小叶 11 ～ 17（～ 25）片；托叶小，膜质，披针形，长 3 mm，分离，无毛；叶柄短，长约 5 mm，无毛；小叶薄纸质，椭圆形或长圆形，长 15 ～ 25 mm，宽 4 ～ 8 mm，先端具短尖头，基部近圆形，两面无毛；侧脉每边 4 ～ 5 条，可见，小脉不明显；小托叶小；小叶柄长约 1 mm，无毛。伞形花序，腋生，长 5 ～ 6 cm，比叶短；总花梗长约 5 cm，疏生小刺，花 5 ～ 10（～ 20）朵，密集排列成绣球状，苞片 2，披针形，宿存；花梗短；小苞片 2，披针形，宿存；花萼膜质，萼齿短于萼管；花冠紫色、淡红色或白色，有明显紫色条纹，长 8 ～ 12 mm，旗瓣近圆形，翼瓣近长圆形；龙骨瓣先端呈喙状，喙紫黑色，向内弯曲。荚果细长圆柱形，稍扁，具 4 棱，先端有宿存的喙状花柱，荚节长约 1.5 cm，各荚节有种子 1 颗；种子长圆状倒卵形，光滑，黄褐色，长约 3 mm，宽约 1 mm，种脐长 0.7 mm。花期 6—7 月，果期 8—9 月。

榆阳区、靖边、子长、延安可见。原产欧洲地中海地区。

植株紧凑，枝叶繁茂，生长蔓延快，覆盖度大，抗逆性强，花多且花色艳丽，花期长，盛开时花朵开得很密集，如同一个花球，并且每一朵花上的花瓣数量以及颜色都有所不同，同一朵花上能够出现两种不同颜色的花瓣，层次感非常强。花色淡雅，清香宜人。用于花坛和园林景点的布置，可点缀花坛周边，草地，显得幽静清雅，群植效果更佳。配合不同的施工时间和地理条件，与禾本科草坪草混播应用于固土护坡绿化工程，也可做观花地被植物或盆栽观赏。

图 90　小冠花

91. 野大豆 *Glycine soja* Sieb. et Zucc.

一年生缠绕草本植物，长 1 ～ 4 m。茎、小枝纤细，全体疏被褐色长硬毛。叶具 3 小叶，长可达 14 cm；托叶卵状披针形，急尖，被黄色柔毛。顶生小叶卵圆形或卵状披针形，长 3.5 ～ 6.0 cm，宽 1.5 ～ 2.5 cm，先端锐尖至钝圆，基部近圆形，全缘，两面均被绢状的糙伏毛，侧生小叶斜卵状披针形。总状花序，通常短，稀长可达 13 cm；花小，长约 5 mm；花梗密生黄色长硬毛；苞片披针形；花萼钟状，密生长毛，裂片 5，三角状披针形，先端锐尖；花冠淡红紫色或白色，旗瓣近圆形，先端微凹，基部具短瓣柄，翼瓣斜倒卵形，有明显的耳，龙骨瓣比旗瓣及翼瓣短小，密被长毛；花柱短而向一侧弯曲。荚果长圆形，稍弯，两侧稍扁，长

17～23 mm，宽 4～5 mm，密被长硬毛，种子间稍缢缩，干时易裂；种子 2～3 颗，椭圆形，稍扁，长 2.5～4.0 mm，宽 1.8～2.5 mm，褐色至黑色。花期 7—8 月，果期 8—10 月。

产神木、榆林、横山、靖边、定边、绥德、米脂、吴堡、延安、安塞、志丹、吴旗、甘泉、洛川。生于海拔 300～1660 m 的山坡、山谷、河岸、田边草丛或灌丛中。除我国新疆、青海、海南外，分布几遍全国。阿富汗、日本、朝鲜、俄罗斯也产。

枝蔓纤细，叶形奇特，适应能力强，又有较强的抗逆性和繁殖能力，具有保护水土和绿化环境的作用。可做地被植物和垂直绿化植物。

图 91-1　野大豆幼苗

图 91-2　野大豆植株

图 91-3　野大豆花

图 91-4　野大豆果实

92. 甘草 *Glycyrrhiza uralensis* Fisch.

多年生草本植物。根与根状茎粗状，直径 1～3 cm，外皮褐色，里面淡黄色，具甜味。茎直立，多分枝，高 30～120 cm，密被鳞片状腺点、刺毛状腺体及白色或褐色的绒毛，叶长

5～20 cm；托叶三角状披针形，长约 5 mm，宽约 2 mm，两面密被白色短柔毛；叶柄密被褐色腺点和短柔毛；小叶 5～17 枚，卵形、长卵形或近圆形，长 1.5～5.0 cm，宽 0.8～3.0 cm，上面暗绿色，下面绿色，两面均密被黄褐色腺点及短柔毛，顶端钝，具短尖，基部圆，边缘全缘或微呈波状，多少反卷。总状花序，腋生，具多数花，总花梗短于叶，密生褐色的鳞片状腺点和短柔毛；苞片长圆状披针形，长 3～4 mm，褐色，膜质，外面被黄色腺点和短柔毛；花萼钟状，长 7～14 mm，密被黄色腺点及短柔毛，基部偏斜并膨大呈囊状，萼齿 5，与萼筒近等长，上部 2 齿大部分连合；花冠紫色、白色或黄色，长 10～24 mm，旗瓣长圆形，顶端微凹，基部具短瓣柄，翼瓣短于旗瓣，龙骨瓣短于翼瓣；子房密被刺毛状腺体。荚果弯曲呈镰刀状或呈环状，密集成球，密生瘤状突起和刺毛状腺体。种子 3～11 枚，暗绿色，圆形或肾形，长约 3 mm。花期 6—8 月，果期 7—10 月。

产神木、府谷、榆阳、佳县、米脂、绥德、横山、靖边、定边、吴起、志丹、安塞、延安、甘泉、洛川、黄龙、宜君。生于海拔 1000～1600 m 的山坡草地。分布于我国华北、西北及黑龙江、辽宁、山东。中亚及阿富汗、巴基斯坦、蒙古、俄罗斯西伯利亚地区也产。

植株低矮，枝叶繁茂，叶形、花形、果形奇特，色彩鲜艳，有芳香味。可用于花境、道路、边坡和屋顶绿化。也可以做观花地被。

图 92-1　甘草幼苗

图 92-2　甘草果实

图 92-3　甘草花序

93. 少花米口袋 *Gueldenstaedtia verna* (Georgi) Boriss.

多年生草本植物，主根直下，分茎具宿存托叶。叶长 2 ～ 20 cm；托叶三角形，基部合生；叶柄具沟，被白色疏柔毛；小叶 7 ～ 19 片，长椭圆形至披针形，长 0.5 ～ 2.5 cm，宽 1.5 ～ 7.0 mm，钝头或急尖，先端具细尖，两面被疏柔毛，有时上面无毛。伞形花序，有花 2 ～ 4 朵，总花梗约与叶等长；苞片长三角形，长 2 ～ 3 mm；花梗长 0.5 ～ 1.0 mm；小苞片线形，长约为萼筒的 1/2；花萼钟状，长 5 ～ 7 mm，被白色疏柔毛；萼齿披针形，上 2 萼齿约与萼筒等长，下 3 萼齿较短小，最下一片最小；花冠红紫色，旗瓣卵形，长 13 mm，先端微缺，基部渐狭成瓣柄，翼瓣瓣片倒卵形，具斜截头，长 11 mm，具短耳，瓣柄长 3 mm，龙骨瓣瓣片倒卵形，长 5.5 mm，瓣柄长 2.5 mm；子房椭圆状，密被疏柔毛，花柱无毛，内卷。荚果长圆筒状，长 15 ～ 20 mm，直径 3 ～ 4 mm，被长柔毛，成熟时毛稀疏，开裂。种子圆肾形，直径 1.5 mm，具不深凹点。花期 5 月，果期 6—7 月。

产榆阳、延安、富县。生于海拔 400 ～ 1500 m 的山坡、草地、田边或路旁。分布于我国东北、华北及宁夏、甘肃、青海、山东、江苏、江西、浙江、河南、四川、云南。巴基斯坦、印度、老挝、缅甸、蒙古、俄罗斯也产。

植株低伏，无明显的地上茎，叶及总花梗于分茎上丛生。小叶羽状，匍匐在地上。春天开花，花儿蓝紫色，像一只只翩翩飞舞的蝴蝶，花色艳丽。嫩绿的枝叶上长满了白色的绒毛，活泼可爱。荚果圆筒状，打开成熟的荚果，里面一颗颗的米粒状的种子就滚落出来有如米口袋，故名“米口袋”。叶花果均具有较高的观赏价值，适合做地被或种植为缀花草坪。也可以盆栽观赏。

图 93　少花米口袋

94. 狭叶米口袋 *Gueldenstaedtia stenophylla* Bunge

多年生草本植物，主根细长。分茎较缩短，具宿存托叶。羽状复叶，长 1.5 ～ 15.0 cm，被疏柔毛；叶柄约为叶长的 2/5；托叶宽三角形至三角形，被稀疏长柔毛，基部合生；小叶 7 ～ 19 片，早春生的小叶卵形，夏秋的线形或长圆形，长 0.2 ～ 3.5 cm，先端急尖，钝头或截形，先端具细尖，两面被疏柔毛。伞形花序，具 2 ～ 3（～ 4）朵花；花序梗纤细，较叶为长，被白色疏柔毛；花梗极短或近无梗；苞片及小苞片披针形，密被长柔毛；花萼筒钟状，长 4 ～ 5 mm，上方 2 萼齿较大，长 1.5 ～ 2.5 mm，下方 3 萼齿较窄小；花冠粉红色，旗瓣椭圆形或近圆形，长 6 ～ 8 mm，先端微缺，基部渐窄成瓣柄，翼瓣窄楔形，先端斜截，长 7 mm，瓣柄长 2 mm，龙骨瓣长 4.5 mm；子房被疏柔毛。荚果圆筒形，长 1.4 ～ 1.8 cm，被疏柔毛。种子肾形，径 1.5 mm，具凹点。花期 4 月，果期 5—6 月。

产神木、榆阳、横山、靖边、定边、绥德、延长、安塞、吴起、洛川。分布于我国黑龙江、辽宁、内蒙古、宁夏、青海、甘肃、陕西、山西、河北、山东、河南、安徽、江苏、浙江西北部及江西北部，生于向阳山坡或草地。

植株低矮，稀疏，花色淡雅，花形果形奇特，适合做地被。

图 94　狭叶米口袋

95. 山黧豆 *Lathyrus quinquenervius* (Miq.) Litv.

多年生草本植物。根状茎横走。茎直立，单一，高 20 ～ 50 cm，具棱及翅，有毛，后变无毛。偶数羽状复叶，叶轴末端具不分枝的卷须，下部叶的卷须呈针刺状；托叶披针形至线形，长 0.7 ～ 2.3 cm，小叶 1 ～ 3 对，质坚硬，椭圆状披针形或线状披针形，长 3.5 ～ 8.0 cm，两面被短柔毛，上面的毛较稀疏，老时毛渐脱落，5 条平行脉在两面明显凸出。总状花序，腋生，具 5 ～ 8 朵花。花梗长 3 ～ 5 mm；花萼钟状，被短柔毛，最下 1 萼齿约与萼筒等长；花冠紫蓝色或紫色，长 1.2 ～ 2.0 cm，旗瓣近圆形，先端微缺，瓣柄与瓣片约等长，翼瓣窄倒卵形，与旗瓣等长或稍短，具耳及线形瓣柄，龙骨瓣卵形，具耳及线形瓣柄；子房密被柔毛。荚果线形，长 3 ～ 5 cm。花期 5—7 月，果期 8—9 月。

产榆阳、清涧、志丹、黄龙、宜君。生于海拔 500 ～ 1500 m 的荒坡、草地、田边、灌丛或林缘。分布于我国东北、华北及山东、河南、甘肃、青海、四川。日本、朝鲜、俄罗斯也产。

植株低矮，枝叶繁茂，花形奇特，花色艳丽且花期长，给炎炎夏日带来美丽的色彩，是生态风景林中不可多得的多年生景观植物。具有生长快、分枝多、抗旱、耐瘠薄、再生能力强等特点，茎互相攀爬，形成稠密的冠层，因此其保持水土的效果好。可做地被植物用于护坡和屋顶绿化，也可以盆栽观赏。

图 95-1　山黧豆花

图 95-2　山黧豆植株

96. 截叶铁扫帚 *Lespedeza cuneata* (Dum. Cours.) G. Don

小灌木，高达 1 m。茎直立或斜升，被毛，上部分枝；分枝斜上举。叶密集，柄短；小叶楔形或线状楔形，长 1 ～ 3 cm，宽 2 ～ 5（～ 7）mm，先端截形或近截形，具小刺尖，基部楔形，上面近无毛，下面密被伏毛。总状花序，腋生，具 2 ～ 4 朵花；总花梗极短；小苞片卵形或狭卵形，长 1.0 ～ 1.5 mm，先端渐尖，背面被白色伏毛，边具缘毛；花萼狭钟形，密被伏毛，5 深裂，裂片披针形；花冠淡黄色或白色，旗瓣基部有紫斑，有时龙骨瓣先端带紫色，翼瓣与旗瓣近等长，龙骨瓣稍长；闭锁花簇生于叶腋。荚果宽卵形或近球形，被伏毛，长 2.5 ～ 3.5 mm，宽约 2.5 mm。花期 7—8 月，果期 9—10 月。

产榆阳、延安、延川、安塞、洛川。生于海拔 350 ～ 1750 m 的荒坡草地、河滩、田边、路旁。分布于我国甘肃、山东、台湾、河南、湖北、湖南、广东、四川、云南、西藏。阿富汗、巴基斯坦、印度、尼泊尔、不丹、印度尼西亚、菲律宾、日本、朝鲜也产，在澳大利亚和北美已归化。

植株低矮，分枝多，枝叶花朵密集，耐干旱瘠薄，生长适应性强。植株于夏末及秋季结实，熟后落果而行自播，经过冬季休眠，至次年春季温度升高时发芽生长，是很好的荒山绿化和水土保持植物。

图 96-1　截叶铁扫帚植株

图 96-2　截叶铁扫帚花

97. 兴安胡枝子 *Lespedeza daurica* (Laxmann) Schindler

小灌木，高达 1 m。茎通常稍斜升，单一或数个簇生；老枝黄褐色或赤褐色，被短柔毛或无毛，幼枝绿褐色，有细棱，被白色短柔毛。羽状复叶，具 3 小叶；托叶线形，长 2 ～

4 mm；叶柄长 1 ～ 2 cm；小叶长圆形或狭长圆形，长 2 ～ 5 cm，宽 5 ～ 16 mm，先端圆形或微凹，有小刺尖，基部圆形，上面无毛，下面被贴伏的短柔毛；顶生小叶较大。总状花序，腋生，较叶短或与叶等长；总花梗密生短柔毛；小苞片披针状线形，有毛；花萼 5 深裂，外面被白毛，萼裂片披针形，先端长渐尖，成刺芒状，与花冠近等长；花冠白色或黄白色，旗瓣长圆形，长约 1 cm，中央稍带紫色，具瓣柄，翼瓣长圆形，先端钝，较短，龙骨瓣比翼瓣长，先端圆形；闭锁花生于叶腋，结实。荚果小，倒卵形或长倒卵形，长 3 ～ 4 mm，宽 2 ～ 3 mm，先端有刺尖，基部稍狭，两面凸起，有毛，包于宿存花萼内。花期 7—8 月，果期 9—10 月。

产榆阳、佳县、米脂、绥德、横山、靖边、定边、吴起、安塞、延安、洛川、黄陵、黄龙、宜君。生于海拔 250 ～ 1600 m 的山坡、河岸、沙滩草地、灌丛中。分布于我国东北、华北、西南及宁夏、甘肃、河南、安徽、台湾。朝鲜、蒙古、俄罗斯也产。

植株低矮，枝叶繁茂，叶色碧绿，返青早，花形奇特，花色淡雅，花期长，适宜作地被植物用于道路、山坡、沙地和屋顶绿化美化，也可作矿区生态修复植物。

图 97-1　兴安胡枝子花

图 97-2　兴安胡枝子植株

98. 多花胡枝子 *Lespedeza floribunda* Bunge

小灌木，高 30 ～ 60（～ 100）cm。根细长；茎常近基部分枝；枝有条棱，被灰白色绒毛。托叶线形，长 4 ～ 5 mm，先端刺芒状；羽状复叶，具 3 小叶；小叶具柄，倒卵形、宽倒卵形或长圆形，长 1.0 ～ 1.5 cm，宽 6 ～ 9 mm，先端微凹、钝圆或近截形，具小刺尖，基部楔形，上面被疏伏毛，下面密被白色伏柔毛；侧生小叶较小。总状花序，腋生；总花梗细长，显著超出叶；花多数；小苞片卵形，长约 1 mm，先端急尖；花萼长 4 ～ 5 mm，被柔毛，5 裂，上方 2 裂片下部合生，上部分离，裂片披针形或卵状披针形，长 2 ～ 3 mm，先端渐尖；花冠紫色、紫红色或蓝紫色，旗瓣椭圆形，长 8 mm，先端圆形，基部有柄，翼瓣稍短，龙骨瓣长于旗瓣，钝头。荚果宽卵形，长约 7 mm，超出宿存萼，密被柔毛，有网状脉。花期 6—9 月，果期 9—10 月。

产榆阳、府谷、清涧、延安、洛川、黄龙。生于海拔 250 ～ 1600 m 的山坡、山谷、河岸灌丛或疏林中。分布于我国华北及辽宁、宁夏、甘肃、青海、江苏、安徽、福建、河南、湖北、广东、四川。巴基斯坦、印度也产。

株型美观，枝繁叶茂，枝条弯曲，株型较散，叶形花形奇特，花量大、花期长、花色鲜艳。蝶形小花会在枝条顶端形成圆锥形的花序，垂在山坡、路旁，开成“瀑布”，风一吹摇动的样子，令人心动。自然式栽植于木槿、海棠等小乔木和一些植株矮小的宿根花卉之间，起到过渡和衔接的作用，增加了景观的饱满度和层次感。作为背景植物栽种于低矮的草花后面，更能衬托各色草花的鲜艳，可用于庭植观赏。可片植或丛植于草丛、花坛中，也可以用于高速公路的护坡绿化和屋顶绿化，还可作切花、压花。

图 98-1　多花胡枝子植株

图 98-2　多花胡枝子花期景观

图 98-3　多花胡枝子花

图 98-4　多花胡枝子果实

99. 百脉根 *Lotus corniculatus* L.

多年生草本植物，高 15 ～ 50 cm，全株散生稀疏白色柔毛或秃净。具主根。茎丛生，平卧或上升，实心，近四棱形。羽状复叶，小叶 5 枚；伞形花序，总花梗长 3 ～ 10 cm；花 3 ～ 7 朵集生于总花梗顶端，长（7 ～）9 ～ 15 mm；花梗短，基部有苞片 3 枚；苞片叶状，与萼等长，宿存：萼钟形，长 5 ～ 7 mm，宽 2 ～ 3 mm，无毛或稀被柔毛，萼齿近等长，狭三角形，渐尖，与萼筒等长；花冠黄色或金黄色，干后常变蓝色，旗瓣扁圆形，瓣片和瓣柄几等长，长 10 ～ 15 mm，宽 6 ～ 8 mm，翼瓣和龙骨瓣等长，均略短于旗瓣，龙骨瓣呈直角三角形弯曲，喙部狭尖；雄蕊两体，花丝分离部略短于雄蕊筒；花柱直，等长于子房成直角上指，柱头点状，子房线形，无毛，胚珠 35 ～ 40 粒。荚果直，线状圆柱形，长 20 ～ 25 mm，径 2 ～ 4 mm，褐色，二瓣裂，扭曲；有多数种子，种子细小，卵圆形，长约 1 mm，灰褐色。花期 5—9 月，果期 7—10 月。

产榆阳、米脂。生于海拔 500 ～ 2000 m 的山地草丛或灌丛中。分布于我国西北、西南及长江中上游各省区。亚洲西南部、北非及欧洲也产，北美及澳大利亚有引种。

茎叶匍匐、枝叶茂密，覆盖度大，叶形秀美玲珑、叶色鲜翠、花冠黄色醒目、花期长，一眼望去像金色的波浪一般，具有较高的观赏价值。加之具备耐踩、耐阴、能覆盖地面、病虫害少及易于管理等诸多特点，是一种较好的园林绿化地被植物，可作为国道和城郊园林街道的绿化草种。适用于景观设计、城市道路、高速公路及铁道两旁绿化，是一种理想的国土绿化植物。

图 99-1　百脉根植株

图 99-2　百脉根花

100. 细叶百脉根 *Lotus tenuis* Waldst. et Kit. ex Willd.

多年生草本植物，高 0.2 ～ 1.0 m，无毛或微被疏柔毛。茎细柔，直立，节间较长，中空。羽状复叶，具小叶 5 枚，叶轴长 2 ～ 3 mm，小叶线形或线状披针形，长 1.2 ～ 2.5 cm，先端短尖，中脉不清晰；小叶柄短，几无毛。伞形花序；花序梗纤细，长 3 ～ 8 cm，花 1 ～ 3（～ 5）朵，顶生，长 0.8 ～ 1.3 cm；苞片 1 ～ 3，叶状，比萼长 1.5 ～ 2.0 倍；花梗短；萼钟形，长 5 ～ 6 mm，几无毛，萼齿窄三角形，渐尖，与萼筒等长；花冠黄色带细红脉纹，干后变为蓝色，旗瓣圆形，稍长于翼瓣和龙骨瓣，翼瓣稍短；雄蕊二体，上方离生 1 枚较短，其余 9 枚 5 长 4 短，分列成二组；

子房线形，花柱直，无毛，直角上指，胚珠多数。荚果直，圆柱形，长 2 ～ 4 cm，径 2 mm。花期 5—8 月，果期 7—9 月。

产神木、米脂、子长。生于潮湿的沼泽地边缘或湖旁草地。分布于我国内蒙古、山西、甘肃、新疆。欧洲南部和东部、中东及俄罗斯西伯利亚地区有分布。

矮生匍匐，多分枝，叶形秀美玲珑，叶色鲜翠，花色醒目，花期长，花量大，耐踩、耐阴，茎叶纵横交错，上下重叠，形成厚而致密的覆盖层，几乎看不到裸露的地面，达到良好的美化效果。适用于景观设计、城市道路、高速公路及铁道两旁绿化。

图 100-1　细叶百脉根花

图 100-2　细叶百脉根果实

101. 天蓝苜蓿 *Medicago lupulina* L.

一、二年生或多年生草本植物，高 15 ～ 60 cm。全株被柔毛或有腺毛；茎平卧或上升，多分枝，叶茂盛。羽状三出复叶；托叶卵状披针形，长达 1 cm，常齿裂；下部叶柄较长，长 1 ～ 2 cm，上部叶柄比小叶短，小叶倒卵形、宽倒卵形或倒心形，长 0.5 ～ 2.0 cm，上半部边缘具不明显尖齿，两面被毛，侧脉近 10 对；顶生小叶较大，小叶柄长 2 ～ 6 mm，侧生小叶柄甚短。花序小，头状，具 10 ～ 20 朵花；花序梗细，比叶长，密被贴伏柔毛；苞片刺毛状，甚小。花长 2.0 ～ 2.2 mm；花梗长不及 1 mm；花萼钟形，密被毛，萼齿线状披针形，稍不等长，比萼筒稍长或等长；花冠黄色，旗瓣近圆形，翼瓣和龙骨瓣近等长，均比旗瓣短；子房宽卵圆形，被毛，花柱弯曲，胚珠 1 粒。荚果肾形，长约 3 mm，具同心弧形脉纹，被疏毛，有 1 粒种子。种子卵圆形，平滑。花期 7—

图 101-1　天蓝苜蓿叶和花

9 月，果期 8—10 月。

产榆阳、横山、靖边。生于海拔 450 ～ 2150 m 的山坡或山谷草地、林缘。分布于我国南北各省区。广布于欧亚大陆，世界各地都有归化种。

枝叶繁茂，匍匐生长，叶色翠绿，地表侵占能力强，生长量小，盖度大，不需刈割，省时省力，具有作为草坪观赏植物的特征；其次，它具有野生种顽强的生存能力和完善的自我恢复机制，只要建植起来能长期繁衍生息。它们能快速匍匐生长，但并不会破坏土质，而且开花也比较好看，所以比较适合用作观赏，一旦第一次种植成功，就能自己繁衍，比较省力。适合做地被植物。

图 101-2　天蓝苜蓿成坪景观

102. 苜蓿 *Medicago sativa* L.

多年生草本植物，高 0.3 ～ 1.0 m。茎直立、丛生以至平卧，四棱形，无毛或微被柔毛。羽状三出复叶；托叶大，卵状披针形；叶柄比小叶短；小叶长卵形、倒长卵形或线状卵形，等大，或顶生小叶稍大，长 1 ～ 4 cm，边缘 1/3 以上具锯齿，上面无毛，下面被贴伏柔毛，侧脉 8 ～ 10 对；顶生小叶柄比侧生小叶柄稍长。花序总状或头状，长 1.0 ～ 2.5 cm，具 5 ～ 10 朵花；花序梗比叶长；苞片线状锥形，比花梗长或等长。花长 0.6 ～ 1.2 cm；花梗长约 2 mm；花萼钟形，萼齿比萼筒长；花冠淡黄、深蓝或暗紫色，花瓣均具长瓣柄，旗瓣长圆形，明显长于翼瓣和龙骨瓣，龙骨瓣稍短于翼瓣；子房线形，具柔毛，花柱短宽，柱头点状，胚珠多数。荚果螺旋状，紧卷 2 ～ 6 圈，中央无孔或近无孔，径 5 ～ 9 mm，脉纹细，不清晰，有 10 ～ 20 粒种子。种子卵圆形，平滑。花期 5—7 月，果期 6—8 月。

产榆阳、横山、靖边、绥德、清涧。我国各地都有栽培或呈半野生状态，生于田边、路旁、旷野、草原、河岸或沟谷。欧亚大陆和世界各国广泛种植为饲料与绿肥。

植物低矮，枝叶繁茂，叶色鲜绿，开花期每株上可以开 5 ～ 10 朵不等的紫色小花，远远望去仿佛让人进入了梦幻的薰衣花海一般。可作观花地被，用于边坡、屋顶绿化，也可以种植成花海观赏。

图 102-1　苜蓿幼苗

图 102-2　苜蓿果实

图 102-3　苜蓿花、叶

103. 白花草木樨 *Melilotus albus* Desr.

一、二年生草本植物，高 70 ～ 200 cm。茎直立，圆柱形，中空，多分枝，几无毛。羽状三出复叶；托叶尖刺状锥形，长 6 ～ 10 mm，全缘；叶柄比小叶短，纤细；小叶长圆形或倒披针状长圆形，长 15 ～ 30 cm，宽（4 ～）6 ～ 12 mm，先端钝圆，基部楔形，边缘疏生浅锯齿，上面无毛，下面被细柔毛，侧脉 12 ～ 15 对，平行直达叶缘齿尖，两面均不隆起，顶生小叶稍大，具较长小叶柄，侧小叶叶柄短。总状花序，长 9 ～ 20 cm，腋生，具花 40 ～ 100 朵，排列疏松；苞片线形，长 1.5 ～ 2.0 mm；花长 4 ～ 5 mm；花梗短，长约 1.0 ～ 1.5 mm；萼钟形，长约 2.5 mm，微被柔毛，萼齿三角状披针形，短于萼筒；花冠白色，旗瓣椭圆形，稍长于翼瓣，龙骨瓣与翼瓣等长或稍短；子房卵状披针形，上部渐窄至花柱，无毛，胚珠 3 ～ 4 粒。荚果椭圆形至长圆形，长 3.0 ～ 3.5 mm，先端锐尖，具尖喙，表面脉纹细，网状，棕褐色，老熟后变黑褐色；有种子 1 ～ 2 粒。种子卵形，棕色，表面具细瘤点。花期 5—7 月，果期 7—9 月。

产神木、府谷、榆阳、横山。生于田边、路旁荒地及湿润的沙地。分布于我国东北、华北、西北及西南各地。

株型美观，植株密集，枝条纤细，叶形美观，花期长，花香清新淡雅。适应性强，耐旱，耐瘠，耐寒，耐盐碱。可用于花境、林缘和道路两侧种植观赏，也可用于荒坡绿化、矿区生态修复，还可以做切花、压花。

图 103-1　白花草木樨花序

图 103-2　白花草木樨植株

104. 草木樨 *Melilotus officinalis* (L.) Pall.

二年生草本植物，高 40 ～ 100（～ 250）cm。茎直立，粗壮，多分枝，具纵棱，微被柔毛。羽状三出复叶；托叶镰状线形；叶柄细长；小叶倒卵形、阔卵形、倒披针形至线形，先端钝圆或截形，基部阔楔形，边缘具不整齐疏浅齿，上面无毛，粗糙，下面散生短柔毛，侧脉 8 ～ 12 对，平行直达齿尖，两面均不隆起，顶生小叶稍大，具较长的小叶柄，侧小叶的小叶柄短。总状花序，长 6 ～ 15（～ 20）cm，腋生，具花 30 ～ 70 朵；花冠黄色，旗瓣倒卵形，与翼瓣近等长，龙骨瓣稍短或三者均近等长；雄蕊筒在花后常宿存包于果外；子房卵状披针形，胚珠（4 ～）6（～ 8）粒，花柱长于子房。荚果卵形，长 3 ～ 5 mm，宽约 2 mm，先端具宿存花柱，表面具凹凸不平的横向细网纹，棕黑色；有种子 1 ～ 2 粒。种子卵形，长 2.5 mm，黄褐色，平滑。花期 5—9 月，果期 6—10 月。

产神木、府谷、榆林、横山、靖边、定边、绥德、清涧、延安、甘泉、黄龙。生于海拔 600 ～ 2100 m 的山坡、草地、河岸、灌丛或林缘。分布于我国南北各省区。广布于欧亚大陆。

株型美观，植株密集，枝条纤细，叶形美观，花期长，花色鲜艳有香气。花开时节，远远看去，一大片温柔的绿意间，伸出串串金黄。当风吹动的时候，柔软的花枝轻轻摇摆，若隐若现，几只斑斓小巧的精灵藏匿其中。可用于花境、林缘和道路两侧种植观赏，也可用于荒坡绿化、矿区生态修复，还可以做切花、压花。

图 104-1　草木樨植株

图 104-2　草木樨花

105. 二色棘豆 *Oxytropis bicolor* Bunge

多年生草本植物，高达 20 cm。茎缩短，植株各部密被开展白色绢状长柔毛，淡灰色。奇数羽状复叶，长 4 ～ 20 cm；小叶 7 ～ 17 轮（对），对生或 4 片轮生，线形、线状披针形或披针形，长 0.3 ～ 2.3 cm，先端急尖，基部圆，边缘常反卷，两面密被绢状长柔毛，上面毛较疏；托叶膜质，卵状披针形，密被白色绢状长柔毛。10 ～ 15 朵花组成或疏或密的总状花序；苞片披针形，长 0.4 ～ 1.0 cm，疏被白色柔毛。花萼筒状，长 0.9 ～ 1.0 cm，密被长柔毛，萼齿线状披针形，长 3 ～ 5 mm；花冠紫红或蓝紫色，旗瓣菱状卵形，长 1.4 ～ 2.0 cm，先端圆或微凹，翼瓣长圆形，长 1.5 ～ 1.8 cm，先端斜宽，龙骨瓣长 1.1 ～ 1.5 cm，喙长 2.0 ～ 2.5 mm；子房被白色长柔毛或无毛，花柱下部有毛，上部无毛。荚果近革质，卵状长圆形，膨胀，腹背稍扁，长 1.7 ～ 2.2 cm。花果期 4—9 月。

产榆阳、绥德、定边、吴起、子长、延安、洛川。生于海拔 750 ～ 1700 m 的山坡草地。分布于我国华北及河南、宁夏、甘肃、青海。蒙古也产。

植株低矮，茎短缩，簇生。叶色翠绿，葱茏蓊郁。花葶和叶差不多高度，或者直立，或者平卧，数朵小花组成或疏或密的总状花序，粉紫、蓝紫的花冠，像只小鸟，生动可爱。叶子、花萼、花葶、荚果等各个部分都布满了白色长柔毛，富有野趣。适合作观花地被，也可以盆栽观赏或作切花、压花。

图 105-1　二色棘豆植株

图 105-2　二色棘豆花

106. 小花棘豆 *Oxytropis glabra* (Lam.) DC.

多年生草本植物，高 20（～ 35）～ 80 cm。根细而直伸。茎分枝多，直立或铺散。长 30 ～ 70 cm，无毛或疏被短柔毛，绿色。羽状复叶，长 5 ～ 15 cm；托叶草质，卵形或披针状卵形，彼此分离或于基部合生，长 5 ～ 10 mm，无毛或微被柔毛；叶轴疏被开展或贴伏短柔毛；小叶 11 ～ 19（～ 27），披针形或卵状披针形，先端尖或钝，基部宽楔形或圆形，上面无毛，下面微被贴伏柔毛。多花组成稀疏总状花序，长 4 ～ 7 cm；总花梗长 5 ～ 12 cm，通常较叶长，被开展的白色短柔毛；苞片膜质，狭披针形；花梗长 1 mm；花萼钟形，长 42 mm。被贴伏白色短柔毛，有时混生少量的黑色短柔毛，萼齿披针状锥形，长 1.5 ～ 2.0 mm；花冠淡紫色或蓝紫色，旗瓣长 7 ～ 8 mm，瓣片圆形，先端微缺，翼瓣长 6 ～ 7 mm，先端全缘，龙骨瓣长 5 ～ 6 mm，喙长 0.25 ～ 0.50 mm；子房疏被长柔毛。荚果膜质，长圆形，膨胀，下垂，腹缝具深沟，背部圆形，疏被贴伏白色短柔毛或混生黑、白柔毛，后期无毛，1 室；果梗长 1.0 ～ 2.5 mm。花期 6—9 月，果期 7—9 月。

产榆阳、靖边、绥德。生于海拔 910 ～ 1350 m 的砂质草地。分布于我国华北、西北及吉林、河南、西藏。哈萨克斯坦、蒙古、俄罗斯也产。

植株低矮，分枝多，叶片秀丽，花形奇特，花的颜色有蓝色，红色或者白色的，鲜艳美丽。可作观花地被植物，或作切花、压花花材。

图 106-1　小花棘豆植株

图 106-2　小花棘豆花序

107. 砂珍棘豆 *Oxytropis racemosa* Turcz.

多年生草本植物，高 5 ～ 15（～ 30）cm。根淡褐色，圆柱形，较长。茎缩短，多头。轮生羽状复叶，长 5 ～ 14 cm；托叶膜质，卵形，大部与叶柄贴生，分离部分先端尖，被柔毛；叶柄与叶轴上面有细沟纹。密被长柔毛；小叶轮生，6 ～ 12 轮，每轮 4 ～ 6 片，或有时为 2 小叶对生，长圆形、

图 107-1　砂珍棘豆叶和花

线形或披针形，长 5 ~ 10 mm，宽 1 ~ 2 mm，先端尖，基部楔形，边缘有时内卷，两面密被贴伏长柔毛。顶生头形总状花序；总花梗长 6 ~ 15 cm，被微卷曲绒毛；苞片披针形，比花萼短而宿存；花长 8 ~ 12 mm；花萼管状钟形，长 5 ~ 7 mm，萼齿线形，长 1.5 ~ 3.0 mm，被短柔毛；花冠红紫色或淡紫红色，旗瓣匙形，长 12 mm，先端圆或微凹，基部渐狭成瓣柄，冀瓣卵状长圆形，长 11 mm，龙骨瓣长 9.5 mm，喙长 2.0 ~ 2.5 mm；子房微被毛或无毛，花柱先端弯曲。荚果膜质，卵状球形，膨胀，长约 10 mm，先端具钩状短喙，腹缝线内凹，被短柔毛，隔膜宽约 0.5 mm，不完全 2 室。种子肾状圆形，长约 1 mm，暗褐色。花期 5—7 月，果期 6—10 月。

图 107-2　砂珍棘豆果实

产神木、榆阳、绥德、子洲、横山、靖边、定边、志丹、子长、甘泉。生于海拔 830 ~ 1350 m 的砂质草地。分布于我国东北、华北及河南、宁夏、甘肃。蒙古、朝鲜也产。

植株低矮，分枝多，叶片秀丽，花形果形奇特。总状花序球形顶生，颜色艳丽，荚果膜质膨胀，卵状球形，花梗细长，淡红色透明的荚果组合成一串串泡泡迎风肆意，就像调皮的红孩儿在逗趣孙猴子。可作观花地被植物，也可作切花和压花花材。

108. 猫头刺 *Oxytropis aciphylla* Ledeb.

垫状矮小半灌木，高 8 ~ 20 cm。根粗壮，根系发达。茎多分枝，开展，全株呈球状植丛。偶数羽状复叶；托叶膜质，彼此合生，下部与叶柄贴生，先端平截或呈二尖，后撕裂，被贴伏白色柔毛或无毛，边缘有白色长毛；叶轴宿存，木质化，长 2 ~ 6 cm，下部粗壮，先端尖锐，呈硬刺状，老时淡黄色或黄褐色，嫩时灰绿色，密被贴伏绢状柔毛；小叶 4 ~ 6 片，对生，线形或长圆状线形，长 5 ~ 18 mm，宽 1 ~ 2 mm，先端渐尖，具刺尖，基部楔形，边缘常内卷，两面密被贴伏白色绢状柔毛和不等臂的丁字毛。1 ~ 2 朵花组成腋生总状花序；总花梗长 3 ~ 10 mm，密被贴伏白色柔毛；苞片膜质，披针状钻形，小；花萼筒状，长 8 ~ 15 mm，宽 3 ~ 5 mm，花后稍膨胀，密被贴伏长柔毛，萼齿锥状，长约 3 mm；花冠红紫色、蓝紫色，以至白色，旗瓣倒卵形，长 13 ~ 24 mm，宽 7 ~ 10 mm，先端钝，基部渐狭成瓣柄，冀瓣长 12 ~ 20 mm，宽 3 ~ 4 mm，龙骨瓣长 11 ~ 13 mm，喙长 1.0 ~ 1.5 mm；子房圆柱形，花柱先端弯曲，无毛。荚果硬革质，长圆形，长 10 ~ 20 mm，宽 4 ~ 5 mm，腹缝线深陷，密被白色贴伏柔毛，隔膜发达，不完全 2 室。种子圆肾形，深棕色。花期 5—6 月，果期 6—7 月。

产榆阳区、靖边、定边。生于海拔 1000 ~ 3250 m 的砾石质平原、薄层沙地、丘陵坡地及沙荒地上。分布于我国内蒙古、陕西、宁夏、甘肃、青海、新疆等省区。

株型美观，叶形、花形奇特，可用于花坛、花境，孤植或丛植。

图 108-1　猫头刺枝条、叶

图 108-2　猫头刺植株

图 108-3　猫头刺花

109. 多枝棘豆 *Oxytropis ramosissima* Kom.

多年生草本植物，高达 20 cm，密被白色长柔毛。茎分枝多，细弱，铺散。奇数羽状复叶，长 3 ～ 5 cm；小叶（2 ～）4（～ 5）轮，稀对生，线形或线状披针长圆形，长 0.5 ～ 1.0 cm，先端尖，基部楔形，边缘常内卷，两面密被白色长柔毛；托叶草质，线状披针形或披针形，与叶柄分离，彼此于基部合生，长 3 ～ 6 mm，密被开展白色长柔毛。1 ～ 2（～ 3）朵花组成腋生短总状花序；花序梗长 5 ～ 8 mm，密被贴伏白色柔毛；苞片线状披针形，长 2 ～ 3 mm，被白色柔毛。花萼筒状，长约 5 mm，蓝紫色，被贴伏白色柔毛，萼齿披针状钻形；花冠蓝紫色，旗瓣长 1.1 ～ 1.3 cm，瓣片倒卵形，宽约 5 mm，先端微凹，基部渐窄成瓣柄，翼瓣长 1.1 ～ 1.2 cm，瓣片长圆形，宽 2 ～ 3 mm，先端斜，微凹，瓣柄细，与瓣片等长，龙骨瓣长 0.9 ～ 1.0 cm，喙长约 1 mm；子房疏被短柔毛。荚果革质或薄革质，卵状，扁平，长 0.8 ～ 1.0 cm，密被短柔毛。花期 5—8 月，果期 8—9 月。

产榆阳区。生于海拔 980 ～ 1400 m 流动沙丘、沙质坡地或砂地上。分布于我国内蒙古，宁夏。

植株低矮，枝叶细软，伏地生长。叶色灰绿，花色淡雅。可作观花地被。

图 109-1　多枝棘豆花

图 109-2　多枝棘豆植株

110. 苦豆子 *Sophora alopecuroides* L.

草本或亚灌木，高约 1 m。芽外露。枝密被灰色平伏绢毛。叶长 6 ~ 15 cm，叶柄基部不膨大，与叶轴均密被灰色平伏绢毛，小叶 15 ~ 27 枚，对生或近互生，披针状长圆形或椭圆状长圆形，长 1.5 ~ 3.0 cm，先端钝圆，基部圆或宽楔形，灰绿色，两面密被灰色平伏绢毛；托叶小，钻形，宿存，无小托叶。总状花序，顶生，花多数密集。萼斜钟状，长 5 ~ 6 mm，密被平伏灰色绢质长柔毛，萼齿短三角形，不等大；花冠白或淡黄色，旗瓣长 1.5 ~ 2.0 cm，瓣片长圆形，基部渐窄成爪，翼瓣与龙骨瓣近等长，稍短于旗瓣，雄蕊 10 枚，花丝多少连合，有时近二体；子房密被白色伏贴柔毛。荚果串珠状，长 8 ~ 13 cm，密被短而平伏绢毛，成熟时表面撕裂，后 2 瓣裂。具 6 ~ 12 个种子。种子卵圆形，直而稍扁，褐或黄褐色。花期 5—6 月，果期 8—10 月。

图 110　苦豆子

产榆阳、横山、靖边、

定边。生于海拔 420 ～ 1300 m 的河滩、沙地。分布于我国西北及内蒙古、山西、河南、西藏。阿富汗、巴基斯坦、印度及中亚、西南亚也产。

株型美观，枝叶繁茂，叶片灰绿色，阳光下经风一吹，叶子翻卷过来，便闪烁着粼粼银光。花形奇特，花色淡雅。可用于沙区地下水位较高的低湿地、湖盆沙地、绿洲边缘及“四旁”绿化。

111. 苦马豆 *Sphaerophysa salsula* (Pall.) DC.

半灌木或多年生草本。茎直立或下部匍匐，高达 60 cm，被或疏或密的白色丁字毛。羽状复叶，有 11 ～ 21 小叶；小叶倒卵形或倒卵状长圆形，长 0.5 ～ 1.5（～ 2.5）cm，先端圆或微凹，基部圆或宽楔形，上面几无毛，下面被白色丁字毛。总状花序，长于叶，有 6 ～ 16 朵花。花萼钟状，萼齿三角形，被白色柔毛；花冠初时鲜红色，后变紫红色，旗瓣瓣片近圆形，反折，长 1.2 ～ 1.3 cm，基部具短瓣柄，翼瓣长约 1.2 cm，基部具微弯的短柄，龙骨瓣与翼瓣近等长；子房密被白色柔毛，花柱弯曲，内侧疏被纵裂髯毛。荚果椭圆形或卵圆形，长 1.7 ～ 3.5 cm，膜质，膨胀，疏被白色柔毛。

产神木、榆阳、米脂、绥德、横山、定边、吴起、子长、延安、甘泉、黄龙。生于海拔 1500 m 以下的荒坡、草地、河滩。分布于我国华北、西北及吉林、辽宁、内蒙古。蒙古、俄罗斯也产。

植株低矮，叶子精巧细致，花朵鲜艳夺目，果形奇特，生长初期是绿色，在成熟之后就会变成红色，给人的感觉就像是一个个红彤彤的小灯笼，鲜艳的颜色搭配上优雅的外形让它有着观赏的价值。开花结果一起上，很是好看，可用于美化庭院，布置花坛、花境，或种植于道路两旁。还可以作切花花材。

图 111-1　苦马豆花

图 111-2 苦马豆幼果

图 111-3 苦马豆成熟果实

112. 披针叶野决明 *Thermopsis lanceolata* R. Br.

多年生草本植物，高 12 ～ 30（～ 40）cm。茎直立，分枝或单一，具沟棱，被黄白色贴伏或伸展柔毛。3 小叶；叶柄短；托叶叶状，卵状披针形，先端渐尖，基部楔形，小叶狭长圆形、倒披针形。总状花序，顶生，长 6 ～ 17 cm，具花 2 ～ 6 轮，排列疏松；苞片线状卵形或卵形。花冠黄色，旗瓣近圆形，长 2.5 ～ 2.8 cm，宽 1.7 ～ 2.1 cm，先端微凹，基部渐狭成瓣柄，瓣柄长 7 ～ 8 mm，翼瓣长 2.4 ～ 2.7 cm，先端有 4.0 ～ 4.3 mm 长的狭窄头，龙骨瓣长 2.0 ～ 2.5 cm，宽为翼瓣的 1.5 ～ 2.0 倍；子房密被柔毛，具柄，柄长 2 ～ 3 mm，胚珠 12 ～ 20 粒。荚果线形，长 5 ～ 9 cm，宽 7 ～ 12 mm，先端具尖喙，被细柔毛，黄褐色，种子 6 ～ 14 粒。位于中央。

图 112-1 披针叶野决明花

种子圆肾形，黑褐色，具灰色蜡层，有光泽，长 3 ～ 5 mm，宽 2.5 ～ 3.5 mm。花期 5—7 月，果期 6—10 月。

产神木、榆阳、佳县、横山、米脂、子洲、靖边、定边、吴起、志丹、延安、洛川。生于海拔 870 ～ 1650 m 的沙地、荒坡或沟谷湿地。分布于我国华北、西北及黑龙江、辽宁、西藏。吉尔吉斯斯坦、蒙古、俄罗斯也产。

株型优美，叶清新翠绿，飘逸修长，花气味清香，色泽艳丽，风情万种，精小别致，宛如一只袖珍蝴蝶，煞是好看。盛花时节，万花怒放，整个群落一片金黄，场面特别唯美和壮观，成为一道最亮丽的风景。果实造型奇特，煞是好看。植株耐贫瘠、抗干旱，可用作园林地被植物及花坛、花境的绿化，也可以做切花。

图 112-2　披针叶野决明植株

图 112-3　披针叶野决明果实

113. 山野豌豆 *Vicia amoena* Fisch. ex DC.

多年生草本植物，高 0.3 ～ 1.0 m，全株疏被柔毛，稀近无毛。茎具棱，多分枝，斜升或攀援。偶数羽状复叶，长 5 ～ 12 cm，几无柄，卷须有 2 ～ 3 分支；托叶半箭头形，边缘有 3 ～ 4 裂齿，长 1 ～ 2 cm；小叶 4 ～ 7 对，互生或近对生，革质，椭圆形或卵状披针形，长 1.3 ～ 4.0 cm；上面被贴伏长柔毛，下面粉白色，沿中脉毛被较密，先端圆或微凹，侧脉羽状开展，直达叶缘。总状花序，通常长于叶；具 10 ～ 20（～ 30）朵密生的花。花冠红紫、蓝紫或蓝色；花萼斜钟状，萼齿近三角形，上萼齿明显短于下萼齿；旗瓣倒卵圆形，长 1.0 ～ 1.6 cm，瓣柄较宽，翼瓣与旗瓣近等长，瓣片斜倒卵形，龙骨瓣短于翼瓣；子房无毛，花柱上部四周被毛，子房柄长约 0.4 cm。荚果长圆形，长 1.8 ～ 2.8 cm，两端渐尖，无毛。种子 1 ～ 6 粒，圆形，深褐色，具花斑；花期 4—6 月，果期 7—10 月。

产神木、榆阳、米脂、绥德、清涧、靖边、吴起、志丹、安塞、延安、洛川、黄陵、黄龙、宜君。生于海拔 600 ～ 1700 m 的草地、灌丛或林缘。分布于我国大部分地区。哈萨克斯坦、俄罗斯、蒙古、朝鲜、日本也产。

植株低矮，枝叶秀美，花期长，色彩艳丽，繁殖迅速，再生力强，可作绿篱，荒坡、屋顶绿化，建立人工草场。

图 113-1　山野豌豆植株

图 113-2　山野豌豆花序

图 113-3　山野豌豆幼果

图 113-4　山野豌豆果实

114. 大花野豌豆 *Vicia bungei* Ohwi

一或二年生缠绕或匍匐草本植物，高 15 ～ 50 cm。茎有棱，多分枝，近无毛。偶数羽状复叶，卷须，分枝；托叶半箭头形，长 3 ～ 7 mm，有锯齿；小叶 3 ～ 5 对，长圆形或窄倒卵状长圆形，长 1.0 ～ 2.5 cm，宽 2 ～ 8 mm，先端平截，微凹，稀齿状，上面叶脉不甚清晰，下面叶脉明显，被疏柔毛。总状花序，长于叶或与叶近等长，具 2 ～ 4（～ 5）朵花。萼钟形，被疏柔毛，萼齿披针形；花冠红紫或金蓝紫色，旗瓣倒卵披针形，长 2.0 ～ 2.5 cm，先端微缺，翼瓣短于旗瓣，龙骨瓣短于翼瓣；子房柄细长，沿腹缝线被金色绢毛，花柱上部被长柔毛。荚果扁长圆形，长 2.5 ～ 3.5 cm。花期 4—5 月，果期 6—7 月。

产榆阳、绥德、清涧、横山、靖边、志丹、延安、甘泉、黄龙。生于海拔 650 ～ 1500 m 的山坡、山谷草地、灌丛或林缘；分布于我国华北及辽宁、甘肃、青海、山东、江苏、安徽、河南、四川、云南、西藏。

茎蔓细弱，植株秀美，枝叶柔软，花色艳丽，可作观赏花卉。开花阶段，植株从上到下爬满了紫色花，如同一面盛开的花墙，紫色的花朵像一个个风铃一样，微风吹拂，就好像能听到清脆的风铃声。可用于风景区、公园、道路种植，也可以用于屋顶绿化和压花。

图 114-1　大花野豌豆植株

图 114-2　大花野豌豆花

图 114-3　大花野豌豆果实

115. 远志 *Polyaala tenukoflia* Willd.

多年生草本植物，高达 50 cm。茎被柔毛。叶纸质，线形或线状披针形，长 1 ～ 3 cm，宽 0.5 ～ 1.0（～ 3.0）mm，先端渐尖，基部楔形，无毛或极疏被微柔毛；近无柄。扁侧状顶生总状花序，长 5 ～ 7 cm，少花。小苞片早落；萼片宿存，无毛，外 3 枚线状披针形；花瓣紫色，基部合生，侧瓣斜长圆形，基部内侧被柔毛，龙骨瓣稍长，具流苏状附属物；花丝 3/4 以下合生成鞘，3/4 以上中间 2 枚分离，两侧各 3 枚合生。果球形，径 4 mm，具窄翅，无缘毛。种子密被白色柔毛，种阜 2 裂下延。花果期 5—9 月。

本区域均产。分布于我国华北及黑龙江、辽宁、宁夏、甘肃、青海、江苏、江西、河南、四川。蒙古、朝鲜、俄罗斯也产。

植株低矮，花形奇特，花色艳丽，蓝紫色花瓣翩翩欲飞，前端细细的流苏细腻轻盈。叶片和花看起来都和兰花极相似，有空谷幽兰的气质。它生长在安静的山中，清风为伴，绿草为伍，默默生长，悄悄茂盛，守着自己那一片清洁、纯净的小天地。适于做观花地被，也可盆栽观赏。

图 115-1　远志植株

图 115-2　远志花

116. 蒙古栎 *Quercus mongolica* Fisch. ex Ledeb.

落叶乔木，高达 30 m。小枝无毛。叶倒卵形或倒卵状长椭圆形，长 7 ~ 19 cm，先端短钝尖，基部楔圆或耳状，粗钝齿 7 ~ 10 对，幼叶沿脉疏被毛，老叶近无毛，侧脉 7 ~ 11 对；叶柄长 2 ~ 8 mm，无毛。壳斗杯状，高 0.8 ~ 1.5 cm，径 1.5 ~ 1.8 cm，小苞片鳞片状，下部具瘤状突起，密被灰白色短毛；果卵圆形或长卵圆形，长 2.0 ~ 2.3 cm，径 1.3 ~ 1.8 cm，无毛。花期 4—5 月，果期 9 月。

产桥山、黄龙山。生于海拔 1350 ~ 2300 m 的山坡林中。分布我国于东北、华北及山东、河南、宁夏、甘肃、四川。日本、朝鲜、俄罗斯也产。

树体高大，树干奇特苍劲，树形优美多姿，神韵独具，枝叶繁茂，绿荫如盖，在春夏秋冬四季有不同的形态变化。春天，它们是一蓬蓬的嫩绿，点缀着山野，像勃发的希望。夏天，它们是漫山的葱茏，展示着大地的生机盎然。特别是秋天，叶子逐渐变成杏黄、浅紫、深紫、火红、殷红色，色彩可持续半个多月，遍野的色彩，夕阳之下似那斑斓龙鳞将层林尽染；直到深秋叶子枯萎成灰黄色，经久不落，风一吹，如同一只只蝴蝶在翩跹起舞，独特的神韵和美丽姿态别具一格。冬天，积雪覆盖了山峦，又是铁干苍枝笑对天，那些顽强地挂在树梢的叶子就像是一簇簇燃烧的火焰，在凛凛寒风的萧瑟中，把皑皑雪原装点得高洁娇艳。是风景园林、庭院别墅区造型景观精品树种。在公园或开敞的绿地中配植，既有绝佳的视觉景观效果，又能为人们提供一个阴凉清新的室外休憩场所。可作园景树或行道树，树形好者可为孤植树做观赏用。孤植、丛植或与其他树木混交成林均甚适宜。

图 116-1　蒙古栎新叶和花序

图 116-2　蒙古栎秋色叶

图 116-3　蒙古栎植株

图 116-4　蒙古栎秋季景观

117. 赤瓟 *Thladiantha dubia* Bunge

攀缘草质藤本，全株被黄白色长柔毛状硬毛。茎稍粗，长 2 ～ 6 cm；叶宽卵状心形，长 5 ～ 8 cm，宽 4 ～ 9 cm，最基部 1 对叶脉沿叶基弯缺边缘外展；卷须单一。雌雄异株。雄花单生或聚生短枝上端成假总状花序，有时 2 ～ 3 朵花生于花序梗上；花梗长 1.5 ～ 3.5 cm；花萼裂片披针形，外折，长 1.2 ～ 1.3 cm；花冠黄色，裂片长圆形，长 2.0 ～ 2.5 cm，上部外折。雌花单生；花梗长 1 ～ 2 cm；子房密被淡黄色长柔毛。果实卵形或长圆形，长 2.8 cm，具 10 条纵纹。种子卵形，黑色，无毛，长 4.0 ～ 4.3 mm，宽 2.5 ～ 3.0 mm。花期 6—8 月，果期 8—10 月。

产榆阳、延安、安塞、志丹、黄龙、黄陵。生于海拔 1200 ～ 2000 m 的山地林下或草丛中。分布于我国东北及河北、山西、山东、宁夏、甘肃、四川北部。朝鲜也产。

株形优美，茎蔓蜿蜒屈曲，柔美如画，攀缘它物向上生长，叶子是线条柔美的爱心叶形，青翠碧绿，娇媚可爱。盛花时节，花蕾绽放，蜂飞蝶舞，婀娜多姿，漂亮极了。花色泽艳丽，端庄典雅，气味清香，妩媚动人。果实艳丽无比，造型新颖奇特，宛如一颗颗的宝石，悬挂于绿叶藤蔓之间，美不胜收。果实成熟后红色鲜艳，冬天时白雪皑皑之中小红果果依然会挂在那里，很是美丽。植株攀援能力极强，挂果期长，可以赏花，赏果，从瓜苗的长出一直到果实的成熟，见证着它的一年四季。可用于墙垣、篱笆、棚架、长廊及庭院的垂直绿化。

图 117-1 赤瓟植株

图 117-2 赤瓟雌花

图 117-3 赤瓟雄花

图 117-4 赤瓟果实

118. 蕨麻 *Argentina anserina* (L.) Rydb.

多年生草本植物。茎匍匐，在节处生根，常着地长出新植株，外被伏生或半开展疏柔毛或脱落几无毛。基生叶为间断羽状复叶，有小叶 6 ～ 11 对。小叶对生或互生，无柄或顶生小叶有短柄，最上面一对小叶基部下延与叶轴汇合，基部小叶渐小呈附片状；小叶片通常椭圆形，倒卵形或长椭圆形，长 1.0 ～ 2.5 cm，宽 0.5 ～ 1.0 cm，顶端圆钝，基部楔形或阔楔形，边缘有多数尖锐锯齿或呈裂片状，上面绿色，被疏柔毛或脱落几无毛，下面密被紧贴银白色绢毛，叶脉明显或不明显，茎生叶与基生叶相似，惟小叶对数较少；基生叶和下部茎生叶托叶膜质，褐色，和叶柄连成鞘状，外面被疏柔毛或脱落几无毛，上部茎生叶托叶草质，多分裂。单花腋生；花梗长 2.5 ～ 8.0 cm，被疏柔毛；花直径 1.5 ～ 2.0 cm；萼片三角卵形，顶端急尖或渐尖，副萼片椭圆形或椭圆披针形，常 2 ～ 3 裂，稀不裂，与副萼片近等长或稍短；花瓣黄色，倒卵形、顶端圆形，比萼片长 1 倍；花柱侧生，小枝状，柱头稍扩大。

产榆阳、绥德、靖边、子长、延安、甘泉。生于海拔 450 ～ 1900 m 的河滩、草地或灌丛。分布于我国东北、华北、西北及四川、云南、西藏。广布于北半球温带地区及南半球智利、新西兰等地。

叶形秀美，叶色鲜翠，花色鲜黄醒目，是一种可同时观赏花和叶的优良地被植物。可作野生地被植物建单一观赏草坪，也可在草坪中镶嵌镶边，形成带有点点黄花的绿色草地，观赏效果颇佳。或盆栽观赏，用于庭院、卧室、书房的装饰。适用于景观设计、河边护坡、城市建筑物阴面、立交桥下、道路、高速公路及铁道两旁绿化。

图 118　蕨麻

119. 山楂 *Crataegus pinnatifida* Bunge

落叶乔木，高达 6 m；刺长约 1 ～ 2 cm，有时无刺。叶宽卵形或三角状卵形，稀菱状卵形，长 5 ～ 10 cm，先端短渐尖，基部截形至宽楔形，有 3 ～ 5 对羽状深裂片，裂片卵状披针形或带形，先端短渐尖，疏生不规则重锯齿，下面沿叶脉疏生短柔毛或在脉腋有髯毛，侧脉 6 ～ 10 对，有的直达裂片先端，有的达到裂片分裂处；叶柄长 2 ～ 6 cm，托叶草质，镰形，边缘有锯齿。伞形花序，具多花，径 4 ～ 6 cm；花梗和花序梗均被柔毛，花后脱落。花梗长 4 ～ 7 mm；苞片线状披针形；花径约 1.5 cm；萼片三角状卵形或披针形，被毛；花瓣白色，倒卵形或近圆形；雄蕊 20 枚；花柱 3 ～ 5 枚，基部被柔毛。果近球形或梨形，深红色，小核 3 ～ 5。花期 5—6 月，果期 9—10 月。

产绥德、吴起。生于海拔 1200 ～ 2100 m 的山坡灌丛中，亦常见栽培。分布于我国东北、华北及山东、江苏、河南、浙江。朝鲜也产。

图 119-1　山楂春色叶

图 119-2　山楂盛花期

图 119-3　山楂果实

图 119-4　山楂秋色叶

树冠整齐，枝叶繁茂，叶形奇特，花开如雪，果熟红艳，秋叶绚丽，是兼具观花、观果和观叶效果的优良园林树种。可对植到非主干道两侧，形成特色长廊，进而形成区域特色；可群植或丛植在公园内，形成主题区域，营造浪漫情境；成片种植，能组成气势宏大的壮丽景观。也可制作矮桩盆景，为掌上盆栽的赏果妙品。盆景可置于办公场所前，既不失庄重又增添一份生机盎然。

120. 山荆子 *Malus baccata* (L.) Borkh.

乔木，高达 10 ～ 14 m。树冠广圆形，幼枝细弱，微屈曲，圆柱形，无毛，红褐色，老枝暗褐色；冬芽卵形，先端渐尖，鳞片边缘微具绒毛，红褐色。叶片椭圆形或卵形，长 3 ～ 8 cm，宽 2.0 ～ 3.5 cm，先端渐尖，稀尾状渐尖，基部楔形或圆形，边缘有细锐锯齿。伞形花序，具花 4 ～ 6 朵，无总梗，集生在小枝顶端，直径 5 ～ 7 cm；花梗细长，先端渐尖，全缘，长 5 ～ 7 mm，外面无毛，内面被绒毛，长于萼筒；花瓣倒卵形，长 2.0 ～ 2.5 cm，先端圆钝，基部有短爪，白色。果实近球形，直径 8 ～ 10 mm，红色或黄色，柄洼及萼洼稍微陷入，萼片脱落；果梗长 3 ～ 4 cm。花期 4—6 月，果期 9—10 月。

产神木、府谷、榆阳、延安、甘泉、黄龙、宜君。生于海拔 700 ～ 2200 m 的山坡、山谷灌丛或杂木林中。分布于我国东北、华北及甘肃。朝鲜、蒙古及俄罗斯西伯利亚地区也产。

树姿优雅娴美，花繁叶茂，白花、绿叶、红枝互相映托，美丽鲜艳，是优良的观赏树种。幼树树冠圆锥形，老时圆形，早春开放白色花朵，秋季结成小球形，红黄色果实，经久不落。可孤植于庭前、池岸、墙隅，列植于道路旁、水边，也可群植、片植于风景区、采摘园、山坡、水畔，还可以盆栽观赏。

图 120-1 山荆子盛花期

图 120-2　山荆子花

图 120-3　山荆子新叶

图 120-4　山荆子芽

图 120-5　山荆子果实

121. 西府海棠 *Malus×micromalus* Makino

落叶小乔木。树枝下垂，树冠自然圆形，高度通常在 2 ～ 5 m 之间，树势强健，树冠开张，多呈自然半圆形或圆锥形。枝干细长，成枝力弱，萌芽力强，枝条细而硬，有刺，枝条上有银白色鳞片。叶片多为椭圆形或倒卵圆形，少数近圆形，长约 6 ～ 12 cm，宽约 2 ～ 5 cm，叶面上有银白色的鳞片。叶尖渐尖，单锯齿或复锯齿。叶背具有稀疏茸毛。伞房花序，每序有花 5 ～ 7 朵，花蕾粉红色，花瓣白色并带有红晕，4 ～ 5 片，花径约为 1 cm，聚生于枝条末端，花瓣卵圆形，花柱基部联合，有茸毛。果实近球形，直径 1.0 ～ 1.5 cm，红色，萼洼梗洼均下陷，萼片多数脱落，少数宿存。花期 4—5 月，果期 8—9 月。

产府谷、神木。分布于我国辽宁、河北、山西、山东、甘肃、云南。生于海拔 100 ～ 2400 m 山坡灌丛中。

树形美观，枝繁叶茂，主干、主枝曲如虬龙，大根盘根错节，小枝自然下垂，花叶齐放，花繁如雪，花姿潇洒，皎洁美丽，芳香袭人；叶片嫩绿，秋果红满枝头，晶莹夺目，挂果期可长到 11 月份，别有一番情趣。是优美的赏枝、观花、观果树种，可用于行道树、小区庭院、公园广场、滨河绿化、别墅会馆、寺庙、专类园等。孤植、对植、列植、丛植、片植、群植效果俱佳。还可作桩景、盆栽。

图 121-1　西府海棠盛花期

图 121-2　西府海棠花

图 121-3　西府海棠果实

122. 单瓣黄刺玫 *Rosa xanthina* Lindl. form. *normalis* Rehder et E. H. Wilson

直立灌木，高 2 ～ 3 m。枝粗壮，密集，披散；小枝无毛，有散生皮刺，无针刺。小叶 7 ～ 13 枚，连叶柄长 3 ～ 5 cm；小叶片宽卵形或近圆形，稀椭圆形，先端圆钝，基部宽楔形或近圆形，边缘有圆钝锯齿，上面无毛，幼嫩时下面有稀疏柔毛，逐渐脱落；叶轴、叶柄有稀疏柔毛和小皮刺；托叶带状披针形，大部贴生于叶柄，离生部分呈耳状，边缘有锯齿和腺。花单生于叶腋，重瓣或半重瓣，黄色，无苞片；花梗长 1.0 ～ 1.5 cm；花直径 3 ～ 4（～ 5）cm；萼筒、萼片外面无毛，萼片披针形，全缘；花瓣黄色，宽倒卵形，先端微凹，基部宽楔形。果近球形或倒卵圆形，紫褐色或黑褐色，直径 8 ～ 10 mm，无毛，花后萼片反折。花期 4—6 月，果期 7—8 月。

产神木、横山、靖边，延安、安塞、甘泉、富县、宜川、黄龙。生于海拔 600 ～ 2000 m 阳坡或灌丛中，分布于我国东北、华北及甘肃。

树形美观，叶片秀丽，花色明媚灿烂，花冠重瓣或单瓣，花型大，花量大，花期长，花色是淡淡的柠檬黄或浓烈的黄。盛花期，开满枝梢，衬以绿叶，绚丽多姿，花香诱人。秋季红褐色的果实挂满枝头，更令人耳目一新。春季观花，秋季观果，夏季绿叶婆娑，花、果、叶俱佳。适合绿化美化荒山、工矿区、公路绿化带等环境较差的地方，亦宜于草坪、林缘、路边、庭院等处丛植，尤其适合种植在松柏等常绿树木前面。还可作花篱，或将其枝条剪下瓶插观赏或用于制作插花、花艺作品。

图 122-1　单瓣黄刺玫枝条皮刺

图 122-2　单瓣黄刺玫花蕾

图 122-3　单瓣黄刺玫花

图 122-4　单瓣黄刺玫果实

123. 茅莓 *Rubus parvifolius* L.

灌木，高 1 ～ 2 m。枝呈弓形弯曲，被柔毛和稀疏钩状皮刺。小叶 3（5）枚，菱状圆卵形或倒卵形，长 2.5 ～ 6.0 cm，上面伏生疏柔毛，下面密被灰白色线毛，有不整齐粗锯齿或缺刻状粗重锯齿，常具浅裂片；叶柄长 2.5 ～ 5.0 cm，被柔毛和稀疏小皮刺，托叶线形，被柔毛。伞房花序，顶生或腋生，具花数朵至多朵，被柔毛和细刺。花梗被柔毛和稀疏小皮刺；苞片线形，被柔毛；花径约 1 cm；花萼密被柔毛和疏密不等的针刺，萼片卵状披针形或披针形，有时条裂，花果期均直立开展；花瓣卵圆形或长圆形，粉红或紫红色，花丝白色；子房被柔毛。果卵圆形，径 1.0 ～ 1.5 cm，成熟时红色，无毛或具稀疏柔毛；核有浅皱纹。花期 5—6 月，果期 7—8 月。

产清涧、延安、洛川、黄龙、宜君。生于海拔 500 ～ 2000 m 的山地灌丛或疏林下。除我国新疆外，分布几遍全国。越南、日本、朝鲜也产。

植株低矮，直立或匍匐生长。枝条柔韧美观，叶形优美、花色鲜艳、气味芬芳，果色艳丽，秋季叶色绚丽多彩。生长迅速，繁殖容易，覆盖力强，具有较强的适应性和抗性，可作为地被植物用于假山、岩石旁、土坡，任其自然攀爬，也可以植于树下、林缘、绿化隔离带、假山、溪边、岸边、池塘边阴湿处等。还可盆栽观赏，也是极好的切花、压花花材。

图 123-1　茅莓花

图 123-2　茅莓果实

图 123-3　茅莓秋色叶

124. 鸡冠茶 *Sibbaldianthe bifurca* (L.) Kurtto et T. Erikss.

多年生草本或亚灌木。花茎直立或上升，高 5 ～ 20 cm，密被疏柔毛或微硬毛。羽状复叶，有小叶 5 ～ 8 对，最上面 2 ～ 3 对小叶基部下延与叶轴汇合，连叶柄长 3 ～ 8 cm；叶柄密被疏柔毛或微硬毛，小叶片无柄，对生，稀互生，椭圆形或倒卵椭圆形，顶端常 2 裂，稀 3 裂，基部楔形或宽楔形，两面绿色，伏生疏柔毛；下部叶托叶膜质，褐色，外面被微硬毛，稀脱落，几无毛，上部茎生叶托叶草质，绿色，卵状椭圆形，常全缘稀有齿。近伞房状聚伞花序，顶生，疏散；花直径 0.7 ～ 1.0 cm；萼片卵圆形，顶端急尖，副萼片椭圆形；花瓣黄色，倒卵形，顶端

图 124-1 鸡冠茶植株

图 124-2　鸡冠茶花

圆钝，比萼片稍长；心皮沿腹部有稀疏柔毛；花柱侧生，棒形，基部较细，顶端缢缩，柱头扩大。瘦果表面光滑。花果期 5—9 月。

产榆阳、绥德、清涧、横山、靖边、定边、安塞、延安、甘泉、洛川、黄龙。生于海拔 820 ～ 1900 m 的山坡草地或灌丛。分布于我国华北、西北及黑龙江、四川。朝鲜、蒙古、俄罗斯也产。

幼芽密集簇生，形成红紫色的垫状丛，分枝横走，茎直立或斜升，羽状复叶，枝叶密集，聚伞花序，花黄色，花期长。生于草原、山坡、河边。耐践踏能力、适应能力和繁殖能力很强，第二年春天仍能正常生长。可引种作地被植物。

125. 杏 *Prunus armeniaca* L.

乔木，高 5 ～ 8 m。树冠圆形、扁圆形或长圆形；树皮灰褐色，纵裂；多年生枝浅褐色，皮孔大而横生，一年生枝浅红褐色，有光泽，无毛，具多数小皮孔。叶片宽卵形或圆卵形，长 5 ～ 9 cm，宽 4 ～ 8 cm，先端急尖至短渐尖，基部圆形至近心形，叶边有圆钝锯齿，两面无毛或下面脉腋间具柔毛；叶柄长 2.0 ～ 3.5 cm，无毛，基部常具 1 ～ 6 腺体。花单生，直径 2 ～ 3 cm，先于叶开放；花梗短，长 1 ～ 3 mm，被短柔毛；花萼紫绿色；萼筒圆筒形，外面基部被短柔毛；萼片卵形至卵状长圆形，先端急尖或圆钝，花后反折；花瓣圆形至倒卵形，白色或带红色，具短爪；雄蕊约 20 ～ 45 枚，稍短于花瓣；子房被短柔毛，花柱稍长或几与雄蕊等长，下部具柔毛。果实球形，稀倒卵形，直径约 2.5 cm 以上，白色、黄色至黄红色，常具红晕，微被短柔毛；果肉多汁，成熟时不开裂；核卵形或椭圆形，两侧扁平，顶端圆钝，基部对称，稀不对称，表面稍粗糙或平滑，腹棱较圆，常稍钝，背棱较直，腹面具龙骨状棱；种仁味苦或甜。花期 3—4 月，果期 6—7 月。

图 125-1　杏花期景观

本区域均产。分布于我国各地，尤以华北、西北和华东地区种植较多，在新疆伊犁一带野生成纯林或与新疆野苹果林混生，海拔可达 3000 m。

树体高大，枝干苍虬，枝条呈红褐色或褐色，冬季雪落其上，红白相间，美洁之至。初春杏花盛开时，粉花着生于枝头，美观淡雅。花单生，先叶开放，白色至淡粉红色，萼片鲜绛红色，盛开时艳态娇姿，繁花丽色，花后反折。花具有变色的特点，含苞待放时朵朵艳红，随着花瓣的伸展，色彩渐渐由浓转淡，到谢落时就成雪白一片。核果近卵形，有圆形、长圆形或扁圆形，果皮金黄色、浅黄色或黄红色。果实成熟时，枝枝串串，非常美观。叶片秀丽，呈广卵形或圆卵形。秋天叶色由绿转变为淡黄、黄色、橙红、红色等多种颜色，是秋色叶树种。可植于庭前、池岸、墙隅、道路旁、水边，也可群植、片植于风景区、山坡、水畔、观果采摘园、廊道，还可以盆栽观赏。

图 125-2 杏花

图 125-3 杏果实

图 125-4 杏秋色叶

图 125-5 杏秋季景观

126. 长梗扁桃 *Prunus pedunculata* Pall.

灌木，高 1 ～ 2 m。枝开展，具大量短枝；小枝浅褐色至暗灰褐色，幼时被短柔毛；冬芽短小，在短枝上常 3 个并生，中间为叶芽，两侧为花芽。短枝上之叶密集簇生，一年生枝上的叶互生；叶片椭圆形、近圆形或倒卵形，长 1 ～ 4 cm，宽 0.7 ～ 2.0 cm，先端急尖或圆钝，基部宽楔形，上面深绿色，下面浅绿色，两面疏生短柔毛，叶边具不整齐粗锯齿，侧脉 4 ～ 6 对；叶柄长 2 ～ 5（～ 10）mm，被短柔毛。花单生，稍先于叶开放，直径 1.0 ～ 1.5 cm；花梗长 4 ～ 8 mm，具短柔毛；萼筒宽钟形，长 4 ～ 6 mm，无毛或微具柔毛；萼片三角状卵形，先端稍钝，有时边缘疏生浅锯齿；花瓣近圆形，直径 7 ～ 10 mm，有时先端微凹，粉红色；雄蕊多数；子房密被短柔毛，花柱稍长或几与雄蕊等长。果实近球形或卵球形，直径 10 ～ 15 mm，顶端具小尖头，成熟时暗紫红色，密被短柔毛；果梗长 4 ～ 8 mm；果肉薄而干燥，成熟时开裂，离核；核宽卵形，直径 8 ～ 12 mm，顶端具小突尖头，基部圆形，两侧稍扁，浅褐色，表面平滑或稍有皱纹；种仁宽卵形，棕黄色。花期 5 月，果期 7—8 月。

产神木。生于海拔 1300 m 左右的山坡。分布于我国内蒙古、宁夏。蒙古、俄罗斯也产。

枝干优美，枝繁叶茂。花期早，先花后叶，花朵艳丽，有白色、粉红色、红色等多种颜色，且花朵圆润，香气宜人，果色鲜艳。是良好的观花观果树种，可作为荒漠地区绿化美化的观赏树种，在治沙造林、城镇和公路绿化中得到运用，孤植、丛植、片植均适宜。

图 126-1　长梗扁桃灌丛

图 126-2　长梗扁桃植株

图 126-3　长梗扁桃花

图 126-4　长梗扁果实

127. 山杏 *Prunus sibirica* L.

灌木或小乔木，高 2 ～ 5 m。树皮暗灰色；小枝无毛，稀幼时疏生短柔毛，灰褐色或淡红褐色。叶片卵形或近圆形，长（3 ～）5 ～ 10 cm，宽（2.5 ～）4.0 ～ 7.0 cm，先端长渐尖至尾尖，基部圆形至近心形，叶边有细钝锯齿，两面无毛，稀下面脉腋间具短柔毛；叶柄长 2.0 ～ 3.5 cm，无毛，有或无小腺体。花单生，直径 1.5 ～ 2.0 cm，先于叶开放；花梗长 1 ～ 2 mm；花萼紫红色；萼筒钟形，基部微被短柔毛或无毛；萼片长圆状椭圆形，先端尖，花后反折；花瓣近圆形或倒卵形，白色或粉红色；雄蕊几与花瓣近等长；子房被短柔毛。果实扁球形，直径 1.5 ～ 2.5 cm，黄色或橘红色，有时具红晕，被短柔毛；果肉较薄而干燥，成熟时开裂，味酸涩不可食，成熟时沿腹缝线开裂；核扁球形，易与果肉分离，两侧扁，顶端圆形，基部一侧偏斜，不对称，表面较平滑，腹面宽而锐利；种仁味苦。花期 3—4 月，果期 6—7 月。

产神木、榆阳、清涧。生于海拔 950 ～ 1300 m 的山坡、山沟。分布于我国东北、华北及宁夏、甘肃、青海、河南。蒙古、俄罗斯也产。

树形美观，先花后叶，开花早，花型奇特，花色素雅，花期长。待山杏花开，漫山遍野的花海，置身其中或驻足观赏，皆有情趣。叶形秀丽，秋色多变。果色艳丽。在城市公园、游园、街路绿化、庭院绿化、居住小区绿化、街头绿地及山体绿化中广泛栽植，还可以绿化荒山、保持水土，作沙荒防护林的伴生树种。其配置方式可孤植、丛植、群植、列植、对植。

127-1　山杏盛花期

图 127-2　山杏秋季景观

128. 毛樱桃 *Prunus tomentosa* (Thunb.) Wall.

灌木，通常高 0.3 ～ 1.0 m，稀呈小乔木状，高可达 2 ～ 3 m。小枝紫褐色或灰褐色，嫩枝密被绒毛到无毛。冬芽卵形，疏被短柔毛或无毛。叶片卵状椭圆形或倒卵状椭圆形，长 2 ～ 7 cm，宽 1.0 ～ 3.5 cm，先端急尖或渐尖，基部楔形，边有急尖或粗锐锯齿，上面暗绿色或深绿色，被疏柔毛，下面灰绿色，密被灰色绒毛或以后变为稀疏，侧脉 4 ～ 7 对；叶柄长 2 ～ 8 mm，被绒毛或脱落稀疏；托叶线形，长 3 ～ 6 mm，被长柔毛。花单生或 2 朵簇生，花叶同开，近先叶开放或先叶开放；花梗长达 2.5 mm 或近无梗；萼筒管状或杯状，长 4 ～ 5 mm，外被短柔毛或无毛，萼片三角卵形，先端圆钝或急尖，长 2 ～ 3 mm，内外两面内被短柔毛或无毛；花瓣白色或粉红色，倒卵形，先端圆钝；雄蕊 20 ～ 25 枚，短于花瓣；花柱伸出与雄蕊近等长或稍长；子房全部被毛或仅顶端或基部被毛。核果近球形，红色，直径 0.5 ～ 1.2 cm；核表面除棱脊两侧有纵沟外，无棱纹。花期 4—5 月，果期 6—9 月。

产榆阳、延安、甘泉、黄龙。生于海拔 800 ～ 2400 m 的山地灌丛或林缘。分布于我国东北、华北、西南及山东、河南、湖北、宁夏、甘肃、青海。

树形优美，花朵娇小，果色艳丽，是集观花、观果、观型为一体的园林观赏植物。在公园、庭院、小区等处可采用孤植的形式栽植。亦可与其他花卉、观赏草、小灌木等组合配置。营造出层次丰富、色彩鲜艳、活泼自然的园林景观。

图 128-1　毛樱桃花

图 128-2　毛樱桃植株

图 128-3　毛樱桃果实

图 128-4　毛樱桃秋色叶

129. 星毛委陵菜 *Potentilla acaulis* L.

多年生草本植物，高达 15 cm，植株灰绿色。花茎丛生，密被星状毛及微硬毛。基生叶掌状 3 出复叶，连叶柄长 1.5 ～ 7.0 cm，叶柄密被星状毛及微硬毛，小叶常有短柄或几无柄，小叶倒卵状椭圆形或菱状倒卵形，长 0.8 ～ 3.0 cm，先端圆钝，基部楔形，每边有 4 ～ 6 个圆钝锯齿，两面灰绿色，密被星状毛及微硬毛，下面沿脉较密；茎生叶 1 ～ 3，小叶与基生小叶相似；基生叶托叶膜质，淡褐色，被星状毛及微硬毛，茎生叶托叶草质，灰绿色，带形或带状披针形，外被星状毛。顶生花 1 ～ 2 或 2 ～ 5 朵成聚伞花序。花梗长 1 ～ 2 cm，密被星状毛及疏柔毛；花径 1.5 cm；萼片三角状卵形，副萼片椭圆形，先端圆钝，稀 2 裂，外面密被星状毛及疏柔毛；花瓣黄色、倒卵形，先端微凹或圆钝，比萼片长约 1 倍；花柱近顶生，基部有乳头，柱头微扩大。瘦果近肾形，径约 1mm，有不明显脉纹。花果期 4—8 月。

产榆阳、横山、靖边。生于海拔 1600 m 左右的山坡草地。分布于我国黑龙江、内蒙古、河北、山西、甘肃、青海、新疆。蒙古、俄罗斯也产。

植株较矮，初花期在五月，为春花植物，叶色深绿，叶形美观，叶柄含水量少，纤维比例大，韧性好，可耐受轻度踩踏。特别是发育过程中两次呈现半球形植冠，具有很高的美化、绿化价值。

可以与其他宿根花卉配合成宿根植物花坛或者花境，丰富花坛的春天景观，其位置应在花坛的周围或者边缘，亦可布置在园林甬道两侧或花灌木丛边缘。根茎发达，作为良好的地被植物在山丘坡地有保持水土的积极作用。

图 129　星毛委陵菜

130. 曲枝委陵菜 *Potentilla rosulifera* H. Léveillé

多年生草本植物，须根簇生并有匍匐枝。匍匐枝常弯曲成膝状，在节处生根发出新植物。基生叶3出掌状复叶，稀叶柄上有1～2个极小的附片，连叶柄长4～7 cm，叶柄被稀疏开展长柔毛，小叶有短柄或几无柄；小叶片菱状卵形、菱状倒卵形或广椭圆形，长1.0～3.5 cm，宽1～2 cm，顶端急尖，稀圆钝，边缘有多数卵形条裂状锯齿，间或杂有重锯齿，齿端尖锐，上面绿色，被稀疏开展长柔毛，匍匐枝上叶与基生叶相似，花茎上叶1～2对，小叶退化缩小，呈倒卵椭圆形，仅顶端有3～4齿；基生叶托叶膜质，褐色，外面被稀疏长柔毛，匍匐枝上托叶薄膜质，淡褐色，披针形，全缘，花茎上托叶草质，卵形，全缘，极稀顶端有齿，外被稀疏长柔毛。伞房花序，顶生，花6～8朵，松散；花直径1.5～2.0 cm；萼片卵状披针形，顶端渐尖，副萼片披针形，顶端渐尖，与萼片近等长；

图 130　曲枝委陵菜

花瓣黄色，倒卵长圆形，顶端微凹，比萼片长半倍；花柱近顶生，基部细，柱头头状扩大。花期5月。

产榆阳、神木、府谷。分布于我国东北、华北及山东、甘肃。朝鲜、蒙古、俄罗斯也产。

根纤细，茎匍匐绿色，有时为紫红色，掌状复叶基生，表面绿色，背面淡绿色。花黄色，单生于叶腋。性喜潮湿环境，耐寒、耐旱、耐贫瘠。春夏季叶片为绿色，秋季叶变为红色，下霜后红色更加鲜艳。既可建单一观赏草坪，也可在草坪中镶嵌镶边。适用于景观设计、河边护坡、城市建筑物阴面、立交桥下、道路、高速公路及铁道两旁绿化。

131. 朝天委陵菜 *Potentilla supina* L.

一年生或二年生草本植物。主根细长，并有稀疏侧根。茎平展，上升或直立，叉状分枝，长20～50 cm，被疏柔毛或脱落几无毛。基生叶羽状复叶，有小叶2～5对，间隔0.8～1.2 cm，连叶柄长4～15 cm，叶柄被疏柔毛或脱落几无毛；小叶互生或对生，无柄，最上面1～2对小叶基部下延与叶轴合生，小叶片长圆形或倒卵状长圆形，通常长1.0～2.5 cm，宽0.5～1.5 cm，顶端圆钝或急尖，基部楔形或宽楔形，边缘有圆钝或缺刻状锯齿，两面绿色，被稀疏柔毛或脱落几无毛；茎生叶与基生叶相似，向上小叶对数逐渐减少；基生叶托叶膜质，褐色，外面被疏柔毛或几无毛，茎生叶托叶草质，绿色，全缘，有齿或分裂。花茎上多叶，下部花自叶腋生，顶端呈伞房状聚伞花序；花梗长0.8～1.5 cm，常密被短柔毛；花直径0.6～0.8 cm；萼片三角卵形，顶端急尖，副萼片长椭圆形或椭圆披针形，顶端急尖，比萼片稍长或近等长；花瓣黄色，倒卵形，顶端微凹，与萼片近等长或较短；花柱近顶生，基部乳头状膨大，花柱扩大。瘦果长圆形，先端尖，表面具脉纹，腹部鼓胀若翅或有时不明显。花果期3—10月。

图131-1　朝天委陵菜幼苗

图131-2　朝天委陵菜植株

图131-3　朝天委陵菜花

产榆阳、绥德、宜川、黄陵。生于海拔 330 ～ 1350 m 的河滩、草地、田埂或灌丛下。分布几遍全国。广布于北半球温带及亚热带地区。

植株矮小，能形成植丛，全株茎秆叶片质地柔软，无臭、无味、无刚毛、刺毛；其花色艳丽，花期长，秋季绿叶逐渐变红，为良好荫生和观花地被植物，是绿化美化园林的好品种。花开盛期的委陵菜，朵朵黄色小花托举在绿叶之上，点缀于柔毯之中，黄的花小巧玲珑，绿的叶碧翠葱茏，犹如夜空不堪寂寥的繁星，偷偷闪烁着滑落人间，在织就的绿锦上散落点点金黄，阳光下笑脸飞扬，微风中轻盈曼舞，斜雨里梳洗妆容，绿海上荡漾缠绵。可适用于坡地、疏林地被栽植，也可用于岩石园、野生花园配植，亦可用于林缘、草地片植。

132. 杜梨 *Pyrus betulifolia* Bunge

乔木，高达 10 m，树冠开展，枝常具刺。小枝嫩时密被灰白色绒毛，二年生枝条具稀疏绒毛或近于无毛，紫褐色；冬芽卵形，先端渐尖，外被灰白色绒毛。叶片菱状卵形至长圆卵形，长 4 ～ 8 cm，宽 2.5 ～ 3.5 cm，先端渐尖，基部宽楔形，稀近圆形，边缘有粗锐锯齿，幼叶上下两面均密被灰白色绒毛，成长后脱落，老叶上面无毛而有光泽，下面微被绒毛或近于无毛；叶柄长 2 ～ 3 cm，被灰白色绒毛；托叶膜质，线状披针形，长约 2 mm，两面均被绒毛，早落。伞形总状花序，有花 10 ～ 15 朵，总花梗和花梗均被灰白色绒毛，花梗长 2.0 ～ 2.5 cm；苞片膜质，线形，长 5 ～ 8 mm，两面均微被绒毛，早落；花直径 1.5 ～ 2.0 cm；萼筒外密被灰白色绒毛；

图 132-1　杜梨盛花期

图 132-2　杜梨花

图 132-3　杜梨果实

萼片三角卵形，长约 3 mm，先端急尖，全缘，内外两面均密被绒毛，花瓣宽卵形，长 5 ～ 8 mm，宽 3 ～ 4 mm，先端圆钝，基部具有短爪。白色；雄蕊 20 枚，花药紫色，长约花瓣之一半；花柱 2 ～ 3 枚，基部微具毛。果实近球形，直径 5 ～ 10 mm，2 ～ 3 室，褐色，有淡色斑点，萼片脱落，基部具带绒毛果梗。花期 4 月，果期 8—9 月。

产神木、府谷、榆阳、横山、绥德、靖边、安塞、志丹、延安、甘泉、洛川、黄龙、宜川。生于海拔 850 ～ 1600 m 的山坡。分布于我国华北及辽宁、宁夏、甘肃、山东、江苏、安徽、浙江、江西、河南、湖北、贵州、西藏。果可食用和酿酒。

树冠高大，树冠开张，枝叶茂盛。春天白花满树，高洁素雅，秋季褐果累累，叶色美丽。应用于公园绿地、风景区、街道、小区、庭院绿化。适宜作风景树、庭院树，可孤植、丛植、群植。

图 132-4　杜梨秋季景观

133. 地榆 *Sanguisorba officinalis* L.

多年生草本植物，高达 1.2 m。茎有棱，无毛或基部有稀疏腺毛。基生叶为羽状复叶，小叶 4 ～ 6 对，叶柄无毛或基部有稀疏腺毛；小叶有短柄，卵形或长圆状卵形，长 1 ～ 7 cm，先端圆钝，稀急尖，基部心形或浅心形，有粗大圆钝稀急尖锯齿，两面绿色，无毛；茎生叶较少，小叶有短柄或几无柄，长圆形或长圆状披针形，基部微心形或圆形，先端急尖；基生叶托叶膜质，褐色，外面无毛或被稀疏腺毛，茎生叶托叶草质，半卵形，有尖锐锯齿。穗状花序，椭圆形、圆柱形或卵圆形，直立，长 1 ～ 3（～ 4）cm，从花序顶端向下开放，花序梗光滑或偶有稀疏腺毛。苞片膜质，披针形，比萼片短或近等长，背面及边缘有柔毛；萼片 4 枚，紫红色，椭圆形或宽卵形，背面被疏柔毛，雄蕊 4 枚，花丝丝状，与萼片近等长或稍短；子房无毛或基部微被毛，柱头盘形，具流苏状乳头。瘦果包藏宿存萼筒内，有 4 棱。花果期 7—10 月。

产神木、榆阳、延川、延安、黄龙、宜君。生于海拔 640 ～ 2500 m 的草地、灌丛、林缘。分布于我国南北各省区。广布于亚洲、欧洲温带地区。

植株低矮，基生叶莲座状，叶形美观，细长的茎高挑，顶部暗紫色长短不一的穗状花柱，像半枣半桑椹的小果子，摇晃在翠叶之间，错落有致，雅致可爱。可作为花境背景或种植在庭院观赏，也可应用于山坡，林缘，草甸及灌丛中。还可盆栽观赏，作切花。

图 133　地榆

134. 耧斗菜叶绣线菊 *Spiraea aquilegiifolia* Pallas

灌木。枝幼时密被短柔毛，老时几无毛；冬芽有数枚鳞片；花枝上的叶倒卵形或扇形，长 4 ～ 8 mm，先端钝圆，全缘或先端 3 浅圆裂，不孕枝上的叶常扇形，长宽均 0.7 ～ 1.0 cm，先端 3 ～ 5 浅圆裂，基部窄楔形，上面无毛或疏生极短柔毛，下面密被短柔毛，基部具不显著 3 脉；叶柄长 1 ～ 2 mm，有细短柔毛；花梗长 6 ～ 9 mm，无毛；花径 4 ～ 5 mm；花萼无毛，萼片三角形；花瓣近圆形，长宽均约 2 mm，白色；雄蕊 20 枚，几与花瓣等长；花盘有 10 个深裂片；子房被短柔毛，花柱短于雄蕊；蓇葖果上半部或沿腹缝有短柔毛，宿存花柱顶生背部，宿存萼片直立或反折；花期 5—6 月，果期 7—8 月。

产神木、吴起、安塞。生于海拔 1200 ～ 1800 m 的沙地或黄土坡上。分布于我国内蒙古、河北、山西、河南、宁夏、甘肃、青海。蒙古、俄罗斯也产。

株型美观，叶色秀丽，花朵繁茂，盛开时枝条被细巧的花朵所覆盖，形成一条条拱形花带，树上树下一片雪白，十分惹人喜爱。可以丛植于山坡、水岸、湖旁、石边、草坪角隅或建筑物前后，起到点缀或映衬作用，构建园林主景。初夏观花，秋季观叶，构筑迷人的四季景观。还可作切花做成花束、花篮或花瓶。

图 134-1　楼斗菜叶绣线菊花

图 134-2　楼斗菜叶绣线菊果实

图 134-3　楼斗菜叶绣线菊叶片

135. 三裂绣线菊 *Spiraea trilobata* L.

灌木，小枝无毛，冬芽无毛，外被数枚鳞片。叶近圆形，长 1.7 ～ 3.0 cm，先端钝，常 3 裂，基部圆或近心形，稀楔形，中部以上具少数钝圆齿，两面无毛，基脉 3 ～ 5 条。伞形花序，具花序梗，无毛。花梗长 0.8 ～ 1.3 cm，无毛；苞片线形或倒披针形，上部深裂成细裂片；花径

6 ～ 8 mm；花萼无毛，萼片三角形；花瓣宽倒卵形，先端常微凹，长与宽均 2.5 ～ 4.0 mm；雄蕊 18 ～ 20 枚，比花瓣短；花盘约有 10 个大小不等裂片，裂片先端微凹；子房被柔毛，花柱比雄蕊短。蓇葖果开张，沿腹缝微被短柔毛或无毛，宿存花柱顶生，宿存萼片。花期 5—6 月，果期 7—8 月。

产神木、横山、绥德、清涧、延川。生于海拔 650 ～ 1880 m 的河岸岩石上或灌丛中。分布于我国东北、华北及甘肃、新疆、江苏、安徽、河南。朝鲜、俄罗斯也产。

树姿优美，枝叶繁密，叶片雅致，叶型奇特，花朵小巧密集，布满枝头，可形成一条条拱形的花带，宛如积雪。秋季随气温降低转为橘黄色，是秋色叶植物，可丰富园林中的色彩。宜在绿地中丛植或孤植，栽于庭院、公园、街道、山坡、小路两旁、草坪边缘，也可用作花篱、花境，作基础种植。是园林绿化中优良的观花观叶树种，也是用作切花、盆栽生产的良好材料。

图 135-1　三裂绣线菊叶和花蕾

图 135-2　三裂绣线花序

图 135-3　三裂绣线菊果实

图 135-4　三裂绣线菊秋季景观

136. 沙枣 *Elaeagnus angustifolia* L.

落叶乔木或小乔木，高 5 ~ 10 m，无刺或具刺，刺长 30 ~ 40 mm，棕红色，发亮。幼枝密被银白色鳞片，老枝鳞片脱落，红棕色，光亮。叶薄纸质，矩圆状披针形至线状披针形，长 3 ~ 7 cm，宽 1.0 ~ 1.3 cm，顶端钝尖或钝形，基部楔形，全缘，上面幼时具银白色圆形鳞片，成熟后部分脱落，带绿色，下面灰白色，密被白色鳞片，有光泽，侧脉不甚明显；叶柄纤细，银白色，长 5 ~ 10 mm。花银白色，直立或近直立，密被银白色鳞片，芳香，常 1 ~ 3 朵花簇生新枝基部最初 5 ~ 6 片叶的叶腋；花梗长 2 ~ 3 mm；萼筒钟形，长 4 ~ 5 mm，在裂片下面不收缩或微收缩，在子房上骤收缩，裂片宽卵形或卵状矩圆形，长 3 ~ 4 mm，顶端钝渐尖，内面被白色星状柔毛；雄蕊几无花丝，花药淡黄色，矩圆形，长 2.2 mm；花柱直立，无毛，上端甚弯曲；花盘明显，圆锥形，包围花柱的基部，无毛。果实椭圆形，长 9 ~ 12 mm，直径 6 ~ 10 mm，粉红色，密被银白色鳞片；果肉乳白色，粉质；果梗短，粗壮，长 3 ~ 6 mm。花期 5—6 月，果期 9 月。

产榆阳、靖边、定边。生于海拔 900 ~ 1500 m 的沙地。分布于我国华北、西北及辽宁、河南。中亚、西南亚、东欧也产。

叶形似柳而色灰绿，叶背有银白色光泽，开花时有桂花香味，花银白色而且美丽，是个颇有特色的树种。可用作行道树，庭院观赏树。最宜作盐碱和沙荒地区的绿化用，宜植为防护林。

图 136-1　沙枣植株

图 136-2　沙枣花和叶

图 136-3　沙枣果实

137. 翅果油树 *Elaeagnus mollis* Diels

落叶乔木或灌木状，高达数米。幼枝密被灰绿色星状绒毛和鳞片；芽球形。叶纸质，稀膜质，卵形或卵状椭圆形，长 6 ～ 9 cm，先端钝尖，基部钝或圆，上面深绿色，散生星状柔毛，下面灰绿色，密被灰白色星状柔毛，侧脉 6 ～ 10 对，在上面凹下，下面凸起；叶柄长 0.6 ～ 1.0（～ 1.5）cm。花灰绿色，下垂、芳香，密被灰白色星状绒毛，1 ～ 3（～ 5）朵花簇生幼枝叶腋；花梗长 3 ～ 4 mm，被星状毛；萼筒钟状，长 5 mm，在子房之上缢缩，裂片三角形或披针形，长 3.0 ～ 4.5 mm，内面疏生白色星状毛；萼筒长圆形或近球形，被星状毛和鳞片，具 8 肋；雄蕊 4 枚，花药长 1.6 mm，花柱直立，上部稍弯曲，下部密生绒毛。果近球形或宽椭圆形，长 1.3 cm，具 8 条翅状棱，果肉绵质，果核纺锤形，栗褐色，内面具丝状绵毛；子叶肥厚，富含油脂。花期 4—5 月，果期 8—9 月。

榆阳区可见。生于海拔 900 ～ 1300 m 的山地疏林中，分布于我国陕西南部及山西南部。

树形美观，双色叶，其发芽早、落叶晚，花芳香，花色雅致，果实美观、形似“宫灯”。可作为美化环境、净化、“四旁绿化”以及庭园美化的观赏树种，也可用于绿化荒山荒坡，改良土壤，防止水土流失。

图 137-1　翅果油树花

图 137-2　翅果油树双色叶

图 137-3　翅果油树果实

138. 中国沙棘 *Hippophae rhamnoides* L.subsp.*sinensis* Rousi

落叶灌木或乔木，高1～5 m，高山沟谷可达18 m，棘刺较多，粗壮，顶生或侧生；嫩枝褐绿色，密被银白色而带褐色鳞片或有时具白色星状柔毛，老枝灰黑色，粗糙；芽大，金黄色或锈色。单叶通常近对生，与枝条着生相似，纸质，狭披针形或矩圆状披针形，长30～80 mm，宽4～10（～13）mm，两端钝形或基部近圆形，基部最宽，上面绿色，初被白色盾形毛或星状柔毛，下面银白色或淡白色，被鳞片，无星状毛；叶柄极短，几无或长1.0～1.5 mm。果实圆球形，直径4～6 mm，橙黄色或橘红色；果梗长1.0～2.5 mm；种子小，阔椭圆形至卵形，有时稍扁，长3.0～4.2 mm，黑色或紫黑色，具光泽。花期4—5月，果期9—10月。

图 138-1　中国沙棘双色叶

图 138-2　中国沙棘果实

产榆阳、神木、靖边、吴堡、宜君、延安、安塞、志丹、甘泉、富县、黄龙、黄陵。生于海拔 800 ～ 3600 m 温带地区向阳的山嵴、谷地、干涸河床地或山坡，多砾石或沙质土壤或黄土上。分布于我国内蒙古、河北、山西、甘肃、青海及四川西部。

枝叶繁茂而有刺，秋季满树橙黄色或橘红色小球果，很美观。宜作刺篱、果篱用。果枝可插瓶供室内观赏。还可作防护林带、矿区生态修复材料。

图 138-3　中国沙棘植株

139. 酸枣 *Ziziphus jujuba* var.*spinosa* (Bunge) Hu ex H.F.Chow.

落叶灌木或小乔木，高 1 ～ 4 m；小枝呈“之”字形弯曲，褐色，托叶刺有 2 种，一种直伸，另一种常弯曲；叶互生，叶片椭圆形至卵状披针形，长 1.5 ～ 3.5 cm，宽 0.6 ～ 1.2 cm，边缘有细锯齿，基部 3 出脉。花黄绿色，2 ～ 3 朵簇生于叶腋。核果小，近球形或短矩圆形，熟时红褐色，长 0.7 ～ 1.2 cm，味酸，核两端钝。花期 6—7 月，果期 8—9 月。

产神木、府谷、榆阳、佳县、米脂、横山、绥德、清涧、延川、子长、甘泉、黄龙、黄陵。生于向阳、干燥山坡、丘陵、岗地或平原。分布于我国华北、西北及辽宁、山东、河南、江苏、安徽。朝鲜、俄罗斯也产。

叶形、果形美观，叶色亮绿，花芳香，果色鲜艳。其抗逆性强，能够快速适应环境的变化，自繁能力强。可用于绿篱，高速路、郊野公园绿化美化。

图 139-1 酸枣植株

图 139-2 酸枣花、叶

图 139-3 酸枣果实

140. 榆树 *Ulmus pumila* L.

落叶乔木，高达 25 m，胸径 1 m，在干瘠之地长成灌木状。幼树树皮平滑，灰褐色或浅灰色，大树之皮暗灰色，不规则深纵裂，粗糙；小枝无毛或有毛，淡黄灰色、淡褐灰色或灰色，稀淡褐黄色或黄色，有散生皮孔，无膨大的木栓层及凸起的木栓翅；冬芽近球形或卵圆形，芽鳞背面无毛，内层芽鳞的边缘具白色长柔毛。叶椭圆状卵形、长卵形、椭圆状披针形或卵状披针形，长 2 ～ 8 cm，宽 1.2 ～ 3.5 cm，先端渐尖或长渐尖，基部偏斜或近对称，一侧楔形至圆，另一侧圆至半心脏形，叶面平滑无毛，叶背幼时有短柔毛，后变无毛或部分脉腋有簇生毛，边缘具重锯齿或单锯齿，侧脉每边 9 ～ 16 条，叶柄长 4 ～ 10 mm，通常仅上面有短柔毛。花先叶开放，在上年生枝的叶腋成簇生状。翅果近圆形，稀倒卵状圆形，长 1.2 ～ 2.0 cm，除顶端缺口柱头面被毛外，余处无毛，果核部分位于翅果的中部，上端不接近或接近缺口，成熟前后其色与果翅相同，初淡绿色，后白黄色，宿存花被无毛，4 浅裂，裂片边缘有毛，果梗较花被为短，长 1 ～ 2 mm，被（或稀无）短柔毛。花果期 3—6 月（东北较晚）。

产神木、府谷、榆林、横山、靖边、绥德、清涧、延安、子长、安塞、甘泉、洛川。生于海拔 1000 ～ 2500 m 以下之山坡、山谷、川地、丘陵及沙岗等处。广布于我国东北、华北、西北及西南各省区。朝鲜、蒙古、俄罗斯及中亚也产。

树干通直，树形高大，绿荫较浓，秋季叶色红艳。适应性强，生长迅速，是城乡绿化的重要树种，多用作行道树、庭荫树，防护林及“四旁”绿化。在干旱贫瘠、严寒之地常呈灌木状，多用作绿篱。因其老茎残根萌芽力强，可自野外掘取制作盆景。也是营造防风林、水土保持林和盐碱地造林的主要树种。

图 140-1 榆树秋季景观

图 140-2 榆树花

图 140-3 榆树秋色叶

图 140-4 榆树果实

141. 葎草 *Humulus scandens* (Lour.) Merr.

缠绕草本植物，茎、枝、叶柄均具倒钩刺。叶纸质，肾状五角形，掌状 5 ～ 7 深裂，稀 3 裂，长宽均 7 ～ 10 cm，基部心形，上面疏被糙伏毛，下面被柔毛及黄色腺体，裂片卵状三角形，具锯齿；叶柄长 5 ～ 10 cm。雄花小，黄绿色，花序长 15 ～ 25 cm；雌花序径约 5 mm，苞片纸质，三角形，被白色绒毛；子房为苞片包被，柱头 2 枚，伸出苞片外。瘦果成熟时露出苞片外。花期春夏，果期秋季。

榆阳区有分布。多生于海拔 400 ～ 1500 m 的荒野、田间、路边、村落城郊附近及灌木丛中，分布我国南北各地。越南、日本、朝鲜及欧洲、北美也产。

枝蔓柔软，叶形奇特，大型圆锥花序粉绿色、粉红色，如烟似霞，花芳香，花期长。抗逆性强，生长速度快，茎叶覆盖面大，可作地被植物，用于岩石、古树干、灯柱、廊架、栅栏、围墙以及公路边坡等地绿化美化，也可作水土保持植物用于矿区生态修复。

图 141-1　葎草植株

图 141-2　葎草雄花序

图 141-3　葎草雌花序

142. 桑 *Morus alba* L.

乔木或为灌木，高 3 ～ 10 m 或更高，胸径可达 50 cm，树皮厚，灰色，具不规则浅纵裂；冬芽红褐色，卵形，芽鳞覆瓦状排列，灰褐色，有细毛；小枝有细毛。叶卵形或广卵形，长 5 ～ 15 cm，宽 5 ～ 12 cm，先端急尖、渐尖或圆钝，基部圆形至浅心形，边缘锯齿粗钝，有时叶为各种分裂，表面鲜绿色，无毛，背面沿脉有疏毛，脉腋有簇毛；叶柄长 1.5 ～ 5.5 cm，具柔毛；托叶披针形，早落，外面密被细硬毛。花单性，腋生或生于芽鳞腋内，与叶同时生出；雄花序下垂，长 2.0 ～ 3.5 cm，密被白色柔毛，雄花的花被片宽椭圆形，淡绿色，花丝在芽时内折，花药 2 室，球形至肾形，纵裂；雌花序长 1 ～ 2 cm，被毛，总花梗长 5 ～ 10 mm，雌花无梗，花被片倒卵形，顶端圆钝，外面和边缘被毛，两侧紧抱子房，无花柱，柱头 2 裂，内面有乳头状突起。聚花果卵状椭圆形，长 1.0 ～ 2.5 cm，成熟时红色或暗紫色。花期 4—5 月，果期 5—8 月。

本区域多见，在我国东北至西南各省区，西北直至新疆均有栽培。

树形优美，树冠丰满，枝叶茂密，夏季能观果，秋季可观叶；果实成熟时呈紫红色，簇簇拥拥，蔚为壮观，秋叶金黄，是良好的秋色叶树种；适生性强，管理容易，为城市绿化的先锋树种；宜孤植作庭荫树；也可与花灌木配置，果能吸引鸟类，宜构成鸟语花香的自然景观。公园、居民小区、厂矿绿地、单位绿地等都可以种植，也是农村“四旁”绿化的主要树种。

图 142-1　桑植株

图 142-2　桑果实

图 142-3　桑花序

图 142-4　桑秋季景观

143. 龙桑 *Morus alba* cv. Pendula

落叶小乔木，树高 5 m，树皮黄褐色，浅裂。枝条均呈龙游状扭曲，枝端多柔软下垂；幼枝有毛或光滑。叶片卵形或卵圆形，大而具光亮，长 15 ～ 18 cm，宽 4 ～ 8 cm，先端尖或钝，基部圆形或心脏形，边缘具粗锯齿或有时不规则分裂，表面无毛，背面脉上或脉腋有毛；叶柄长 1.0 ～ 2.5 cm。花单生，雌雄异株，腋生穗状花序。聚花果黑紫色或白色。花期 4 月，果期 5—6 月。

产神木、榆阳、米脂、宜君。生于海拔 1000 ～ 2000 m 的山地林中或灌丛；分布于我国华北、华东、华中、华南及辽宁、甘肃、台湾、四川、云南、西藏。印度、尼泊尔、不丹、缅甸、日本、朝鲜也产。

树冠宽阔，枝叶茂密，秋叶金黄，枝条呈龙游状，姿态优美。果形奇特，果色鲜艳。适于城区、工矿区、“四旁”绿化。可配置于庭院、公园、居住区、采摘园，成片、成行、散植、孤植均宜，还可盆栽观赏或制成相关工艺品。

图 143-1　龙桑叶、花序、幼果

图 143-2　龙桑冬季景观

图 143-3　龙桑秋季景观

144. 鸡桑 *Morus australis* Poir.

灌木或小乔木，树皮灰褐色，冬芽大，圆锥状卵圆形。叶卵形，长 5 ～ 14 cm，宽 3.5 ～ 12.0 cm，先端急尖或尾状，基部楔形或心形，边缘具粗锯齿，不分裂或 3 ～ 5 裂，表面粗糙，密生短刺毛，背面疏被粗毛；叶柄长 1.0 ～ 1.5cm，被毛；托叶线状披针形，早落。雄花序长 1.0 ～ 1.5 cm，被柔毛，雄花绿色，具短梗，花被片卵形，花药黄色；雌花序球形，径约 1 cm，密被白色柔毛，雌花花被片长圆形，暗绿色，花柱很长，柱头 2 裂，内面被柔毛。聚花果短椭圆形，直径约 1 cm，成熟时红色或暗紫色。花期 3—4 月，果期 4—5 月。

分布于我国辽宁、河北、陕西、甘肃、山东、安徽、浙江、江西、福建、台湾、河南、湖北、湖南、广东、广西、四川、贵州、云南、西藏等省区。常生于海拔 500 ～ 1000 m 石灰岩山地或林缘及荒地。

树形美观，叶形奇特，秋叶金黄。可用于公园、庭院、居住区、街心公园绿化美化，孤植、丛植、片植均适宜。

图 144　鸡桑

145. 南蛇藤 *Celastrus orbiculatus* Thunb.

藤状灌木。小枝无毛。叶宽倒卵形、近圆形或椭圆形，长 5 ~ 13 cm，先端圆，具小尖头或短渐尖，基部宽楔形或近圆，具锯齿，两面无毛或下面沿脉疏被柔毛，侧脉 3 ~ 5 对；叶柄长 1 ~ 2 cm。聚伞花序，腋生，间有顶生，花序长 1 ~ 3 cm，有 1 ~ 3 朵花。关节在花梗中下部或近基部；雄花萼片钝三角形；花瓣倒卵状椭圆形或长圆形，长 3 ~ 4 cm；花盘浅杯状，裂片浅；雄蕊长 2 ~ 3 mm；雌花花冠较雄花窄小；子房近球形；退化雄蕊长约 1 mm。蒴果近球形，径 0.8 ~ 1.0 cm。种子椭圆形，赤褐色，长 4 ~ 5 mm。花期 5—6 月，果期 7—10 月。

产神木、榆阳、延安、宜川、黄龙、富县、宜君、耀州。生于海拔 780 ~ 2500 m 的山地灌丛或杂木林中。分布于我国东北、华北及甘肃、山东、江苏、安徽、浙江、江西、湖北、四川。日本、朝鲜也产。

南蛇藤的果实成熟后，里面是红红的果实，外面是金黄色的萼，所以也被叫为金红树。

大型藤本植物，植株姿态优美，秋季叶片经霜变红或变黄时，美丽壮观；成熟的累累硕果，

图 145-1　南蛇藤植株

图 145-2　南蛇藤秋季景观

图 145-3　南蛇藤果实

图 145-4　南蛇藤种子

竞相开裂，露出鲜红色的假种皮，宛如颗颗宝石；茎、蔓、叶、果都具有较高的观赏价值，以周边植物或山体岩石为攀援对象，远望形似一条蟒蛇在林间、岩石上爬行，蜿蜒曲折。种植于坡地、林缘及假山、石隙等处颇具野趣；在湖畔、塘边、溪旁、河岸种植南蛇藤，倒映成趣。若剪取成熟果枝瓶插，装点居室，也能满室生辉。

146. 矮卫矛 *Euonymus nanus* Bieb.

小灌木，直立或有时匍匐，高约 1 m。枝具多数纵棱，绿色。叶互生或 3 叶轮生，稀兼有对生，线形或线状披针形，长 1.5 ～ 3.5 cm，先端钝，具短刺尖，基部钝或渐窄，具疏短刺齿，常反卷，侧脉不明显；近无柄。聚伞花序，有 1 ～ 3 朵花；花序梗细长，丝状，长 2 ～ 3 cm。花梗丝状，长 0.8 ～ 1.6 cm，紫棕色；花 4 数，紫绿色，径 7 ～ 8 mm；雄蕊无花丝；子房每室 3 ～ 4 胚珠。蒴果熟时粉红色，扁圆形，径约 9 mm，4 浅裂。种子扁球形，棕色；假种皮橙红色，包被种子一半。

产神木、定边、子洲、吴起。生于海拔 1700 ～ 1900 m 的山坡灌丛或杂木林中；分布于我国内蒙古、山西、宁夏、甘肃、青海。蒙古、俄罗斯及欧洲也产。

植株低矮，枝叶茂盛，春夏叶色深绿，秋叶红艳耀目，果裂亦红，甚为美观，适宜在林缘、林下做地被，也可点缀墙角、山石、老树等，或用于城市园林、道路、公路绿化的绿篱带、色带拼图和造型，掩盖墙面、山石，或攀援在花格之上，形成一个垂直绿色屏障。还可做盆景观赏。

图 146-1　矮卫矛叶片

图 146-2　矮卫矛植株

147. 白杜 *Euonymus maackii* Rupr

落叶小乔木，高达 6 m。小枝圆柱形。叶对生，卵状椭圆形、卵圆形或窄椭圆形，长 4 ~ 8 cm，宽 2 ~ 5 cm，先端长渐尖，基部宽楔形或近圆，边缘具细锯齿，有时深而锐利，侧脉 6 ~ 7 对；叶柄长 1.5 ~ 3.5 cm，有时较短。聚伞花序，有 3 至多朵花；花序梗微扁，长 1 ~ 2 cm。花 4 数，淡白绿或黄绿色，径约 8 mm；花萼裂片半圆形；花瓣长圆状倒卵形；雄蕊生于 4 圆裂花盘上，花丝长 1 ~ 2 mm，花药紫红色；子房四角形，4 室，每室 2 胚珠。蒴果倒圆心形，4 浅裂，径 0.9 ~ 1.0 cm，熟时粉红色。种子棕黄色，长椭圆形，长 5 ~ 6 mm；假种皮橙红色，全包种子。

产榆阳、横山、绥德、靖边、吴起、安塞、延川、延安、甘泉、洛川、黄龙。生于海拔 640 ~ 1600 m 的山坡灌丛中。分布于我国东北、华北、华东及甘肃、新疆、河南、湖北、贵州、云南。日本、朝鲜、俄罗斯远东地区也产，欧洲、北美有引种。

树冠卵形或卵圆形，枝叶秀丽，入秋蒴果粉红色，果实有突出的四棱角，开裂后露出橘红色假种皮，在树上悬挂长达 2 个月，引来鸟雀成群。枝、叶、果俱美，宜植于林缘、草坪路旁、湖边及溪畔，也可用作防护林或工厂绿化树种。无论孤植，还是栽于行道，皆有风韵。

图 147-1　白杜新叶

147-2　白杜果实

147-3　白杜花

图 147-4　白杜秋季景观图

148. 裂叶堇菜 *Viola dissecta* Ledeb.

多年生草本植物，无地上茎，植株高度变化大，花期高 3 ～ 17 cm，果期高 4 ～ 34 cm。根状茎垂直，缩短，长约 5 ～ 12 mm，粗 3 ～ 8 mm，节密，常自下部发出数条较肥厚的淡黄色根。基生叶叶片轮廓呈圆形、肾形或宽卵形，长 1.2 ～ 9.0 cm，宽 1.5 ～ 10.0 cm，通常 3 全裂，稀 5 全裂，两侧裂片具短柄，常 2 深裂，中裂片 3 深裂，裂片线形、长圆形或狭卵状披针形，宽 0.2 ～ 3.0 cm，边缘全缘或疏生不整齐缺刻状钝齿，抑或近羽状浅裂，最终裂片全缘，通常有细缘毛，幼叶两面被白色短柔毛，后变无毛或仅上面疏生短柔毛，下面叶脉明显隆起并被短柔毛或无毛；叶柄长度、毛被物等常因植株个体不同变化较大，长 1.5 ～ 24.0 cm，幼叶之柄常被短柔毛，后变秃净无毛；托叶近膜质，苍白色至淡绿色，约 2/3 以上与叶柄合生，离生部分狭披针形，先端渐尖，边缘疏生细齿。花较大，淡紫色至紫堇色；花梗通常与叶等长或稍超出于叶，果期通常比叶短，有毛或无毛；在花梗中部以下有 2 枚线形小苞片；萼片卵形，长圆状卵形或披针形，长 4 ～ 7 mm，先端稍尖，边缘狭膜质，具 3 脉，基部附属物短，长约 1.0 ～ 1.5 mm，末端截形，全缘或具 1 ～ 2 个细齿；上方花瓣长倒卵形，长 8 ～ 13 mm，宽 6 ～ 9 mm，上部微向上反曲，侧方花瓣长圆状倒卵形，长 7 ～ 10 mm，宽约 6 mm，里面基部有长须毛或疏生须毛，下方花瓣连距长 1.4 ～ 2.2 cm；距明显，圆筒形，长 4 ～ 8 mm，粗 2 ～ 3 mm，末端钝而稍膨胀；花药长 1.5 ～ 2.0 mm，药隔顶端附属物长 1.5 ～ 2.0 mm，下方雄蕊之距细长，长 3 ～ 5 mm，粗 0.5 ～ 0.7 mm；子房卵球形，长约 1.8 mm，无毛，花柱棍棒状，长 2.0 ～ 2.5 mm，基部稍细并微向前方膝曲，柱头两侧及后方具稍增厚而直展的缘边，前方具短喙，喙端具明显的柱头孔。蒴果长圆形或椭圆形，长 7 ～ 18 mm，先端尖，果皮坚、硬，无毛。花期较长，自 4—9 月，果期 5—10 月。

产神木、榆阳、靖边、绥德、洛川。生于海拔 1100 ～ 1300 m 的山地林下。分布于我国东北、华北及山东、宁夏、甘肃、青海、四川北部。朝鲜、蒙古、俄罗斯也产。

植株低矮，叶片清秀，花梗纤细，花型精致，开花后上方及侧方花瓣常反展，形似蝴蝶翩翩起舞，下方及上方花瓣上常具斑纹，惹人喜爱。花色朴素典雅。开花早，花期长，可盆栽或用于林下地被、花境材料。

图 148-1　裂叶堇菜植株

图 148-2　裂叶堇菜花

149. 紫花地丁 *Viola philippica* Cav.

多年生草本植物，无地上茎，高 4 ~ 14 cm，果期高可达 20 余厘米。根状茎短，垂直，淡褐色，长 4 ~ 13 mm，粗 2 ~ 7 mm，节密生，有数条淡褐色或近白色的细根。叶多数，基生，莲座状；叶片下部者通常较小，呈三角状卵形或狭卵形，上部者较长，呈长圆形、狭卵状披针形或长圆状卵形，长 1.5 ~ 4.0 cm，宽 0.5 ~ 1.0 cm，先端圆钝，基部截形或楔形，稀微心形，边缘具较平的圆齿，两面无毛或被细短毛，有时仅下面沿叶脉被短毛，果期叶片增大，长可达 10 余厘米，宽可达 4 cm；叶柄在花期通常长于叶片 1 ~ 2 倍，上部具极狭的翅，果期长可达 10 余厘米，上部具较宽之翅，无毛或被细短毛；托叶膜质，苍白色或淡绿色，长 1.5 ~ 2.5 cm，2/3 ~ 4/5 与叶柄合生，离生部分线状披针形，边缘疏生具腺体的流苏状细齿或近全缘。花中等大，紫堇色或淡紫色，稀呈白色，喉部色较淡并带有紫色条纹；花梗通常多数，细弱，与叶片等长或高出于叶片，无毛或有短毛，中部附近有 2 枚线形小苞片；萼片卵状披针形或披针形，长 5 ~ 7 mm，先端渐尖，基部附属物短，长 1.0 ~ 1.5 mm，末端圆或截形，边缘具膜质白边，无毛或有短毛；花瓣倒卵形或长圆状倒卵形，侧方花瓣长 1.0 ~ 1.2 cm，里面无毛或有须毛，下方花瓣连距长 1.3 ~ 2.0 cm，里面有紫色脉纹；距细管状，长 4 ~ 8 mm，末端圆；花药长约 2 mm，药隔顶部的附属物长约 1.5 mm，下方 2 枚雄蕊背部的距细管状，长 4 ~ 6 mm，末端稍细；子房卵形，无毛，花柱棍棒状，比子房稍长，基部稍膝曲，柱头三角形，两侧及后方稍增厚成微隆起的缘边，顶部略平，前方具短喙。蒴果长圆形，长 5 ~ 12 mm，无毛；种子卵球形，长 1.8 mm，淡黄色。花果期 4 月中下旬至 9 月。

图 149-1　紫花地丁群落

产神木、榆阳、绥德、米脂、清涧、子洲。生于田间、荒地、山坡草丛、林缘或灌丛中。在庭园较湿润处常形成小群落。

植株饱满而矮小，生长整齐，株丛紧密，返青早、叶色深绿，花形奇特，花色鲜艳，花期早且集中，适用于花坛构图，花园边缘、盆栽、花篮和庭院装饰等，也可作地被植物，可大面积群植成缀花草坪。

图 149-2　紫花地丁花

图 149-3　紫花地丁果实

150. 早开堇菜 *Viola prionantha* Bunge

多年生草本植物，无地上茎，高达 10（～ 20）cm。根状茎垂直。叶多数，均基生，叶在花期长圆状卵形、卵状披针形或窄卵形，长 1.0 ～ 4.5 cm，基部微心形、平截或宽楔形，稍下延，幼叶两侧常向内卷折，密生细圆齿，两面无毛或被细毛，果期叶增大，呈三角状卵形，基部常宽心形；叶柄较粗，上部有窄翅，托叶苍白色或淡绿色，干后呈膜质，2/3 与叶柄合生，离生部分线状披针形，疏生细齿。花紫堇色或紫色，喉部色淡有紫色条纹，径 1.2 ～ 1.6 cm；花梗高于叶，近中部有 2 线形小苞片；萼片披针形或卵状披针形，长 6 ～ 8 mm，具白色膜质缘，基部附属物末端具不整齐牙齿或近全缘；上方花瓣倒卵形，无须毛，长 0.8 ～ 1.1 cm，向上反曲，侧瓣长圆状倒卵形，内面基部常有须毛或近无毛，下瓣连距长 1.4 ～ 2.1 cm，距粗管状，末端微向上弯；柱头顶部平或微凹，两侧及后方圆或具窄缘边，

图 150-1　早开堇菜群落

前方具不明显短喙，喙端具较窄的柱头孔。蒴果长椭圆形，无毛。花果期 4 月上中旬至 9 月。

产榆阳、横山、靖边。生于海拔 300 ~ 1700 m 的荒野或林下。分布于我国东北、华北及宁夏、甘肃、青海、山东、河南、四川。朝鲜、俄罗斯也产。生于山坡草地、沟边或宅旁等向阳处。

植株饱满而矮小，生长整齐，株丛紧密，返青早、叶色嫩绿，花形奇特，花色鲜艳，花姿轻盈飘柔，清新脱俗，开花早，观赏期极长，入秋茎叶仍青翠如初，花旁伴有针状小果。适用于公园、庭院观赏，可作花坛或花境的地被植物，也可点缀岩石园、营造花海，制作成盆景用于窗台、书桌、台架等室内布置。

图 150-2　早开堇菜花

图 150-3　早开堇菜果实

图 150-4　早开堇菜种子

151. 斑叶堇菜 *Viola variegata* Fisch ex Link

多年生草本植物，无地上茎，高 3 ～ 12 cm。叶均基生，呈莲座状，叶片圆形或圆卵形，长 1.2 ～ 5.0 cm，宽 1.0 ～ 4.5 cm，先端圆形或钝，基部明显呈心形，边缘具平而圆的钝齿，上面暗绿色或绿色，沿叶脉有明显的白色斑纹，下面通常稍带紫红色；叶柄长短不一，长 1 ～ 7 cm，上部有极狭的翅或无翅，被短粗毛或近无毛；托叶淡绿色或苍白色，近膜质，2/3 与叶柄合生，离生部分披针形，先端渐尖，边缘疏生流苏状腺齿。花红紫色或暗紫色，下部通常色较淡，长 1.2 ～ 2.2 cm；花梗长短不等，超出于叶或较叶稍短，通常带紫红色，有短毛或近无毛，在中部有 2 枚线形的小苞片；萼片通常带紫色，长圆状披针形或卵状披针形；花瓣倒卵形，长 7 ～ 14 mm，侧方花瓣里面基部有须毛，下方花瓣基部白色并有堇色条纹，连距长 1.2 ～ 2.2 cm；距筒状，长 3 ～ 8 mm，粗或较细，末端钝，直或稍向上弯。蒴果椭圆形，长约 7 mm，无毛或疏生短毛；幼果球形，通常被短粗毛。种子淡褐色，小形，长约 1.5 mm，附属物短。花期 4 月下旬至 8 月，果期 6—9 月。

产神木、榆阳、黄龙。生于山坡草地、林下、灌丛中或阴处岩石缝隙中。分布于我国黑龙江、吉林、辽宁、内蒙古（锡林郭勒盟）、河北、山西、甘肃（平凉、庆阳）、安徽。朝鲜、日本、俄罗斯远东地区也有分布。

植株清秀，叶形美观，叶片通常呈圆形，正面绿色并沿叶脉有明显的白色斑状条带，背面常带紫红色。美丽叶丛上的花朵随风摇动，似蝴蝶翩翩起舞，花形奇特，花色淡雅。花与叶均有较高的观赏价值。是良好的窗盒、种植钵、地被和花海材料，也可作盆栽或切花。

图 151-1　斑叶堇菜叶

图 151-2　斑叶堇菜花

152. 胡杨 *Populus euphratica* Oliv.

乔木，高达 15 m。萌枝细，圆形，光滑或微有绒毛。芽椭圆形，光滑。萌枝叶披针形或线状披针形，全缘或有不规则疏波状牙齿；枝内富含盐分，有咸味。叶卵圆形、卵圆状披针形、三角状卵圆形或肾形，上部有粗牙齿，基部有 2 腺点，两面均灰蓝色，无毛；叶柄微扁，约与叶片等长，萌枝叶柄长 1 cm，有绒毛或光滑。雄花序细圆柱形，长 2 ～ 3 cm，轴有绒毛，雄蕊 15 ～ 25 枚，花药紫红色，花盘膜质，边缘有不规则牙齿，早落；苞片略菱形，长约 3 mm，上部有疏牙齿；雌花序长约 2.5 cm，花序轴有绒毛或无毛，子房被绒毛或无毛，子房柄与子房近等长，柱头 3 或 2 浅裂，鲜红或黄绿色。果序长达 9 cm；蒴果长卵圆形，长 1.0 ～ 1.2 cm，2 ～ 3 瓣裂，无毛。花期 5 月，果期 7—8 月。

产靖边统万城附近，生于无定河二级阶地，榆林有引种栽培。分布于我国内蒙古西部、甘肃、青海、新疆。中亚及蒙古、印度、阿富汗、巴基斯坦也产。

树型优美，高大挺拔，叶形多样，叶色多变。春夏季为蓝绿色，秋天为金黄色，当第一场秋霜飘落大地，大片的胡杨树叶由绿变黄，一眼望去，阳光下金色的树叶衬着湛蓝的天空于风中婆娑起舞，那强烈的反差，鲜明的影调，亮丽的色彩，足以令任何语言文字显得苍白无力。其“意、形、影、色”均具有较高的观赏价值，可孤植、列植作园景树、行道树。

图 152-1　胡杨秋季景观

图 152-2 胡杨异型叶

图 152-3 胡杨变色期

153. 小叶杨 *Populus simonii* Carr.

乔木，高达 20 m，胸径 50 cm 以上。树皮幼时灰绿色，老时暗灰色，沟裂；树冠近圆形。幼树小枝及萌枝有明显棱脊，常为红褐色，后变黄褐色，老树小枝圆形，细长而密，无毛。芽细长，先端长渐尖，褐色，有黏质。叶菱状卵形、菱状椭圆形或菱状倒卵形，长 3 ～ 12 cm，宽 2 ～ 8 cm，中部以上较宽，先端突急尖或渐尖，基部楔形、宽楔形或窄圆形，边缘平整，细锯齿，无毛，上面淡绿色，下面灰绿或微白，无毛；叶柄圆筒形，长 0.5 ～ 4.0 cm，黄绿色或带红色。雄花序长 2 ～ 7 cm，花序轴无毛，苞片细条裂，雄蕊 8 ～ 9（～ 25）枚；雌花序长 2.5 ～ 6.0 cm；苞片淡绿色，裂片褐色，无毛，柱头 2 裂。果序长达 15 cm；蒴果小，2（～ 3）瓣裂，无毛。花期 3—5 月，果期 4—6 月。

产神木、府谷、佳县、横山、榆林、靖边、绥德、宜君、延安、志丹、吴起、甘泉、洛川、宜川。多生于海拔 1300 m 左右的河岸及溪旁，村庄路旁常见栽培。我国东北、华北、华中、西北及西南各省区均有分布。

树形美观，叶片秀丽，秋叶金黄，干皮纹理别致。生长快速，适应性强，可用于防风固沙、保持水土、固堤护岸及绿化观赏树种；城郊可选小叶杨作行道树和防护林，也是水湿地带、“四旁”绿化的良好材料。

图 153-1 小叶杨雌花序

图 153-2 小叶杨雄花序

图 153-3　小叶杨秋季景观

图 153-4　小叶杨干皮

154. 乌柳 *Salix cheilophila* Schneid.

灌木或小乔木，高达 5.4 m。枝初被绒毛或柔毛，后无毛，灰黑色或黑红色。芽具长柔毛。叶线形或线状倒披针形，长 2.5 ～ 3.5（～ 5.0）cm，宽 3 ～ 5（～ 7）mm，先端渐尖或具短硬尖，基部渐尖，稀钝，上面绿色，疏被柔毛，下面灰白色，密被绢状柔毛，中脉显著突起，边缘外卷，上部具腺锯齿，下部全缘；叶柄长 1 ～ 3 mm，具柔毛。花序与叶同时开放，近无梗，基部具 2 ～ 3 小叶；雄花序长 1.5 ～ 2.3 cm，直径 3 ～ 4 mm，密花；雄蕊 2 枚，完全合生，花丝无毛，花药黄色，4 室；苞片倒卵状长圆形，先端钝或微缺，基部具柔毛；腺体 1，腹生，狭长圆形，先端稀浅 2 裂；雌花序长 1.3 ～ 2.0 cm，粗 1 ～ 2 mm（果序长可达 3.5 cm），密花，花序轴具柔毛；子房卵形或卵状长圆形，密被短毛，无柄，花柱短或无，柱头小；苞片近圆形，长为子房的 2/3；腺体同雄花。蒴果，长 3 mm。花期 4—5 月，果期 5 月。

图 154-1　乌柳雄花序

图 154-2　乌柳果序

广布于陕北，生于海拔 750 ～ 1900 m 的山坡或河岸。分布于我国华北、西南及河南、宁夏、甘肃、青海。

树形美观，枝条细柔，颜色红艳，美丽乡村、城市景观、道路景观、农田景观、山体景观、湿地景观建设的主要树种，也是陕北荒坡、荒地以及矿区生态修复的理想先锋树种。

图 154-3　乌柳植株

155. 旱柳 *Salix matsudana* Koidz.

乔木，高达 18 m，胸径达 80 cm。大枝斜上，树冠广圆形；树皮暗灰黑色，有裂沟；枝细长，直立或斜展，浅褐黄色或带绿色，后变褐色，无毛，幼枝有毛。芽微有短柔毛。叶披针形，长 5 ～ 10 cm，宽 1.0 ～ 1.5 cm，先端长渐尖，基部窄圆形或楔形，上面绿色，无毛，有光泽，下面苍白色或带白色，有细腺锯齿缘，幼叶有丝状柔毛；叶柄短，长 5 ～ 8 mm，在上面有长柔毛；托叶披针形或缺，边缘有细腺锯齿。花序与叶同时开放；雄花序圆柱形，长 1.5 ～ 2.5（～ 3.0）cm，粗约 6 ～ 8 mm，多少有花序梗，轴有长毛；雄蕊 2 枚，花丝基部有长毛，花药卵形，黄色；苞片卵形，黄绿色，先端钝，基部多少有短柔毛；腺体 2 个；雌花序较雄花序短，长 2 cm，粗 4 mm，有 3 ～ 5 小叶生于短花序梗上，轴有长毛；子房长椭圆形，近无柄，无毛，无花柱或很短，柱头卵形，近圆裂；苞片同雄花；腺体 2 个，背生和腹生。果序长达 2.0（～ 2.5） cm。花期 4 月，果期 4—5 月。

陕北常见树种。广布于我国东北、华北、西北及江苏、浙江。日本、朝鲜、俄罗斯远东地区也产。

大型落叶乔木，树冠丰满，枝叶浓密。树干直立或斜展，姿态优美，枝条柔软细嫩。叶的背面苍白色或带白色，叶的正面春夏柔软嫩绿，秋季金黄明亮。最宜沿河湖岸边及低湿处、草地上栽植，亦可作行道树、防护林及沙荒造林等用。

图 155-1 旱柳植株

图 155-2 旱柳秋季景观

156. 北沙柳 *Salix psammophila* C. Wang et Chang Y. Yang

灌木，高 3～4 m。当年枝初被短柔毛，后几无毛，上年生枝淡黄色，常在芽附近有一块短绒毛。叶线形，长 4～8 cm，宽 2～4 mm（萌条叶长至 12 cm），先端渐尖，基部楔形，边缘疏锯齿，上面淡绿色，下面带灰白色，幼叶微有绒毛，成叶无毛；叶柄长约 1 mm；托叶线形，常早落（萌枝上的托叶常较长）。花先叶或几与叶同时开放，花序长 1～2 cm，具短花序梗和小叶片，轴有绒毛；苞片卵状长圆形，先端钝圆，外面褐色，稀较暗，无毛，基部有长柔毛；腺体 1 个，腹生，细小；雄蕊 2 枚，花丝合生，基部有毛，花药 4 室，黄色；子房卵圆形，无柄，被绒毛，花柱明显，长约 0.5 mm，柱头 2 裂，具开展的裂片。花期 3—4 月，果期 5 月。

产陕北长城沿线风沙区。生于海拔 1000～1530 m 的沙滩或田坎；分布于我国内蒙古、山西、宁夏。

树形美观，枝叶繁茂，花形奇特，秋季叶色金黄。抗旱性强，抗风沙，繁殖容易，生长速度快。可以作园景树、行道树、防护林带等种植。

图 156-1 北沙柳雄花序

图 156-2 北沙柳果序

图 156-3　北沙柳灌丛

图 156-4　北沙柳秋季景观

157. 乳浆大戟 *Euphorbia esula* L.

多年生草本植物。茎单生或丛生，单生时自基部多分枝，高 30 ～ 60 cm，直径 3 ～ 5 mm；不育枝常发自基部，较矮，有时发自叶腋。叶线形至卵形，变化极不稳定，先端尖或钝尖，基部楔形至平截，无叶柄，不育枝叶常为松针状；总苞叶 3 ～ 5 枚，与茎生叶同形；伞幅 3 ～ 5，长 2 ～ 4（～ 5）cm；苞叶 2 枚，常为肾形，少为卵形或三角状卵形，先端渐尖或近圆，基部近平截。花序单生于二歧分枝的顶端，基部无柄；总苞钟状，边缘 5 裂，裂片半圆形至三角形。蒴果三棱状球形，长与直径均 5 ～ 6 mm，具 3 个纵沟；花柱宿存；成熟时分裂为 3 个分果爿。种子卵球状，长 2.5 ～ 3.0 mm，直径 2.0 ～ 2.5 mm，成熟时黄褐色；种阜盾状，无柄。花果期 4—10 月。

产神木、榆阳、横山、靖边、定边、绥德、子洲、洛川。多生于海拔 420 ～ 1900 m 的荒地、草坡、田埂或灌丛下。我国除西藏、云南、贵州、海南外，其他各省区均有分布。日本、朝鲜及中亚、西南亚、欧洲也产，在北美已归化。

植株低矮，花序有规律，花形奇特，像猫的眼睛，新叶嫩黄绿色，素雅秀丽。可作为园林地被植物处于空间植物配置的下层，可于林下大面积种植，也可配植于林缘、路缘、花境、草坪、大型花坛、岩石园和假山旁等处，丛植、片植和群植的效果均较好。还可用于重金属污染土壤的修复和绿化。

图 157-1 乳浆大戟花

图 157-2 乳浆大戟植株

158. 一叶萩 *Flueggea suffruticosa* (Pall.) Baill.

灌木，高 1 ～ 3 m，多分枝。小枝浅绿色，近圆柱形，有棱槽，有不明显的皮孔；全株无毛。叶片纸质，椭圆形或长椭圆形，稀倒卵形，顶端急尖至钝，基部钝至楔形，全缘或间中有不整齐的波状齿或细锯齿，下面浅绿色；侧脉每边 5 ～ 8 条，两面凸起，网脉略明显；托叶卵状披针形，长 1 mm，宿存。花小，雌雄异株，簇生于叶腋；雄花 3 ～ 18 朵簇生；雌花花盘盘状，全缘或近全缘。蒴果三棱状扁球形，直径约 5 mm，成熟时淡红褐色，有网纹，3 爿裂；果梗长 2 ～ 15 mm，基部常有宿存的萼片；种子卵形而一侧扁压状，长约 3 mm，褐色而有小疣状凸起。花期 3—8 月，果期 6—11 月。

产榆阳、米脂。生长于海拔 800 ～ 2500 m 的山坡灌丛中或山沟、路边，我国各省区均有分布。

枝条常垂落，疏影婆娑，青翠茂盛；花开时绿叶间点缀着犹如繁星的花朵，甚是好看。春季叶色翠绿，秋季会转为黄绿或浅红，是林下色叶灌木的点缀，可栽植于假山、水池、水岸，路边或较为贫瘠的石滩，增加自然野趣，也可作护坡及遮蔽污地之用。

图 158　一叶萩

159. 牻牛儿苗 *Erodium stephanianum* Willd.

多年生草本植物，高通常 15 ～ 50 cm，根为直根，较粗壮，少分枝。茎多数，仰卧或蔓生，具节，被柔毛。叶对生；托叶三角状披针形，分离，被疏柔毛，边缘具缘毛；基生叶和茎下部叶具长柄，柄长为叶片的 1.5 ～ 2.0 倍，被开展的长柔毛和倒向短柔毛；叶片轮廓卵形或三角状卵形，基部心形，长 5 ～ 10 cm，宽 3 ～ 5 cm，二回羽状深裂，小裂片卵状条形，全缘或具疏齿，表面被疏伏毛，背面被疏柔毛，沿脉被毛较密。伞形花序，腋生，明显长于叶，总花梗被开展长柔毛和倒向短柔毛，每梗具 2 ～ 5 朵花；苞片狭披针形，分离；花梗与总花梗相似，等于或稍长于花，花期直立，果期开展，上部向上弯曲；萼片矩圆状卵形，长 6 ～ 8 mm，宽 2 ～ 3 mm，先端具长芒，被长糙毛，花瓣紫红色，倒卵形，等于或稍长于萼片，先端圆形或微凹；雄蕊稍长于萼片，花丝紫色，中部以下扩展，被柔毛；雌蕊被糙毛，花柱紫红色。蒴果长约 4 cm，密被短糙毛。种子褐色，具斑点。花期 6—8 月，果期 8—9 月。

陕北各地常见。生于海拔 540 ～ 2800 m 的荒坡、草地、河滩、田边或灌丛下。分布于我国东北、华北、华中、西北及山东、安徽、江苏、江西、四川、贵州、西藏。阿富汗、巴基斯坦、克什米尔地区、尼泊尔、吉尔吉斯斯坦、蒙古、朝鲜、俄罗斯也产。

植株低矮，常匍匐生长，叶形、花形、果形奇特，叶色翠绿，花色清新淡雅，可布置花坛、作观花地被植物栽植，也可盆栽作室内阳台、窗台装饰。

图 159-1　牻牛儿苗植株

图 159-2　牻牛儿苗花

图 159-3　牻牛儿苗果实

160. 鼠掌老鹳草 *Geranium sibiricum* L.

多年生草本植物，高达 70 cm。具直根。茎仰卧或近直立，疏被倒向柔毛。叶对生，肾状五角形，长 3 ～ 6 cm，宽 4 ～ 8 cm，基部宽心形，掌状 5 深裂，裂片倒卵形、菱形或长椭圆形，先端锐尖，中部以上齿状羽裂或齿状深缺刻，下部楔形，两面疏被伏毛。花序梗粗，腋生，长于叶，被倒向柔毛，具 1 朵花，稀 2 朵花。萼片卵状椭圆形或卵状披针形，长约 5 mm，背面沿脉疏被柔毛；花瓣倒卵形，白或淡紫红色，等于或稍长于萼片，先端微凹或缺刻。蒴果长 1.5 ～ 1.8 cm，疏被柔毛，果柄下垂。花期 6—7 月，果期 8—9 月。

陕北地区均产。生于海拔 570 ～ 2150 m 的草地、河滩、田边、灌丛或林下。分布几遍全国。欧洲、中亚、西亚、巴基斯坦、蒙古、日本、朝鲜、俄罗斯也产。

植株低矮，叶形奇特，花被蓝、粉、紫晕，有条纹，富于变化，花瓣散发着珍珠般的光泽，具香气，花瓣上的紫色纹路像是紫色的血管，整体看起来高贵而典雅，花期长，果实有着很长的喙，看着就好像老鹳鸟的长嘴一样，因此而得名。可作花境植物、地被植物，或在灌木间填补空隙，特别适合于乡村花园在月季间的种植。

图 160-1　鼠掌老鹳草植株

图 160-2　鼠掌老鹳草花

图 160-3　鼠掌老鹳草花序

161. 千屈菜 *Lythrum salicaria* L.

多年生草本植物。根茎横卧于地下，粗壮；茎直立，多分枝，高 30 ～ 100 cm，全株青绿色，略被粗毛或密被绒毛，枝通常具 4 棱。叶对生或三叶轮生，披针形或阔披针形，长 4 ～ 6（～ 10）cm，宽 8 ～ 15 mm，顶端钝形或短尖，基部圆形或心形，有时略抱茎，全缘，无柄。花组成小聚伞花序，簇生，因花梗及总梗极短，因此花枝全形似一大型穗状花序；苞片阔披针形至三角状卵形，长 5 ～ 12 mm；萼筒长 5 ～ 8 mm，有纵棱 12 条，稍被粗毛，裂片 6 枚，三角形；附属体针状，直立，长 1.5 ～ 2.0 mm；花瓣 6 枚，红紫色或淡紫色，倒披针状长椭圆形，基部楔形，长 7 ～ 8 mm，着生于萼筒上部，有短爪，稍皱缩；雄蕊 12 枚，6 长 6 短，伸出萼筒之外；子房 2 室，花柱长短不一。蒴果扁圆形。

产神木、榆阳、横山、靖边、延川、延安、宜川、黄陵、黄龙、宜君。生于海拔 420 ～ 1800 m 的荒野湿地或水边。分布几遍全国。广布于东亚、北非、欧洲及北美。

株丛整齐清秀，花色鲜艳夺目，姿态娟秀洒脱，花期长，秋季叶色变红色，是景观中优良的竖线条材料，成片布置于河岸边、沼泽园、水池中，可衬托睡莲、荷花的美色，也可遮挡单调的驳岸，协调水面和岸上的景观。也可用于园林道路的两侧或花境种植。

图 161-1　千屈菜花序

图 161-2　千屈菜植株

162. 柳叶菜 *Epilobium hirsutum* L.

多年生草本植物。茎高达 2.5 m，多分枝，密被伸展长柔毛，常混生短腺毛，花序上较密，稀密被白色绵毛。叶草质，对生，茎上部的互生，多少抱茎，披针状椭圆形、窄倒卵形或椭圆形，稀窄披针形，侧脉 7 ～ 9 对；无柄。总状花序，直立。花直立，花梗长 0.3 ～ 1.5 cm；萼片长圆状线形，长 0.6 ～ 1.2 cm，背面隆起成龙骨状；花瓣玫瑰红、粉红或紫红色，宽倒心形，长 0.9 ～ 2.0 cm，先端凹缺。花期 6—8 月，果期 7—9 月。

产神木、榆阳、横山、志丹、延安、富县、洛川、黄陵、黄龙、宜君。生于海拔 350 ～ 1650 m 的山沟溪旁或湿地。分布于我国南北各省区。亚洲、非洲、欧洲也产，在北美已归化。

茎秆直立细长，分枝力强，姿态优美，花型奇特，且香气宜人，花朵雅致清新，姿态奇特，颜色亮丽，一朵朵或深或浅的紫色小花，挺立在纷乱无章的野草之上，随风轻轻地摇曳，又美又灵动。可布置于河湖岸边或林下，作地被或花境植物，也可盆栽观赏、做切花。

图 162-1　柳叶菜花

图 162-2　柳叶菜植株

163. 黄花月见草 *Oenothera glazioviana* Mich.

二年生至多年生直立草本植物。茎高达 1.5 m，常密被曲柔毛与疏生伸展长毛，茎枝上部常密混生短腺毛。基生叶倒披针形，长 15 ～ 25 cm，先端锐尖或稍钝，基部渐窄并下延为翅，边缘有浅波状齿，侧脉 5 ～ 8 对，两面被曲柔毛与长毛，叶柄长 3 ～ 4 cm；茎生叶窄椭圆形或披针形，长 5 ～ 13 cm，先端锐尖或稍钝，基部楔形，边缘疏生齿突，侧脉 8 ～ 12 对，叶柄长 0.2 ～ 1.5 cm，向上变短。穗状花序，生茎枝顶，密被曲柔毛、长毛与短腺毛；萼片窄披针形；花瓣黄色，宽倒卵形，长 4 ～ 5 cm，先端钝圆或微凹；花柱长 5 ～ 8 cm，伸出花筒部分长 2.0 ～ 3.5 cm，柱头伸出花药，裂片长 5 ～ 8 mm。蒴果锥状圆柱形，长 2.5 ～ 3.5 cm，具纵棱与红色的槽，被曲柔毛与腺毛。种子棱形，长 1.3 ～ 2.0 mm，褐色，具棱角和不整齐洼点。花期 5—10 月，果期 8—12 月。

榆阳区可见。生于开旷荒地、田园或路边。我国吉林、河北、河南、江苏、安徽、湖南、四川、贵州、云南也有栽培并逸为野生。世界各地广为栽培或逸为野生。

植株高大强健，花大，色彩鲜艳美丽，花开清纯洁净，淡雅而又清香，因夜间见月开放故此而得名。可以点缀于公园、景点或道路两旁。也可盆栽摆放阳台观赏，在静夜的月光下，阵阵幽香令人神清气爽。

图 163-1　黄花月见草花序

图 163-2　黄花月见草果实

164. 大白刺 *Nitraria roborowskii* Kom.

灌木，高达 2 m。多分枝，枝弯曲、先端刺针状，幼枝白色，幼枝之叶 2 ～ 3 簇生，宽倒披针形，长椭圆状匙形，长 1.8 ～ 3.0 cm，宽 6 ～ 8 mm，先端圆钝，稀尖，基部楔形，无毛，全缘，稀先端 2 ～ 3 齿裂。花较密，白色，花瓣及子房无毛。核果卵形，有时椭圆形，长 0.8 ～ 1.2 cm，径 6 ～ 9 mm，熟时深红色，果汁玫瑰色；果核窄卵形，长 5 ～ 6 mm，径 3 ～ 4 mm，先端短渐尖。花期 5—6 月，果期 7—8 月。

产定边。生于沙地。分布于我国西北及内蒙古西部。蒙古、俄罗斯也产。

分枝多，枝条平铺，匍匐丛生，适应性极强，耐旱、喜盐碱、抗寒、抗风、耐高温、耐瘠薄，耐风蚀沙埋，适应性强，根系发达、枝叶繁茂。枝条白白的，长着一簇一簇肉嘟嘟鲜嫩可爱的小叶片。是重要的防风固沙植物。每逢花期，白边黄心的小花簇，似把花伞遮蔽着滚滚沙丘；果实成熟时，滚圆鲜红，光泽夺目。是荒漠地区重要的建群植物，也是优良的固沙树种。适用于荒坡、盐碱地绿化，也可以做切花。

图 164-1　大白刺灌丛

图 164-2　大白刺枝叶

图 164-3　大白刺果实

165. 骆驼蓬 *Peganum harmala* L.

多年生草本植物，高达 70 cm，直立或开展，无毛。根径达 2 cm。茎基部多分枝。叶互生，卵形，全裂为 3 ～ 5 枚条形或披针状条状裂片，裂片长 1.0 ～ 3.5 cm，宽 1.5 ～ 3.0 mm。花单生枝端或叶腋，与叶对生。萼裂片条形，长 1.5 ～ 2.0 cm，有时仅顶端分裂；花瓣黄白色，倒卵状长圆形，长 1.5 ～ 2.0 cm，宽 6 ～ 9 mm；雄蕊 15 枚，短于花瓣，花丝近基部宽。蒴果近球形，稍扁。种子三棱形，稍弯，黑褐色，被小瘤。花期 5—6 月，果期 7—9 月。

产定边、延安。生于黄土荒坡或沙滩。分布于我国华北、西北及西藏。阿富汗、巴基斯坦、蒙古、俄罗斯及中亚、西亚、地中海地区、非洲北部也产。

植株低矮，叶色浓绿，花色淡雅。果形奇特，颜色鲜艳，具有很强的抗旱、抗寒能力，生活力较强，地面覆盖度大，是很好的水土保持植物。可作观花地被植物。

图 165-1　骆驼蓬花

图 165-2　骆驼蓬果

图 165-3　骆驼蓬群落

166. 多裂骆驼蓬 *Peganum multisectum* (Maxim.) Bobrov

多年生草本植物，幼时被毛。茎平卧，长达 80 cm。叶二至三回深裂，基部裂片与叶轴近垂直，裂片长 0.6 ~ 1.2 cm，宽 1.0 ~ 1.5 mm。萼片 3 ~ 5 深裂；花瓣淡黄白色，倒卵状长圆形，长 1.0 ~ 1.5 cm，宽 5 ~ 6 mm；雄蕊短于花瓣，基部宽。蒴果近球形，顶部稍平。种子多数，稍三角形，长 2 ~ 3 mm，稍弯，被小瘤。花期 5—7 月，果期 6—9 月。

产靖边、定边、吴起、延安。生于海拔 1000 ~ 1600 m 的盐碱滩或黄土荒坡。分布于我国西北及内蒙古、西藏。

植株低矮，叶色浓绿，花色淡雅。果形奇特，颜色鲜艳，具有很强的抗旱、抗寒能力，生活力较强，地面覆盖度大，是很好的水土保持植物。可作观花地被植物。

图 166-1　多裂骆驼蓬花、叶

图 166-2　多裂骆驼蓬果实

167. 文冠果 *Xanthoceras sorbifolium* Bunge

落叶灌木或小乔木，高 2 ～ 5 m；小枝粗壮，褐红色，无毛，顶芽和侧芽有覆瓦状排列的芽鳞。叶连柄长 15 ～ 30 cm；小叶 4 ～ 8 对，膜质或纸质，披针形或近卵形，两侧稍不对称，长 2.5 ～ 6.0 cm，宽 1.2 ～ 2.0 cm，顶端渐尖，基部楔形，边缘有锐利锯齿，顶生小叶通常 3 深裂，腹面深绿色，无毛或中脉上有疏毛，背面鲜绿色，嫩时被绒毛或成束的星状毛；侧脉纤细，两面略凸起。花序先叶抽出或与叶同时抽出，两性花的花序顶生，雄花序腋生，长 12 ～ 20 cm，直立，总花梗短，基部常有残存芽鳞；花梗长 1.2 ～ 2.0 cm；苞片长 0.5 ～ 1.0 cm；萼片长 6 ～ 7 mm，两面被灰色绒毛；花瓣白色，基部紫红色或黄色，有清晰的脉纹，长约 2 cm，宽 7 ～ 10 mm，爪之两侧有须毛；花盘的角状附属体橙黄色，长 4 ～ 5 mm；雄蕊长约 1.5 cm，花丝无毛；子房被灰色绒毛。蒴果长达 6 cm；种子长达 1.8 cm，黑色而有光泽。花期春季，果期秋初。

产神木、府谷、榆阳、绥德、米脂、靖边、延安、甘泉、富县、黄龙。生于海拔 700 ～ 1520 m 的山地灌丛或林缘，分布于我国内蒙古、河北、山西、宁夏、甘肃、青海、河南。朝鲜半岛也产。

树型优美，花序大而花朵密，花朵芳香、花色艳丽，春天白花满树，且与秀丽光洁的绿叶相对，花期长达 30 天左右，作为庭院观赏植物，大中型盆景植物，具有瘦、拙、艳、香的特点，且可人工控制树型，创造各种奇景，具有很高的观赏价值。在园林中配置于草坪、路边、山坡、假山旁边或建筑前都很合适。也适于山地、水库周围风景区大面积绿化造林，起到改善生态环境、绿化、美化国土的功效。

图 167-1　文冠果花

图 167-2　文冠果果实

图 167-3　文冠果种子

图 167-4　文冠果秋色叶

图 167-5　文冠果盛花期景观

168. 臭椿 *Ailanthus altissima* (Mill.) Swingle

落叶乔木，高可达 20 余米。树皮平滑而有直纹；嫩枝有髓，幼时被黄色或黄褐色柔毛，后脱落。叶为奇数羽状复叶，长 40 ~ 60 cm，叶柄长 7 ~ 13 cm，有小叶 13 ~ 27 枚；小叶对生或近对生，纸质，卵状披针形，长 7 ~ 13 cm，宽 2.5 ~ 4.0 cm，先端长渐尖，基部偏斜，截形或稍圆，两侧各具 1 或 2 个粗锯齿，齿背有腺体 1 个，叶面深绿色，背面灰绿色，揉碎后具臭味。圆锥花序，长 10 ~ 30 cm；花淡绿色，花梗长 1.0 ~ 2.5 mm；萼片 5 枚，覆瓦状排列，裂片长 0.5 ~ 1.0 mm；花瓣 5 枚，长 2.0 ~ 2.5 mm，基部两侧被硬粗毛；雄蕊 10 枚，花丝基部密被硬粗毛，雄花中的花丝长于花瓣，雌花中的花丝短于花瓣；花药长圆形，长约 1 mm；心皮 5，花柱黏合，柱头 5 裂。翅果长椭圆形，长 3.0 ~ 4.5 cm，宽 1.0 ~ 1.2 cm；种子位于翅的中间，扁圆形。花期 4—5 月，果期 8—10 月。

产神木、府谷、榆阳、吴堡、横山、米脂、绥德、米脂、清涧、黄陵。我国除黑龙江、吉林、新疆、青海、宁夏、甘肃和海南外，各地均有分布。

树干通直高大，枝叶繁茂，春季嫩叶紫红色，秋季红果满树，冬季果实宿存，颇为美观，叶痕似猴脸，妙趣横生。是良好的观赏树和行道树。可孤植、丛植或与其他树种混栽，适宜于工厂、矿区等绿化，是水土保持和盐碱地的土壤改良树种。

图 168-1　臭椿春色叶

图 168-2　臭椿枝干、叶痕

图 168-3　臭椿生境、植株

图 168-4　臭椿果期

图 168-5　臭椿冬季宿存果实

169. 苘麻 *Abutilon theophrasti* Medicus

一年生亚灌木状直立草本植物。茎枝被柔毛。叶互生，圆心形，长 3 ~ 12 cm，先端长渐尖，基部心形，具细圆锯齿，两面密被星状柔毛；叶柄长 3 ~ 12 cm，被星状柔毛；托叶披针形，早落。花单生叶腋。花梗长 0.5 ~ 3.0 cm，被柔毛，近顶端具节；花萼杯状，密被绒毛，裂片 5，卵状披针形，长约 6 mm；花冠黄色，花瓣 5，倒卵形，长约 1 cm；雄蕊柱无毛；心皮 15 ~ 20，顶端平截，轮状排列，密被软毛。蒴果半球形，径约 2 cm，长约 1.2 cm，分果爿 15 ~ 20，被粗毛，顶端具 2 长芒，芒长 3 mm 以上。种子肾形，黑褐色，被星状柔毛。花期 6—10 月。

产神木、榆阳、靖边、延安、黄龙。生于路旁、荒地或田野间。广布于我国南北各省区。亚洲、欧洲、北美及澳大利亚也产。

茎秆高大，而且全身被覆白色的绒毛，叶圆心形，花朵娇小美丽，果形奇特，就像一个个磨盘。可布置花境，也可作插花、切花花材。

图 169-1　苘麻幼苗

图 169-2　苘麻花和幼果

图 169-3　苘麻秋冬季景观

170. 野西瓜苗 *Hibiscus trionum* L.

一年生草本植物，常平卧，稀直立，高 20 ~ 70 cm。茎柔软，被白色星状粗毛。茎下部叶圆形，不裂或稍浅裂，上部叶掌状 3 ~ 5 深裂，径 3 ~ 6 cm，中裂片较长，两侧裂片较短，裂片倒卵形或长圆形，常羽状全裂，上面近无毛或疏被粗硬毛，下面疏被星状粗刺毛；叶柄长 2 ~ 4 cm，被星状柔毛和长硬毛，托叶线形，长约 7 mm，被星状粗硬毛。花单生叶腋。花梗长 1.0 ~ 2.5 cm，被星状粗硬毛；小苞片 12 枚，线形，长约 8 mm，被长硬毛，基部合生；

花萼钟形，淡绿色，长 1 ~ 2 cm，裂片 5 枚，膜质，三角形，具紫色纵条纹，被长硬毛或星状硬毛，中部以下合生；花冠淡黄色，内面基部紫色，径 2 ~ 3 cm，花瓣 5，倒卵形，长约 2 cm，疏被柔毛；雄蕊柱长约 5 mm，花丝纤细，花药黄色；花柱分枝 5 个，无毛，柱头头状。蒴果长圆状球形，径约 1 cm，被硬毛，果柄长达 4 cm，果皮薄，黑色。种子肾形，黑色，具腺状突起。花期 7—10 月。

陕北地区均产。生于海拔 550 ~ 1600 m 的荒野、河滩、田边或路旁。分布几遍全国。原产非洲中部，现广布欧洲及亚洲。

植株低矮，叶形、花形、果形奇特，淡黄色的花瓣，中间一点紫色的花蕊，非常美丽，很是特别，果实外面包裹着一层带长毛的果萼，还有紫色条纹，样子似灯笼非灯笼，不仅特别还很漂亮。引种栽培可为夏季少花的园林增添不少野趣。可布置花境、缀花草坪。还可以做切花、压花。

图 170-1　野西瓜苗植株

图 170-2　野西瓜苗花

图 170-3　野西瓜苗果实

171. 锦葵 *Malva sinensis* Cavan.

二年生或多年生直立草本植物，高 50 ～ 90 cm，分枝多，疏被粗毛。叶圆心形或肾形，具 5 ～ 7 枚圆齿状钝裂片，长 5 ～ 12 cm，宽几相等，基部近心形至圆形，边缘具圆锯齿，两面均无毛或仅脉上疏被短糙伏毛；叶柄长 4 ～ 8 cm，近无毛，但上面槽内被长硬毛；托叶偏斜，卵形，具锯齿，先端渐尖。花 3 ～ 11 朵簇生，花梗长 1 ～ 2 cm，无毛或疏被粗毛；小苞片 3 枚，长圆形，长 3 ～ 4 mm，宽 1 ～ 2 mm，先端圆形，疏被柔毛；萼裂片 5 枚，宽三角形，两面均被星状疏柔毛；花紫红色或白色，直径 3.5 ～ 4.0 cm，花瓣 5 枚，匙形，长 2 cm，先端微缺，爪具髯毛；雄蕊柱长 8 ～ 10 mm，被刺毛，花丝无毛；花柱分枝 9 ～ 11 个，被微细毛。果扁圆形，径约 5 ～ 7 mm，分果爿 9 ～ 11 枚，肾形，被柔毛；种子黑褐色，肾形，长 2 mm。花期 5—10 月。

产榆阳、米脂、绥德。南自我国广东、广西，北至我国内蒙古、辽宁，东起我国台湾，西至我国新疆和西南各省区，均有分布。印度也有。

植株较大，株形不一致，叶形、花形美观，花色鲜艳亮丽，多为紫色、粉色和白色等，花期长，很具观赏性。可种植在公园、景区等地，可以做花海、花墙、花境造景，成片种植效果更佳。

图 171　锦葵

172. 圆叶锦葵 *Malva pusilla* Smith

多年生草本植物，高 25 ～ 50 cm，分枝多而常匍生，被粗毛。叶肾形，长 1 ～ 3 cm，宽 1 ～ 4 cm，基部心形，边缘具细圆齿，偶为 5 ～ 7 浅裂，上面疏被长柔毛，下面疏被星状柔毛；叶柄长 3 ～ 12 cm，被星状长柔毛；托叶小，卵状渐尖。花通常 3 ～ 4 朵簇生于叶腋，偶有单生于茎基部的，花梗不等长，长 2 ～ 5 cm，疏被星状柔毛；小苞片 3 枚，披针形，长约 5 mm，被星状柔毛；萼钟形，长 5 ～ 6 mm，被星状柔毛，裂片 5 枚，三角状渐尖头；花白色至浅粉红色，长 10 ～ 12 mm，花瓣 5 枚，倒心形；雄蕊柱被短柔毛；花柱分枝 13 ～ 15 个。果扁圆形，径约 5 ～ 6 mm，分果爿 13 ～ 15 枚，不为网状，被短柔毛；种子肾形，径约 1 mm，被网纹或无网纹。花期夏季。

产榆阳、米脂。生于海拔 400 ～ 1400 m 的山坡荒野、农田、河岸或村旁。分布于我国华北、西南及山东、江苏、安徽、河南、甘肃、新疆。亚洲、欧洲广布。

植株较大，株形不一致，叶形、花形美观，花色鲜艳亮丽，多为紫色、粉色和白色等，花期长，很具观赏性。可种植在公园、景区等地，可以做花海、花墙、花境造景。成片种植效果更佳。

图 172-1　圆叶锦葵花

图 172-2　圆叶锦葵幼苗

173. 草瑞香 *Diarthron linifolium* Turcz.

一年生草本植物，高 10 ～ 40 cm。多分枝，扫帚状，小枝纤细，圆柱形，淡绿色，无毛，茎下部淡紫色。叶互生，稀近对生，散生于小枝上，草质，线形至线状披针形或狭披针形，长 7 ～ 15 mm，宽 1 ～ 3 mm，先端钝圆形，基部楔形或钝形，边缘全缘，微反卷，有时散生少数白色纤毛，上面绿色，下面淡绿色，两面无毛，中脉在下面显著，纤细，上面不甚明显，无侧脉或不明显；叶柄极短或无，长 0.6 mm。花绿色，顶生总状花序；无苞片；花梗短，长约 1 mm，顶端膨大，花萼筒细小，筒状，长 2.2 ～ 3.0 mm，无毛或微被丝状柔毛，裂片 4 枚，卵状椭圆形，长约 0.8 mm，渐尖，直立或微开展；雄蕊 4 枚，稀 5 枚，一轮，着生于花萼筒中部以上，不伸出，花丝长约 0.5 mm，花药极小，宽卵形；花盘不明显；子房具柄，椭圆形，无毛，长约 0.8 mm，花柱纤细，长 0.8 ～ 1.0 mm，柱头棒状，略膨大。果实卵形或圆锥状，黑色，长约 2 mm，直径约 1.1 mm，为横断的宿存的花萼筒所包围，果实上部的花萼筒长约 1 mm，宿存，基部具关节；果皮膜质，无毛。花期 5—7 月，果期 6—8 月。

产榆阳、米脂、横山、靖边、延安、延长、黄龙。生于海拔 350 ～ 1200 m 的荒坡草地或河滩。分布于我国吉林、河北、山西、江苏、甘肃、新疆。蒙古、俄罗斯也产。

茎直立，细瘦，株型紧凑，植株低矮，叶疏生，线形或线状披针形，叶色嫩绿，可用作地被植物。

图 173-1　草瑞香植株

图 173-2　草瑞香花

174. 狼毒 *Stellera chamaejasme* L.

多年生草本植物，高达 50 cm。根茎粗大，枝棕色，内面淡红色；茎丛生，不分枝，草质，圆柱形，绿色，有时带紫色，无毛。叶互生，稀对生或近轮生，披针形或椭圆状披针形，长 1.2 ～ 2.8 cm，宽 3 ～ 9 mm，先端渐尖或尖，基部圆，两面无毛，全缘，侧脉 4 ～ 6 对；叶柄长约 1 mm，基部具关节。头状花序，顶生，具绿色叶状苞片。花黄、白色或下部带紫色，芳香，无花梗；萼筒纤细，长 0.9 ～ 1.1 cm，具明显纵脉，基部稍膨大，无毛，裂片 5 枚，长圆形，长 2 ～ 4 mm，先端圆，常具紫红色网状脉纹；雄蕊 10 枚，2 轮，下轮着生于花萼筒中部以上，上轮着生于花萼筒喉部，花药微伸出；子房被黄色丝状毛，几无柄，上部被丝状柔毛。果圆锥状，长约 5 mm，顶端有灰白色柔毛，为萼筒基部包被；果皮淡紫色，膜质。花期 4—6 月，果期 7—9 月。

榆阳区可见。生于海拔 1500 ~ 1900 m 的山坡草地。分布于我国东北、华北、西北及河南、四川、云南。不丹、尼泊尔、蒙古、俄罗斯也产。

株型优美，茎秆直立，花序呈球形，像一根根火柴头，别致可爱。单朵花很小，颜色多变。花开之前是红色，开出的花却是白色的。它生命力非常顽强，很贫瘠恶劣的环境中也能生长成活，是从草原变成沙漠的一种标志性植物，代表着一种拼搏顽强的精神，能跟艰难的生活抗争，在一根茎上面可以长出很多小花，十分好看，颇有观赏价值。它的植株优美，花色迷人，常被用作盆栽观赏。

图 174　狼毒

175. 河朔荛花 *Wikstroemia chamaedaphne* Meisn.

灌木，高达 1.2 m。分枝密，纤细，幼枝淡绿色，近四棱形，无毛，老枝深褐色。叶近革质，对生，披针形或长圆状披针形，长 2.0 ~ 5.5 cm，宽 3 ~ 8 mm，先端尖，基部楔形，两面无毛，侧脉 7 ~ 8 对，不明显；叶柄极短。穗状花序或圆锥花序，具多花，顶生或腋生；花序梗长 0.8 ~ 1.8 cm，被灰色柔毛。萼筒黄色，长 0.6 ~ 1.0 cm，外面被丝状柔毛，裂片 4 枚，2 大 2 小，卵形，先端钝圆；雄蕊 8 枚，2 轮，生于萼筒中部以上，几无花丝；花盘鳞片 1 个，长圆形或线形，长约 1 mm；子房棒状，具柄，上部被淡黄色柔毛，花柱短，柱头球形，顶端稍扁，具乳突。果卵形，长约 5 mm。花期 6—8 月，果期 9 月。

产米脂、吴堡、横山、子洲、绥德、安塞、延安、延长、黄龙。生于海拔 420 ~ 1500 m 的山坡荒野或灌丛中。分布于我国河北、山西、甘肃、江苏、河南、湖北。

植株低矮，枝叶茂密，花色淡雅，耐旱耐寒能力强，牛羊不采食，可作水土保持灌木树种，用于边坡、屋顶绿化和矿区生态修复。

图 175-1　河朔荛花花序

图 175-2　河朔荛花植株

176. 荠 *Capsella bursa*-pastoris (L.) Medic.

一年或二年生草本植物，高（7）10～50 cm，无毛。有单毛或分叉毛。茎直立，单一或从下部分枝。基生叶丛生呈莲座状，大头羽状分裂，长可达 12 cm，宽可达 2.5 cm，顶裂片卵形至长圆形，长 5～30 mm，宽 2～20 mm，侧裂片 3～8 对，长圆形至卵形，长 5～15 mm，顶端渐尖，浅裂或有不规则粗锯齿或近全缘，叶柄长 5～40 mm；茎生叶窄披针形或披针形，长 5.0～6.5 mm，宽 2～15 mm，基部箭形，抱茎，边缘有缺刻或锯齿。总状花序，顶生及腋生，果期延长达 20 cm；花梗长 3～8 mm；萼片长圆形，长 1.5～2.0 mm；花瓣白色，卵形，长 2～3 mm，有短爪。短角果倒三角形或倒心状三角形，长 5～8 mm，宽 4～7 mm，扁平，无毛，顶端微凹，裂瓣具网脉；花柱长约 0.5 mm；果梗长 5～15 mm。种子 2 行，长椭圆形，长约 1 mm，浅褐色。花果期 4—6 月。

图 176-1　荠群落

图 176-2　荠花序

图 176-3　荠果实

全区域可见。生在山坡、田边及路旁。分布几遍全国。全世界温带地区广布。

返青早，植株矮小，枝叶稠密，叶形奇特，叶色翠绿，花娇小，盛花时晶莹洁白，花质细腻，芳香而清雅。花期长，短角果倒三角形或倒心状三角形。是岩石园、屋顶绿化的良好材料，也是模纹花坛及花坛镶边的优良花卉，还可作地被植物。

177. 葶苈 *Draba nemorosa* L.

一年生或二年生草本植物，高达 45 cm。茎直立，单一或分枝，被单毛、叉状毛和分枝毛，上部毛渐稀疏或无毛。莲座状基生叶长倒卵形，边缘疏生细齿或近全缘；茎生叶长卵形或卵形，先端尖，基部楔形或圆，边缘有细齿，被单毛、叉状毛和星状毛。总状花序，有 25 ~ 90 朵花，呈伞房状。萼片椭圆形；花瓣黄色，花后白色，倒楔形，长约 2 mm，先端凹；花药短心形；子房密生单毛，花柱几不发育，柱头小。短角果长圆形或长椭圆形，长 0.5 ~ 1.0 cm，被短单毛或无毛。种子椭圆形，褐色，有小疣。花期 3 月至 4 月上旬，果期 5—6 月。

产榆阳区。生于海拔 1100 m 左右的山坡草地、田边、路旁或林缘。分布于我国东北、华北、西北、华东及西南。广布于北温带。

植株低矮，茎枝细弱，常成片分布，叶色嫩绿，花娇小，花色鲜艳，香气浓烈，花在阳光下才会盛放，只要风一吹，花儿随风飘扬，黄色迷雾一般。适合做地被植物，它也能与别的花卉搭配成植物花境。也可作切花、压花。

图 177-1　葶苈植株

图 177-2 葶苈花序

图 177-3 葶苈果实

178. 独行菜 *Lepidium apetalum* Willd.

一年生或二年生草本植物，高达 30 cm。茎直立，有分枝，被头状腺毛。基生叶窄匙形，1 回羽状浅裂或深裂，长 3 ～ 5 cm，叶柄长 1 ～ 2 cm；茎生叶向上渐由窄披针形至线形，有疏齿或全缘，疏被头状腺毛，无柄；总状花序；萼片卵形，长约 0.8 mm，早落；花瓣无或退化成丝状，短于萼片；雄蕊 2 或 4 枚。短角果近圆形或宽椭圆形，长 2 ～ 3 mm，顶端微凹，有窄翅；果柄弧形，长约 3 mm，被头状腺毛。种子椭圆形，长约 1 mm，红棕色。花期 4—8 月，果期 5—9 月。

陕北地区多见。生于海拔 400 ～ 5000 m 田边、草地、渠边或山坡。分布于我国东北、华北、西北、西南及江苏、安徽、浙江。巴基斯坦、印度、尼泊尔、哈萨克斯坦、蒙古、朝鲜、日本也产。

植株低矮，枝繁叶茂，果实累累。通常是一两株挺立在碧绿的草丛中，或是一小片铺展在向阳的斜坡上，基生叶为莲座状。花朵簇拥而开，金黄色的花瓣如蝴蝶般，舞动浪漫、优雅而又温柔，令人赏心悦目，从而成为夏季花园中最动人的风景线。线条流畅挺拔的花序轴上，无数支相同长度的弧形果梗末端都挑着一枚扁盘状的果实，圆形或者椭圆形，只不过是被压扁的状态，像个小扇子，果序就完全是个“扇子架”，果实形状别致，像是一串串精致的团扇；而且色彩纷呈，由刚形成时的淡绿色到完全成熟的淡紫色，无数过渡色、中间色把这株小草打扮得五彩斑斓。可作地被植物，和别的植物搭配种植用于花境，也可作切花，压花，在花艺应用中作配草，既有填补空间之效，也为花束增加了几分自然野趣和俏皮灵动。

图 178-1　独行菜群落

图 178-2　独行菜花序

图 178-3　独行菜果序

179. 宽叶独行菜 *Lepidium latifolium* Linnaeus

多年生草本植物，高达 1.5 m。茎直立，上部多分枝，基部稍木质化，无毛或疏生单毛。基生叶及茎下部叶长圆状披针形或卵形，长 3 ～ 13 cm，先端钝，基部渐窄，全缘或有齿，疏被柔毛或几无毛，叶柄长 2 ～ 6 cm；茎上部叶披针形或长椭圆形，无柄。总状花序，圆锥状，花梗无毛；萼片早落，长圆状卵形或近圆形，有柔毛；花柱短。短角果宽卵形或近圆形，长 1.5 ～ 3.0 mm，平滑或稍呈网状，顶端全缘，基部圆钝，无翅。种子宽椭圆形，长约 1 mm，浅棕色，无翅。花期 5—9 月，果期 6—10 月。

产榆林城郊。分布于我国东北、华北、西北及四川、西藏。广布于亚洲、非洲北部及欧洲南部。

植株高大，茎直立，枝叶繁茂，细细密密的小绒球似的白色小花，挤挤挨挨地组成一个个大的花球，中间还有未开的小花蕾。可用于花境，也可以作观花地被，切花、干花。

图 179-1　宽叶独行菜植株

图 179-2　宽叶独行菜花

180. 沙芥 *Pugionium cornutum* (Linnaeus) Gaertn.

一年生或二年生草本植物，高达 2 m。根肉质，圆柱状。茎直立，分枝多。基生叶有柄，羽状全裂，长 10 ～ 30 cm，裂片 3 ～ 6 对，裂片披针形或椭圆形，稀披针状线形，长 7 ～ 8 cm，全缘或有 1 ～ 3 齿，或先端 2 ～ 3 裂；莲生叶无柄，羽状全裂，裂片线状披针形或线形，全缘。总状花序，圆锥状，萼片长圆形，长 6 ～ 7 mm；花瓣黄色，宽匙形，长约 1.5 cm。短角果革质，横卵形，长约 1.5 cm，侧扁，两侧各有 1 剑形翅，翅斜升，长 2 ～ 5 cm，宽 3 ～ 5 mm，有纵脉 3 条；果瓣有 4 个以上角状刺。种子长圆形，长约 1 cm，黄棕色。花期 6—7 月，果期 8—9 月。

产榆阳、横山、靖边、定边。生于海拔 900 ～ 1500 m 的沙地沙丘上。分布于我国内蒙古、宁夏、甘肃。

植株高大，株形美观，果形奇特。基生叶平铺生长，果实为翅果，果实两侧具宽窄不一的膜质化翅，心室上具有多个长短不一的角状刺，果实成熟后宿存于植株且翅实不开裂，果实的这些特征不同于十字花科其他属的成熟后开裂的荚果类型。可孤植于花坛，或用于流沙地固沙绿化，或作切花。

图 180-1　沙芥花果期植株

图 180-2　沙芥幼苗

图 180-3　沙芥果实

181. 蔊菜 *Rorippa indica* (L.) Hiern

一至二年生草本植物，高达 40 cm。植株无毛或被疏毛。茎单一或分枝，具纵沟。单叶互生，基生叶及茎下部叶具长柄，常大头羽状分裂，长 4 ～ 10 cm，顶裂片大，卵状披针形，具不整齐牙齿，侧裂片 1 ～ 5 对；茎上部叶宽披针形或近匙形，疏生齿，具短柄或基部耳状抱茎。总状花序，顶生或侧生，花小，多数。花梗细；萼片卵状长圆形，长 3 ～ 4 mm；花瓣黄色，匙形，基部渐窄成短爪；雄蕊 6 枚，2 枚稍短。长角果线状圆柱形，长 1 ～ 2 cm，直立或稍弯曲；果柄斜升或水平开展。种子褐色，每室 2 行，多数，细小，卵圆形而扁，具网纹。花期 4—6 月，果期 6—8 月。

产榆阳、黄龙山。生于海拔 300 ～ 2160 m 的草地、田埂、河滩、林缘。分布于我国华北、华东、华中、华南、西南及辽宁、甘肃，东南亚也产，在南美和北美已归化。

植株低矮，叶色嫩绿，叶形美观，花娇小，颜色鲜艳。可用于湿地、水面绿化和水生生态修复。

图 181-1　蔊菜植株

图 181-2　蔊菜果实

182. 垂果大蒜芥 *Sisymbrium heteromallum* C. A. Mey.

一年或二年生草本植物，高 30 ～ 90 cm。茎直立，不分枝或分枝，具疏毛。基生叶为羽状深裂或全裂，叶片长 5 ～ 15 cm，顶端裂片大，长圆状三角形或长圆状披针形，渐尖，基部常与侧裂片汇合，全缘或具齿；侧裂片 2 ～ 6 对，长圆状椭圆形或卵圆状披针形，下面中脉有微毛。叶柄长 2 ～ 5 cm，上部的叶无柄，叶片羽状浅裂，裂片披针形或宽条形。总状花序密集成伞房状，果期伸长；花梗长 3 ～ 10 mm；萼片淡黄色，长圆形，长 2 ～ 3 mm，内轮的基部略成囊状；花瓣黄色，长圆形，长 3 ～ 4 mm，顶端钝圆，具爪。长角果线形，纤细，长 4 ～ 8 cm，宽约 1 mm，常下垂；果瓣略隆起；果梗长 1.0 ～ 1.5 cm。种子长圆形，长约 1 mm，黄棕色。花期 4—5 月。

产榆阳、吴堡、绥德、靖边、延长、甘泉、宜川、洛川。生于海拔 460 ～ 1200 m 的田边、荒坡、溪岸。分布于我国华北、西北及吉林、江苏、四川、云南、西藏。巴基斯坦、印度、哈萨克斯坦、蒙古、朝鲜、俄罗斯也产。

植株低矮，茎干直立，基生叶莲座状，叶形美观，返青早，长角果线形，纤细，种子脱落后白色隔膜一直留在枝条上，丝丝缕缕，随风而动，经冬不落。可作地被植物，也可做干花。

图 182-1　垂果大蒜芥幼苗

图 182-2　垂果大蒜芥植株

183. 多枝柽柳 *Tamarix ramosissima* Ledeb.

灌木或小乔木状，高达 6 m。老枝暗灰色，当年生木质化生长枝红棕色，有分枝。营养枝之叶卵圆形或三角状心形，长 2 ～ 5 mm，先端稍内倾。总状花序生于当年生枝顶，集成顶生圆锥花序，长 1 ～ 5 cm；苞片披针形或卵状披针形。花 5 数；萼片卵形；花瓣倒卵形，粉红或紫色，靠合成杯状花冠，果时宿存；花盘 5 裂，裂片顶端有凹缺；雄蕊 5 枚，花丝细，基部着生于花盘裂片间边缘略下方；花柱 3 枚，棍棒状。蒴果三棱圆锥状瓶形，长 3 ～ 5 mm。花期 5—9 月。

产神木、靖边、米脂、绥德。生于河漫滩、河谷阶地、沙质或黏土质盐碱化平原或沙丘。分布于我国内蒙古、宁夏、甘肃、青海、新疆、西藏。阿富汗、蒙古及中亚、西南亚、东欧也产。

树形美观，姿态婆娑，枝条细柔像柳树，叶子像柏树叶，开花如红蓼，颇为美观。落尽叶子的柽柳枝干雄劲，或斑驳如鳞，或裸露筋骨，一副气宇轩昂的样子。花期长达 5—7 个月，花色艳丽，枝条婀娜多姿，再加上其耐修剪的特性，可将其修剪成各种动物形状、绿色屏障，用于庭院、公园，丛植或列植于水滨、池畔、桥头、河岸、堤坝、街道、公路等区域，淡烟疏树，绿荫垂条，别具风格。还可作盆景和切花。

图 183-1 多枝柽柳花

图 183-2 多枝柽柳树丛

184. 黄花补血草 *Limonium aureum* (L.) Hill.

多年生草本植物，高达 40 cm。根皮不裂。茎基肥大，被褐色鳞片及残存叶柄。叶基生，有时花序轴下部具 1 ～ 2 叶，花期凋落；叶柄窄；叶长圆状披针形或倒披针形，连叶柄长 1.5 ～ 3.0（～ 5.0）cm，宽 2 ～ 5（～ 15）mm，先端钝圆，基部渐窄。花茎 2 至多数，生于不同叶丛，常四至七回叉状分枝，花序轴下部多数分枝具不育枝，或不育枝生于褐色草质鳞片腋部，常密被疣突，无毛。花序圆锥状，穗状花序具 3 ～ 5（～ 7）个小穗，小穗具 2 ～ 3 朵花；外苞长 2.5 ～ 3.5 mm；第一内苞长 5.5 ～ 6.0 mm。萼漏斗状，长 5.5 ～ 6.5（～ 7.5）mm，萼筒径约 1 mm，萼檐金黄或橙黄色；花冠橙黄色。花期 6—8 月，果期 7—8 月。

产榆阳、靖边、定边。生于海拔 1300 ～ 1600 m 的荒野草地。分布于我国内蒙古、山西、宁夏及甘肃。蒙古、俄罗斯也产。

株型美观，茎细，叉状分枝，多而茂密。花朵细小、花色艳美、繁密华贵，干膜质。开花后到果实成熟，花萼、花冠依然保持原来的状态，花干后不脱落、不掉色，保持力极强，甚至一两年内也不改变，人称“永不凋谢的花”观赏时期长。除作鲜切花外，还可制成自然干花，可供采集的时间长，干制效果好，姿态自然、富有野趣，非常适宜做立体干花，是一种制作干花的材料，可以制成高低形态不同的花束。为中国北方灰色的冬日增添色彩。用于庭院绿化、花坛镶边栽植、种植成花海、装饰草坪和室内盆栽观赏，也是理想的干花、插花材料与配材。

图 184　黄花补血草

185. 二色补血草 *Limonium bicolor* (Bunge) Kuntze

多年生草本植物，高达 50 cm。根皮不裂。叶基生，稀花序轴下部具 1 ～ 3 叶，花期不落；叶柄宽，叶匙形或长圆状匙形，连叶柄长 3 ～ 15 cm，宽 0.3 ～ 3.0 cm，先端圆或钝，基部渐窄。花茎单生，或 2 ～ 5，花序轴及分枝具 3 ～ 4 棱角，有时具沟槽，稀近基部圆；花序圆锥状，不育枝少，位于花序下部或分叉处；穗状花序具 3 ～ 5（～ 9）个小穗，穗轴二棱形，小穗具 2 ～ 3（～ 5）朵花；外苞长 2.5 ～ 3.5 mm，第一内苞长 6.0 ～ 6.5 mm。萼漏斗状，长 6 ～ 7 cm，萼筒径约 1 mm，萼檐淡紫红或白色，径 6 ～ 7 mm，裂片先端圆；花冠黄色。花期 5 月下旬至 7 月，果期 6—8 月。

产榆阳、米脂、佳县、吴堡、绥德、横山、靖边、吴起、志丹、子长、延川、延安、洛川、黄陵、黄龙、宜君。生于海拔 300 ～ 1200 m 的草地、河滩、沟岸或田边。分布于我国东北、华北及山东、江苏、河南、宁夏、甘肃、青海。蒙古也产。

株型美观，茎枝细软，通常有数回分枝，花量大，经冬不落，花香四季，永不变色，永不凋谢，盆栽、院植、花坛栽培效果极佳。也是加工干燥花的理想材料。可加工香囊、香袋，把一面做成透明的，既可观花，又可闻香味，别有情趣。

图 185-1　二色补血草幼苗

图 185-2　二色补血草花

图 185-3　二色补血草果实

186. 沙木蓼 *Atraphaxis bracteata* A. Los.

灌木，高达 1.5 m。多分枝，枝条开展，树皮褐色，条状剥裂。叶宽椭圆形或近圆形，长 1.5 ～ 3.0 cm，宽 1.0 ～ 2.5 cm，先端圆钝或尖，基部宽楔形，边缘波状，黄绿色，无毛，叶脉明显；叶柄长 1.5 ～ 3.0 mm，基部具关节，托叶鞘膜质，基部褐色，上部白色，2 裂。总状花序，顶生，长 2.5 ～ 6.0 cm。花梗长 4 ～ 6 mm，中上部具关节；花被片 5 枚，淡红色，内花被片 3 枚，果时增大，肾状圆形，长 5 ～ 6 mm，宽 6 ～ 7 mm，网脉明显，外花被片 2 枚，肾状圆形，较小，果时平展。瘦果卵形，具 3 棱，长 4 ～ 5 mm，黑褐色，微有光泽。花期 6—7 月，果期 7—8 月。

产神木、榆阳。生于荒漠和流动沙丘低洼地。分布于我国内蒙古、宁夏、甘肃、青海及新疆。蒙古也产。

株型美观，分枝力强，多簇状生长，枝条柔韧性好，花开于枝叶之间，密集，美丽。花色、果实艳丽，能够实现春观花、秋观叶观果的观赏效果。可用于边坡绿化，沙区生态修复，也可作为花篱运用。

图 186-1　沙木蓼植株

图 186-2　沙木蓼花序

187. 木藤蓼 *Fallopia aubertii* (L. Henry) Holub

半灌木。茎缠绕，长 1 ～ 4 m，灰褐色，无毛。叶簇生，稀互生，叶片长卵形或卵形，长 2.5 ～ 5.0 cm，宽 1.5 ～ 3.0 cm，近革质，顶端急尖，基部近心形，两面均无毛；叶柄长 1.5 ～ 2.5 cm；托叶鞘膜质，偏斜，褐色，易破裂。花序圆锥状，少分枝，稀疏，腋生或顶生，花序梗具小突起；苞片膜质，顶端急尖，每苞内具 3 ～ 6 朵花；花梗细，长 3 ～ 4 mm，下部具关节；花被 5 深裂，淡绿色或白色，花被片外面 3 片较大，背部具翅，果时增大，基部下延；花被果时外形呈倒卵形，长 6 ～ 7 mm，宽 4 ～ 5 mm；雄蕊 8 枚，比花被短，花丝中下部较宽，基部具柔毛；花柱 3 枚，极短，柱头头状。瘦果卵形，具 3 棱，长 3.5 ～ 4.0 mm，黑褐色，密被小颗粒，微有光泽，包于宿存花被内。花期 7—8 月，果期 8—9 月。

榆阳区可见。分布于我国内蒙古（贺兰山）、山西、河南、甘肃、宁夏、青海、湖北、四川、贵州、云南及西藏（察隅）。生于海拔 900 ～ 3200 m 的山坡草地、山谷灌丛。

枝蔓飘逸，花色淡雅，香味浓郁，花盛开时宛如朵朵白云，景色十分壮观，且开花白、结果红，增强了色调和造型的变化，是较理想的观叶、观花、观果的植物，是室外地面、空中垂直绿化和造型栽培的优良材料。可用于花墙、棚架、屋顶、墙体、篱垣、山石和边坡等处的立体绿化。也可用于中、小型盆景制作。

图 187-1　木藤蓼叶

图 187-2　木藤蓼花序

图 187-3　木藤蓼盛花期

188. 西伯利亚蓼 *Knorringia sibirica* (Laxmann) Tzvelev

多年生草本植物，高 10 ～ 25 cm。根状茎细长。茎外倾或近直立，自基部分枝，无毛。叶片长椭圆形或披针形，无毛，长 5 ～ 13 cm，宽 0.5 ～ 1.5 cm，顶端急尖或钝，基部戟形或楔形；托叶鞘筒状，膜质，上部偏斜，开裂，无毛，易破裂。花序圆锥状，顶生；苞片漏斗状，无毛，通常每 1 苞片内具 4 ～ 6 朵花；花梗短，中上部具关节；花被 5 深裂，黄绿色，花被片长圆形，长约 3 mm；雄蕊 7 ～ 8 枚，稍短于花被。瘦果卵形，具 3 棱，黑色，有光泽，包于宿存的花被内或凸出。花果期 6—9 月。

产府谷、神木、榆林、横山、靖边、定边、吴起、安塞、子长、绥德、清涧、延安。生于盐碱低洼地或草甸。分布于我国东北、华北、西北、华中及安徽、江苏、四川、云南、西藏。尼泊尔、阿富汗、克什米尔地区、哈萨克斯坦、蒙古、俄罗斯西伯利亚及远东地区也产。

植株低矮，枝繁叶茂，花色淡雅，花期长，生命力顽强，用于园林水景装饰，适合作观花地被植物，或用于湿地绿化。

图 188　西伯利亚蓼

189. 酸模叶蓼 *Persicaria lapathifolia* (L.) Delarbre

一年生草本植物，高 40 ～ 90 cm。茎直立，具分枝，无毛，节部膨大。叶披针形或宽披针形，长 5 ～ 15 cm，宽 1 ～ 3 cm，顶端渐尖或急尖，基部楔形，上面绿色，常有一个大的黑褐色新月形斑点，两面沿中脉被短硬伏毛，全缘，边缘具粗缘毛；叶柄短，具短硬伏毛；托叶鞘筒状，长 1.5 ～ 3.0 cm，膜质，淡褐色，无毛，具多数脉，顶端截形，无缘毛，稀具短缘毛。总状花序呈穗状，顶生或腋生，近直立，花紧密，通常由数个花穗再组成圆锥状，花序梗被腺体；苞片漏斗状，边缘具稀疏短缘毛；花被淡红色或白色，4（5）深裂，花被片椭圆形，外面两面较大，脉粗壮，顶端叉分，外弯；雄蕊通常6枚。瘦果宽卵形，双凹，长2～3 mm，黑褐色，有光泽，包于宿存花被内。花期6—8月，果期7—9月。

产榆林、横山、靖边、绥德，延安、子长、安塞、甘泉、黄龙、黄陵、宜君。广布于我国南北各省区。生于海拔30～3900 m的田边、路旁、水边、荒地或沟边湿地。

株型美观，枝繁叶茂，每一片叶子的叶面上都会有一个大大的黑褐色的斑纹，就好像是它的胎记。花序长而飘逸，花色鲜艳。可以作湿生地被植物，用于河湖岸边、河道护坡、水池、湿地绿化美化和生态修复，可以用来当盆栽、切花。

图189-1　酸模叶蓼叶片

图189-2　酸模叶蓼花序

190. 水蓼 *Persicaria hydropiper* (L.) Spach

一年生草本植物，高40～70 cm。茎直立，多分枝，无毛，节部膨大。叶披针形或椭圆状披针形，长4～8 cm，宽0.5～2.5 cm，顶端渐尖，基部楔形，边缘全缘，具缘毛，两面无毛，被褐色小点，有时沿中脉具短硬伏毛，具辛辣味，叶腋具闭花受精花；叶柄长4～8 mm；托叶鞘筒状，膜质，褐色，长1.0～1.5 cm，疏生短硬伏毛，顶端截形，具短缘毛，通常托叶鞘内藏有花簇。总状花序，呈穗状，顶生或腋生，长3～8 cm，通常下垂，花稀疏，下部间断；苞片漏斗状，长2～3 mm，绿色，边缘膜质，疏生短缘毛，每苞内具3～5朵花；花梗比苞片长；花被5深裂，稀4裂，绿色，上部白色或淡红色，被黄褐色透明腺点，花被片椭圆形，长3.0～3.5 mm；雄蕊6枚，稀8枚，比花被短；花柱2～3枚，柱头头状。瘦果卵形，长2～3 mm，双凸镜状或具3棱，密被小点，黑褐色，无光泽，包于宿存花被内。花期5—9月，果期6—10月。

产神木、榆阳、横山、延安、安塞、黄龙、黄陵。分布于我国南北各省区。生海拔 50～3500 m 的河滩、水沟边、山谷湿地。

植株低矮，株型雅致，枝条柔软，叶细小，花序秀丽，花期长，是一种优秀的观花地被植物。适合作为湿生地被植物，可片植于河道、湖边等水系旁；也可植于林下与草坪混栽作为嵌花草坪。还可与线形的常绿地被植物混栽形成花境；或者配植在常绿乔灌木树下作为基础栽植。白色或粉红的花序与绿色植物搭配，尤见雅致。种植于水体可去除污水中的总氮、总磷，达到净化富营养化水体的目的。还可以盆栽观赏、作切花材料。

图 190-1　水蓼花序

图 190-2　水蓼群落

191. 红蓼 *Persicaria orientalis* (L.) Spach

一年生草本植物。茎直立，粗壮，高 1～2 m，上部多分枝，密被开展的长柔毛。叶宽卵形、宽椭圆形或卵状披针形，长 10～20 cm，宽 5～12 cm，顶端渐尖，基部圆形或近心形，微下延，边缘全缘，密生缘毛，两面密生短柔毛，叶脉上密生长柔毛；叶柄长 2～10 cm，具开展的长柔毛；托叶鞘筒状，膜质，长 1～2 cm，被长柔毛，具长缘毛，通常沿顶端具草质、绿色的翅。总状花序，呈穗状，顶生或腋生，长 3～7 cm，花紧密，微下垂，通常数个再组成圆锥状；苞片宽漏斗状，长 3～5 mm，草质，绿色，被短柔毛，边缘具长缘毛，每苞内具 3～5 朵花；花梗比苞片长；花被 5 深裂，淡红色或白色；花被片椭圆形，长 3～4 mm；雄蕊 7 枚，比花被长；花盘明显；花柱 2 枚，中下部合生，比花被长，柱头头状。瘦果近圆形，双凹，直径长 3.0～3.5 mm，黑褐色，有光泽，包于宿存花被内。花期 6—9 月，果期 8—10 月。

产榆阳、米脂、绥德、子长、黄龙、黄陵、宜君。生于海拔 1000 ～ 1300 m 的山地路旁或河滩，分布于我国南北各省区。印度、不丹、斯里兰卡、越南、泰国、缅甸、印度尼西亚、菲律宾、日本、朝鲜、俄罗斯远东地区、澳大利亚及欧洲也产。

枝叶高大，疏散洒脱，叶色嫩绿，花序长，花密且红艳，花期较长。茎、叶、花均具有观赏性。适合种植在庭院、墙根、小路旁、水沟旁进行点缀，可作为花境、草坪、湖边等处的背景植物，也可种植于水体，去除污水中的总氮、总磷，达到净化、富营养化水体的目的。还可作插花材料。

图 191　红蓼

192. 萹蓄 *Polygonum aviculare* L.

一年生草本植物，高达 40 cm。基部多分枝。叶椭圆形、窄椭圆形或披针形，长 1 ～ 4 cm，宽 0.3 ～ 1.2 cm，先端圆或尖，基部楔形，全缘，无毛；叶柄短，基部具关节，托叶鞘膜质，下部褐色，上部白色，撕裂。花单生或数朵簇生叶腋，遍布植株；苞片薄膜质。花梗细，顶部具关节；花被 5 深裂，花被片椭圆形，长 2.0 ～ 2.5 mm，绿色，边缘白或淡红色；雄蕊 8 枚，花丝基部宽，花柱 3 枚。瘦果卵形，具 3 棱，长 2.5 ～ 3.0 mm，黑褐色，密被由小点组成的细条纹，无光泽，与宿存花被近等长或稍长。花期 5—7 月，果期 6—8 月。

产神木、榆阳、靖边、定边、绥德、清涧、延安、安塞、吴起、甘泉、洛川、黄龙、黄陵、宜君。生于荒野、河滩、路旁。分布于我国南北各省区。广布于北温带。

植株低矮，伏地生长，叶色深绿，花色清新淡雅，花期长，生命力顽强，耐践踏。可作为观花地被绿化植物。

图 192　萹蓄

193. 酸模 *Rumex acetosa* L.

多年生草本植物，高 30 ～ 80 cm。茎直立，细弱，通常不分枝。基生叶有长柄；叶片矩圆形，长 3 ～ 11 cm，宽 1.5 ～ 3.5 cm，顶端急尖或圆钝，基部箭形，全缘；茎上部的叶较小，披针形，无柄；托叶鞘膜质，斜形。花序圆锥状，顶生；花单性，雌雄异株；花被片 6 个，椭圆形，成 2 轮；雄花内轮花被片长约 3 mm，外轮花被片较小，直立，雄蕊 6 枚；雌花内轮花被片在果时增大，圆形，全缘，基部心形，外轮花被片较小，反折；柱头 3 枚，画笔状。瘦果椭圆形，有 3 棱，暗褐色，有光泽。

图 193-1　酸模幼苗

产榆阳区。分布于我国南北各省区。中亚、欧洲、美洲及日本、朝鲜、俄罗斯也有。生于海拔 1300 ～ 3200 m 的灌丛、水沟边、河漫滩潮湿肥沃的地方。

植株高大，叶色嫩绿，花序长，花色雅致。可做地被植物，用于岸边湿地绿化，列植，孤植效果均好。也可以作切花。

图 193-2　酸模花序

图 193-3　酸模果实

194. 长叶酸模 *Rumex longifolius* DC.

多年生草本植物，高达 1.2 m。基生叶长圆状披针形或宽披针形，长 20 ～ 35 cm，先端尖，基部宽楔形或近圆，边缘微波状，下面沿叶脉被乳头状突起；茎生叶披针形，先端尖，基部楔形；叶柄短。花两性；花序圆锥状，多花轮生。花梗纤细，中下部具关节，关节果时增大；花被片 6 个，外花被片披针形，内花被片果时增大，圆肾形或圆心形，长 5 ～ 6 mm，先端圆钝，基部心形，全缘，无小瘤。瘦果窄卵形，具 3 锐棱，长 2 ～ 3 mm。花期 6—7 月，果期 7—8 月。

产榆阳、米脂、绥德、横山。生于海拔 830 ～ 1500 m 的山地林缘或水边。分布于我国东北、华北、西北及山东、河南、湖北、四川。日本、俄罗斯及欧洲、北美也有分布。

植株高大，枝叶繁茂，叶形奇特，花序长，花色淡雅。适合于水边、林缘种植，可用于湿地绿化。也可以作切花。

图 194-1　长叶酸模叶

图 194-2　长叶酸模植株

图 194-3　长叶酸模秋季景观

195. 女娄菜 *Silene aprica* Turcx. ex Fisch. et Mey.

一至二年生草本植物，高达 70（100）cm。主根粗，稍木质；茎单生或数个；基生叶倒披针形或窄匙形，长 4 ～ 7 cm，宽 4 ～ 8 mm，基部渐窄成柄状；茎生叶倒披针形、披针形或线状披针形；圆锥花序；花梗长 0.5 ～ 2.0（～ 4.0）cm，直立；苞片披针形，渐尖，草质，具缘毛；花萼卵状钟形，长 6 ～ 8 mm，密被柔毛，萼齿三角状披针形；雌雄蕊柄极短或近无，被柔毛；花瓣白或淡红色，爪倒披针形，长 7 ～ 9 mm，具缘毛，瓣片倒卵形，2 裂；副花冠舌状；花丝基部具缘毛，雄蕊及花柱内藏；蒴果卵圆形，长 8 ～ 9 mm，与宿萼近等长；种子圆肾形，长 0.6 ～ 0.7 mm，具小瘤。

陕北地区均产。生于海拔 300 ～ 2300 m 的山坡草地、灌丛、林缘、河滩或田边。我国大部分省区均有分布。日本、朝鲜、蒙古、俄罗斯也产。

茎干直立，基生叶莲座状，返青早，叶片窄长，颜色亮绿，花形奇特，花期长，萼筒在结果时基部膨大，呈卵形，上部狭缩如瓶状。花冠白色，花萼膨大可爱，可用作园林花境、地被等。

图 195-1 女娄菜幼苗

图 195-2 女娄菜花

图 195-3 女娄菜果实

196. 蔓茎蝇子草 *Silene repens* Patr.

多年生草本植物，高达 50 cm。全株被柔毛。根茎细长，匍匐。茎疏丛生或单生。叶线状披针形、披针形或倒披针形，长 2 ～ 7 cm，宽 2 ～ 7（～ 12）mm，基部渐窄，两面被柔毛，具缘毛，中脉明显。聚伞花序，顶生或腋生，小聚伞花序对生；苞片披针形。花梗长 3 ～ 8 mm；花萼筒状，长 1.1 ～ 1.5 cm，径 3 ～ 5 mm，常带紫色，被柔毛，萼齿卵形，先端钝，边缘膜质，具缘毛。雌雄蕊柄长 4 ～ 8 mm，被柔毛；花瓣白色，爪倒披针形，内藏，瓣片平展，倒卵形，2 浅裂或深达中部；副花冠长圆形，有时具裂片；雄蕊微伸出；花柱 3 枚，伸出。蒴果卵圆形，长 6 ～ 8 mm，短于宿萼，6 齿裂。种子肾形，长约 1 mm，黑褐色，具细纹。花期 6—8 月，果期 7—9 月。

产神木、榆阳。生于海拔 1200 ～ 3000 m 的山坡草地。分布于我国东北、华北、西北及四川、西藏。日本、朝鲜、蒙古、俄罗斯西伯利亚地区也产。

植株低矮，丛生，早春很早萌发，植株葱茏茂盛，生机勃勃。常成片分布。花序长，开花密集，花期长，花色淡雅，花型奇特。可作花境或观花地被，用于花境时注意与色彩艳丽的花卉配合使用，也可以用作花海植物或切花。

图 196-1　蔓茎蝇子草群落

图 196-2　蔓茎蝇子草花

197. 窄叶歧繁缕 *Stellariadichotoma* L.

多年生草本植物，高达 30（60）cm。主根粗壮，圆柱形，支根须状。茎丛生，多次二歧分枝，被腺毛或柔毛。叶卵形或卵状披针形，长 0.5 ～ 2.0 cm，先端尖或渐尖，基部圆或近心形，微抱茎，全缘，两面被腺毛或柔毛。花顶生或腋生。花梗长 1 ～ 2 cm，被柔毛；萼片 5 枚，披针形，长 4 ～ 5 mm，被腺毛；花瓣 5 枚，倒披针形，与萼片近等长，顶端 2 裂至 1/3 或中部；雄蕊 10 枚，长为花瓣 1/3 ～ 1/2。蒴果宽卵圆形，短于宿萼，6 齿裂。种子 1 ～ 5 粒，卵形，微扁，褐黑色，脊具少数疣状凸起。花期 5—6 月，果期 7—8 月。

榆阳区可见。生长于海拔 250 ～ 800 m 或以上向阳石质山坡、石缝间或固定沙丘，产自我国黑龙江、辽宁、内蒙古（根河）、河北、甘肃、青海、新疆。

株型圆润美观，植株低矮，枝叶纤细，花小，花色洁白素雅，繁星点点，花丛蓬松，在园林中有云雾般效果。可用于花丛、花境、岩石园，孤植于庭院、公园，或丛植于林缘赏其形。

图 197-1　窄叶歧繁缕植株

图 197-2　窄叶歧繁缕叶

图 197-3　窄叶歧繁缕花

198. 麦仙翁 *Agrostemma githago* Linn.

一年生草本植物，高达 90 cm。全株密被白色长硬毛。茎单生，直立，不分枝或上部分枝。叶线形或线状披针形，长 4 ～ 13 cm，宽（0.2 ～）0.5 ～ 1.0 cm，基部微合生，中脉明显。花单生，径达 3 cm。花梗长；萼筒椭圆状卵形，长 1.2 ～ 1.5 cm，后期微膨大，萼裂片线形，长 2 ～ 3 cm；花瓣紫红色，较花萼短，爪窄楔形，白色，瓣片倒卵形，微凹；雄蕊及花柱伸出。蒴果卵圆形，长 1.2 ～ 1.8 cm，微长于宿萼，裂齿 5，外卷。种子黑色，卵形或圆肾形，长 2.5 ～ 3.0 mm，具棘凸。花期 6—8 月，果期 7—9 月。

榆阳区可见。原产东地中海地区，经欧洲、中亚传播至我国新疆、内蒙古、黑龙江及吉林。生于麦田或路边草地。

株形端庄潇洒，茎枝挺拔俊秀，剑叶线条奇美，每葶一花，形态菁藐，花色娇艳，花色丰富，花期长。宜于布置花境、花坛，或配植于路旁，也是衬托切花，花束和制作插花花艺的极好材料。

图 198-1　麦仙翁植株

图 198-2　麦仙翁花

199. 麦蓝菜 *Gypsophila vaccaria* (L.) Sm.

一年生或二年生草本植物，高 30 ～ 70 cm，全株无毛，微被白粉，呈灰绿色。根为主根系。茎单生，直立，上部分枝。叶片卵状披针形或披针形，长 3 ～ 9 cm，宽 1.5 ～ 4.0 cm，基部圆形或近心形，微抱茎，顶端急尖，具 3 基出脉。伞房花序，稀疏；花梗细，长 1 ～ 4 cm；苞片披针形，着生花梗中上部；花萼卵状圆锥形，长 10 ～ 15 mm，宽 5 ～ 9 mm，后期微膨大呈球形，棱绿色，棱间绿白色，近膜质，萼齿小，三角形，顶端急尖，边缘膜质；雌雄蕊柄极短；花瓣淡红色，长 14 ～ 17 mm，宽 2 ～ 3 mm，爪狭楔形，淡绿色，瓣片狭倒卵形，斜展或平展，微凹缺，有时具不明显的缺刻；雄蕊内藏；花柱线形，微外露。蒴果宽卵形或近圆球形，长 8 ～ 10 mm；种子近圆球形，直径约 2 mm，红褐色至黑色。花期 5—7 月，果期 6—8 月。

榆阳区可见。广布于我国华北、华东、西北及河南、云南、西藏。亚洲、欧洲温带地区也产。

株形端庄潇洒，枝叶扶疏，花形奇特，花色娇艳，花量大，花期长。宜于布置花境、花坛、盆栽、阳台、花海等，或配植于路旁，也是衬托切花，花束和制作插花花艺的极好材料。

图 199 麦蓝菜

200. 青葙 *Celosia argentea* L.

一年生草本植物，高达 1 m，全株无毛。叶长圆状披针形、披针形或披针状条形，长 5 ～ 8 cm，宽 1 ～ 3 cm，绿色常带红色，先端尖或渐尖，具小芒尖，基部渐窄；叶柄长 0.2 ～ 1.5 cm，或无叶柄。塔状或圆柱状穗状花序，不分枝，长 3 ～ 10 cm；苞片及小苞片披针形，白色，先端渐尖成细芒，具中脉。花被片长圆状披针形，长 0.6 ～ 1.0 cm，花初为白色，顶端带红色，或全部粉红色，后白色；花丝长 2.5 ～ 3.0 mm，花药紫色；花柱紫色，长 3 ～ 5 mm。胞果卵形，长 3.0 ～ 3.5 mm，包在宿存花被片内。种子肾形，扁平，双凸，径约 1.5 mm。花期 5—8 月，果期 6—10 月。

图 200 青葙

榆阳区可见。产我国大部分地区，生于海拔 20 ～ 1500 m 以下平原、田边、丘陵、山坡。东南亚及非洲热带有分布。

植株矮小，株型直立，穗状花序白红

相间，色彩明快，可宿存经久不凋，富有野趣，是竖线条的植物材料。可以应用在园林花境、地被或庭院绿化中，是制作盆景的好材料，也适合作切花、干花。

201. 雾冰藜 *Bassia dasyphylla* (Fisch. et Mey.) O. Kuntze

一年生草本植物。茎直立，高 3 ~ 50 cm，生灰白色长毛；多分枝，分枝开展，生长毛。叶互生，肉质，圆柱状或半圆柱状条形，长 0.3 ~ 1.5 cm，宽 1 ~ 5 mm，先端钝，基部渐狭，密生长毛。花两性，单生或 2 个集生于叶腋但仅 1 花发育；花被筒状，草质，先端有 5 齿状裂片，果期在其背面中部有 5 个锥状附属物，有毛；雄蕊 5 枚，伸出花被外；子房卵形，花柱短，柱头较长。胞果卵形；种子横生，近圆形，直径 1 ~ 2 mm，平滑；胚马蹄形；胚乳较少。

产神木、榆阳、绥德、横山、靖边、定边。生于海拔 800 ~ 1400 m 的草地、河滩或沙丘。分布于我国东北、华北、西北及西藏。中亚及蒙古、俄罗斯也产。

株型美观，全身密被柔毛，有云雾般效果，叶色富于变化，形色俱佳，四季有景。春季灰绿色，夏绿色，经秋变成粉绿、粉红、玫红、红色、黄色、橙等艳丽色彩，冬天则变成灰白色，是非常好的色叶植物。可布置于花坛、花境、岩石园、道路两侧、墙垣、角隅，或用作地被植物。

图 201-1　雾冰藜植株

图 201-2　雾冰藜初秋景观

图 201-3　雾冰藜仲秋景观

图 201-4　雾冰藜冬季景观

202. 绳虫实 *Corispermum declinatum* Steph. ex Stev.

一年生草本植物。茎直立，高 15 ～ 50 cm，通常高约 35 cm，圆柱状，直径 2.5 ～ 3.0 mm；分枝较多，最下部者较长，上升，余者较短，斜展。叶条形，长 2 ～ 3（～ 6）cm，宽 2 ～ 3 mm，先端渐尖，具小尖头，基部渐狭，1 脉。穗状花序，顶生和侧生，细长，稀疏，长 5 ～ 15 cm，直径约 0.5 cm，圆柱形；苞片较狭，由条状披针形过渡成狭卵形，长 0.5 ～ 3.0 cm，宽 2 ～ 3 mm，先端渐尖，基部圆楔形，1 脉，具白膜质边缘，除上部苞片较果稍宽外均较果窄。花被片 1 个，稀 3 个，近轴花被片宽椭圆形，先端全缘或齿啮状；雄蕊 1（～ 3）枚，花丝为花被片长的 2 倍。果实无毛，倒卵状矩圆形，长 3 ～ 4 mm，宽约 2 mm，顶端急尖，稀近圆形，基部圆楔形，背面凸出，其中央稍扁平，腹面扁平或稍凹入；果核狭倒卵形，平滑或具瘤状突起；果喙长约 0.5 mm，喙尖为喙长的 1/3，直立；果翅窄或几近于无翅，全缘或具不规则的细齿。花果期 6—9 月。

产榆阳、横山、绥德、清涧、延安。生于海拔 600 ～ 1340 m 的荒坡、田边、河滩或灌木丛中。分布于我国华北、西北及辽宁、河南。蒙古、俄罗斯也产。

株型美观，植株低矮，分枝细密，秋季茎叶鲜红，是非常好的秋色叶植物。可布置于花坛、花境、道路两侧、墙垣、角隅，或用作地被植物。

图 202-1　绳虫实植株

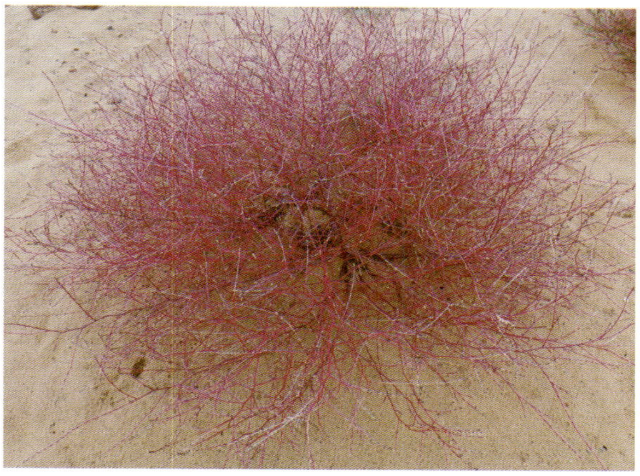

图 202-2　绳虫实秋季景观

203. 兴安虫实 *Corispermum chinganicum* Iljin

一年生草本植物。茎直立，高达 50 cm，多分枝；枝外倾或上升，圆柱形；叶线形，长 2 ～ 5 cm，宽 2 ～ 3 mm，先端渐尖，具小尖头，基部渐窄，1 脉。穗状花序，圆柱形，花排列紧密，长 2 ～ 5 cm，径 0.7 ～ 1.0 cm；苞片长圆状披针形，先端短渐尖，基部楔形，边缘宽膜质，3 脉，稍开展，完全掩盖果实。花被具 3 花被片，近轴的 1 片长圆形，远轴的 2 片较小，近二角形；雄蕊 5 枚，花丝长于花被片。胞果倒卵状长圆形，长约 3 mm，径约 2 mm，顶端急尖，基部宽楔形，黑褐色，无毛，边翅窄，花果期 6—8 月。

产榆阳区。生于草坡或路旁。分布于我国东北、华北及宁夏、甘肃。蒙古、俄罗斯西伯利亚地区也产。

株型美观，植株低矮，分枝细密，穗状花序圆柱状或棍棒状，秋季茎叶鲜红。可布置于花坛、花境、道路两侧、墙垣、角隅，或用作地被植物。

图 203-1　兴安虫实花序

图 203-2　兴安虫实冬季景观

204. 刺藜 *Teloxys aristata* (L.) Moq.

一年生草本植物，植物体通常呈圆锥形，高 10 ~ 40 cm，无粉，秋后常带紫红色。茎直立，圆柱形或有棱，具色条，无毛或稍有毛，有多数分枝。叶条形至狭披针形，长达 7 cm，宽约 1 cm，全缘，先端渐尖，基部收缩成短柄，中脉黄白色。复二歧式聚伞花序，生于枝端及叶腋，最末端的分枝针刺状；花两性，几无柄；花被裂片 5 枚，狭椭圆形，先端钝或骤尖，背面稍肥厚，边缘膜质，果时开展。胞果顶基扁（底面稍凸），圆形；果皮透明，与种子贴生。种子横生，顶基扁，周边截平或具棱。花期 8—9 月，果期 10 月。

产榆阳、横山、绥德、靖边、定边、吴起、安塞、延安、黄龙。生于海拔 300 ~ 1930 m 的荒坡、路旁、河边。分布于我国东北、华北、西北及山东、四川。亚洲及欧洲也产。

株型美观，植株低矮，全株有香味，秋季茎叶鲜红。是非常好的色叶地被植物。可布置于花坛、花境、道路两侧、墙垣、角隅，或用作地被植物，片植效果更佳。

图 204-1　刺藜群落秋季景观

图 204-2 刺藜植株

图 204-3 刺藜秋季景观

205. 菊叶香藜 *Dysphania schraderiana* (Roemer et Schultes) Mosyakin et Clemants

一年生草本植物，高 20 ～ 60 cm，有强烈气味，全体有具节的疏生短柔毛。茎直立，具绿色色条，通常有分枝。叶片矩圆形，长 2 ～ 6 cm，宽 1.5 ～ 3.5 cm，边缘羽状浅裂至羽状深裂，先端钝或渐尖，有时具短尖头，基部渐狭，上面无毛或幼嫩时稍有毛，下面有具节的短柔毛并兼有黄色无柄的颗粒状腺体，很少近于无毛；叶柄长 2 ～ 10 mm。复二歧聚伞花序，腋生；花两性；花被直径 1.0 ～ 1.5 mm，5 深裂；裂片卵形至狭卵形，有狭膜质边缘，背面通常有具刺状突起的纵隆脊并有短柔毛和颗粒状腺体，果时开展；雄蕊 5 枚，花丝扁平，花药近球形。胞果扁球形，果皮膜质。种子横生，周边钝，直径 0.5 ～ 0.8 mm，红褐色或黑色，有光泽，具细网纹；胚半环形，围绕胚乳。花期 7—9 月，果期 9—10 月。

产神木、府谷、榆阳、绥德、靖边、定边、安塞、子长、黄龙、宜君。生于海拔 820 ～ 1700 m 的荒坡、河岸、林缘或路旁。分布于我国辽宁、内蒙古、山西、宁夏、甘肃、青海、四川、云南、西藏。亚洲、欧洲及非洲也产。

株型美观，植株低矮，叶形奇特，全株有香味，秋季茎叶鲜红。是非常好的色叶地被植物。可布置于花坛、花境、道路两侧、墙垣、角隅，或用作地被植物，片植效果更佳。

图 205-1 菊叶香藜幼苗

图 205-2 菊叶香藜秋季景观

206. 地肤 *Bassia scoparia* (L.) A.J.Scott

一年生草本植物，高 50～100 cm。根略呈纺锤形。茎直立，圆柱状，淡绿色或带紫红色，有多数条棱，稍有短柔毛或下部几无毛；分枝稀疏，斜上。叶为平面叶，披针形或条状披针形，长 2～5 cm，宽 3～7 mm，无毛或稍有毛，先端短渐尖，基部渐狭入短柄，通常有 3 条明显的主脉，边缘有疏生的锈色绢状缘毛；茎上部叶较小，无柄，1 脉。花两性或雌性，通常 1～3 个生于上部叶腋，构成疏穗状圆锥状花序，花下有时有锈色长柔毛；花被近球形，淡绿色，花被裂片近三角形，无毛或先端稍有毛；翅端附属物三角形至倒卵形，有时近扇形，膜质，脉不很明显，边缘微波状或具缺刻；花丝丝状，花药淡黄色；柱头 2 枚，丝状，紫褐色，花柱极短。胞果扁球形，果皮膜质，与种子离生。种子卵形，黑褐色，长 1.5～2.0 mm，稍有光泽；胚环形，胚乳块状。花期 6—9 月，果期 7—10 月。

陕北地区常见。多生于田边、路旁、荒山坡，有时庭院栽培。我国各地均产。广布于欧洲、亚洲。

株型美观，枝叶细密，枝叶秀丽，叶色鲜嫩，秋季转为红紫色。可用于布置花篱、花境，或数株丛植于花坛中央，其淡淡的绿色，在炎热的夏季带给人们一片凉爽的感觉；盆栽可点缀和装饰于厅、堂、会场等；可通过修剪造型如几何图案、组字等与花坛结合为主景或衬景，还可种植于道路两旁，走廊两侧；作为彩色叶地被植物，可群植于花境、花坛，或与色彩鲜艳的花卉配置，可用来点缀零星空地，在土丘、假山上随坡就势、高低错落、疏密相间，可形成独特的园林景观。

图 206-1　地肤植株

图 206-2　地肤花枝

图 206-3　地肤秋季景观

207. 马齿苋 *Portulaca oleracea* L.

一年生草本植物，全株无毛。茎平卧或斜倚，伏地铺散，多分枝，圆柱形，长 10 ～ 15 cm，淡绿色或带暗红色。叶互生，有时近对生，叶片扁平，肥厚，倒卵形，似马齿状，长 1 ～ 3 cm，宽 0.6 ～ 1.5 cm，顶端圆钝或平截，有时微凹，基部楔形，全缘，上面暗绿色，下面淡绿色或带暗红色，中脉微隆起；叶柄粗短。花无梗，直径 4 ～ 5 mm，常 3 ～ 5 朵簇生枝端，午时盛开；苞片 2 ～ 6 枚，叶状，膜质，近轮生；萼片 2 枚，对生，绿色，盔形，左右压扁，长约 4 mm，顶端急尖，背部具龙骨状凸起，基部合生；花瓣 5 片，稀 4 片，黄色，倒卵形，长 3 ～ 5 mm，顶端微凹，基部合生；雄蕊通常 8 枚，或更多，长约 12mm，花药黄色；子房无毛，花柱比雄蕊稍长，柱头 4 ～ 6 裂，线形。蒴果卵球形，长约 5 mm，盖裂；种子细小，多数，偏斜球形，黑褐色，有光泽，直径不及 1 mm，具小疣状凸起。花期 5—8 月，果期 6—9 月。

陕北地区各地均产。全国分布。生于菜园、农田、路旁。

植株低矮，枝叶繁茂，叶形优美。红色的枝条和绿色的树叶相配，每片叶子都非常饱满和娇嫩。适合做地被植物或盆栽美化居室阳台，窗台。

图 207　马齿苋

208. 大苞点地梅 *Androsace maxima* L.

一年生草本植物。莲座状叶丛，单生，叶无柄或柄极短；叶草质，窄倒卵形、椭圆形或倒披形，长 0.5 ~ 1.5 cm，先端锐尖或稍钝，基部渐窄，中上部有小牙齿，两面近无毛或疏被柔毛。花葶高 2.0 ~ 7.5 cm，被白色卷曲柔毛和短腺毛；伞形花序，多花，被小柔毛和腺毛；苞片椭圆形或倒卵状长圆形，长 5 ~ 7 mm，宽 1.0 ~ 2.5 mm。花梗长 1.0 ~ 1.5 cm；花萼杯状，长 3 ~ 4 mm，果时增大，长达 9 mm，分裂达全长 2/5，被稀疏柔毛和短腺毛，裂片三角状披针形，渐尖；花冠白或淡红色，径 3 ~ 4 mm，裂片长圆形，先端钝圆。蒴果近球形。果期 8 月。

图 208-1　大苞点地梅植株

图 208-2　大苞点地梅花

图 208-3　大苞点地梅果实

产榆阳、绥德、黄龙。生于海拔 750 ～ 1100 m 的荒野草地。分布于我国内蒙古、山西、宁夏、甘肃、青海及新疆。广布于亚洲、非洲及欧洲。

植株矮小，伞形花序多而密集，花小巧可爱，花色淡雅，花期较早，自播自繁能力强，可作为疏林或低矮草坪中的点缀，屋顶绿化，也可以盆栽或作压花。

209. 海乳草 *Lysimachia maritima* (L.) Galasso, Banfi et Soldano

多年生小草本植物，高 5 ～ 25 cm。根常数条束生，较粗壮，径 1 ～ 2 mm；根状茎横走，粗达 2 mm，节部被对生的卵状膜质鳞片。茎直立或斜生，通常单一或下部分枝，无毛，基部节上被淡褐色卵形膜质鳞片状叶。叶密集，肉质，交互对生、近对生或互生，近无柄或有短柄；叶片线形、长圆状披针形至卵状披针形，长 5 ～ 15 mm，宽 1.8 ～ 3.5 mm，基部楔形，先端钝，全缘。花小，腋生，花梗长约 1 mm；花萼广钟形，花冠状，粉白色至蔷薇色，直径 5 ～ 6 mm，5 中裂，裂片长圆状卵形至卵形，长 2.0 ～ 2.5 mm，宽约 2 mm，全缘；无花冠；雄蕊 5 枚，与萼近等长或稍短。花丝基部扁宽，长约 4 mm，花药心形，背部着生；子房卵形，长约 1.3 mm，花柱细长，长约 2.5 mm，超出花萼，胚珠 8 ～ 9 枚。蒴果卵状球形，长 2 mm，径约 2.5 mm，顶端瓣裂。种子 6 ～ 8 粒，棕褐色，近椭圆形，长约 1 mm，宽约 0.8 mm，背面扁平，腹面凸出，有 2 ～ 4 条棱，种皮具网纹。花期 6 月，果期 7—8 月。

产神木、榆阳、绥德、清涧、横山、靖边、定边。生于海拔 830 ～ 1500 m 的荒野草地或田边潮湿处。分布于我国东北、西北及内蒙古、河北、山东、安徽、四川、西藏。日本、俄罗斯及中亚、欧洲、北美也产。

植株低矮，根茎丛生，花朵呈现奇特的心形和美丽的粉红色，叶色春夏嫩绿、秋季橙红，十分惹人喜爱。可作地被植物。

图 209-1　海乳草生境、植株

图 209-2　海乳草花

图 209-3　海乳草秋季景观

210. 黄连花 *Lysimachia davurica* Ledeb.

多年生草本植物，高 40 ～ 80 cm，具横走根茎。茎直立，下部无毛，上部被腺毛。叶对生或 3 ～ 4 枚轮生，无柄或柄极短；叶椭圆状披针形或线状披针形，长 4 ～ 12 cm，基部钝或近圆，两面散生黑色腺点，下面沿中脉被腺毛。总状花序，顶生，通常复出为圆锥花序。花梗长 0.7 ～ 1.2 cm；花萼裂片窄卵状三角形，长约 3.5 mm，沿边缘有一圈黑色腺条；花冠黄色，长约 8 mm，深裂，裂片长圆形；花丝基部合生成高约 1.5 mm 的筒，分离部分长 2 ～ 3 mm，花药卵状长圆形，长约 1 mm，纵裂。蒴果褐色，径 2 ～ 4 mm，瓣裂。花期 6—8 月，果期 8—9 月。

产榆阳区。生于海拔 1100 m 左右的沟渠边草丛中。分布于我国黑龙江、吉林、辽宁、内蒙古、河北、山东、江苏西北部、浙江。俄罗斯远东地区、朝鲜半岛及日本有分布。

株型紧凑，花序大、花密集，花形奇特，花期长。可广泛应用于花坛、花境、道路、庭院的绿化和点缀置石。也可以做切花。

图 210　黄连花花序

211. 打碗花 *Calystegia hederacea* Wall.

一年生草本植物，高达 30（40）cm。全株无毛。茎平卧，具细棱。茎基部叶长圆形，长 2.0 ～ 3.0（～ 5.5）cm，先端圆，基部戟形；茎上部叶三角状戟形，侧裂片常 2 裂，中裂片披针状或卵状三角形；叶柄长 1 ～ 5 cm。花单生叶腋，花梗长 2.5 ～ 5.5 cm；苞片 2 枚，卵圆形，长 0.8 ～ 1.0 cm，包被花萼，宿存；萼片长圆形；花冠漏斗状，粉红色，长 2 ～ 4 cm。蒴果卵圆形，长约 1 cm。种子黑褐色，被小疣。

产榆林、绥德、米脂、清涧、子长、甘泉、洛川、黄龙。生于海拔 200 ～ 2400 m 的荒野、田边、路旁或疏林下。分布几遍全国。亚洲、非洲及北美也产。

茎光滑平卧，具有匍匐性，覆盖性强，叶片亮绿，叶形奇特，花大、艳丽、花期长，是装饰绿柱花廊、棚架篱垣、阳台护栏、山石护坡及盆栽垂吊种植的好材料。缠绕成花廊或拱门，绿色的叶片托着一簇簇素雅的花儿，那情景绝对非常浪漫。也可与岩石和假山配置，或作地被植物片植于林下。

图 211-1　打碗花叶

图 211-2　打碗花花

图 211-3　打碗花生境、植株

212. 藤长苗 *Calystegia pellita* (Ledeb.) G. Don

多年生草本植物。根细长。茎缠绕，具细棱，密被灰白或黄褐色长柔毛，有时毛少。叶长圆形或长圆状线形，长 4 ～ 10 cm，先端钝圆或尖，具短尖头，基部圆、平截或微戟形，全缘，两面被柔毛，下面沿中脉被长柔毛；叶柄长 0.2 ～ 1.5（～ 2.0）cm，被毛。花单生叶腋；花梗短，密被柔毛；小苞片卵形，长 1.5 ～ 2.2 cm，先端钝，具短尖头，密被短柔毛；萼片近相等，长圆状卵形，长 0.9 ～ 1.2 cm；花冠淡红色，长 4 ～ 5 cm，瓣中带顶端被黄褐色短柔毛；花丝被小鳞片；柱头 2 裂，裂片长圆形，扁平。蒴果近球形，径约 6 mm。种子卵圆形，光滑。

产榆阳、横山、绥德、米脂、清涧、宜君、延安、宜川、黄陵等陕北黄土塬峁。生于海拔 720 ～ 1500 m 的荒野、田埂或疏林下。分布于我国东北、华北、西北、华东、华中及四川。日本、朝鲜、蒙古及俄罗斯也产。

图 212-1　藤长苗幼苗

图 212-2　藤长苗叶

图 212-3　藤长苗花

茎光滑平卧，具有匍匐性，覆盖性强，叶片亮绿，叶形奇特，花大、艳丽、花期长，是装饰绿柱花廊、棚架篱垣、阳台护栏、山石护坡及盆栽垂吊种植的好材料。缠绕成花廊或拱门，绿色的叶片托着一簇簇素雅的花儿，那情景绝对非常浪漫。也可与岩石和假山配置，或作地被植物片植于林下。

213. 银灰旋花 *Convolvulus ammannii* Desr.

多年生草本植物。根状茎短，木质化，茎少数或多数，高 2 ～ 10（～ 15）cm，平卧或上升，枝和叶密被贴生稀半贴生银灰色绢毛。叶互生，线形或狭披针形，长 1 ～ 2 cm，宽（0.5 ～）1.0 ～ 4.0（～ 5.0）mm，先端锐尖，基部狭，无柄。花单生枝端，具细花梗，长 0.5 ～ 7.0 cm；萼片 5，长（3 ～ 5）4 ～ 7 mm，外萼片长圆形或长圆状椭圆形，近锐尖或稍渐尖，内萼片较宽，椭圆形，渐尖，密被贴生银色毛；花冠小，漏斗状，长（8 ～）9 ～ 15 mm，淡玫瑰色或白色带紫色条纹，有毛，5 浅裂；雄蕊 5 枚，较花冠短一半，基部稍扩大；雌蕊无毛，较雄蕊稍长，子房 2 室，每室 2 胚珠；花柱 2 裂，柱头 2 枚，线形。蒴果球形，2 裂，长约 4 ～ 5 mm。种子 2 ～ 3 枚，卵圆形，光滑，具喙，淡褐红色。

产神木、绥德、靖边、定边。生于海拔 830 ～ 1900 m 的干燥山坡草地。分布于我国东北、华北、西北及河南、四川西部、西藏东部。中亚及蒙古、朝鲜、俄罗斯也产。

茎光滑平卧，具有匍匐性，花形奇特，花色淡雅，是装饰绿柱花廊、棚架篱垣、阳台护栏、山石护坡及盆栽垂吊种植的好材料。可作地被植物或片植于林下。

图 213-1　银灰旋花植株

图 213-2　银灰旋花花

214. 田旋花 *Convolvulus arvensis* L.

多年生草本植物。根状茎横走，茎平卧或缠绕，有条纹及棱角，无毛或上部被疏柔毛。叶卵状长圆形至披针形，长 1.5 ～ 5.0 cm，宽 1 ～ 3 cm，先端钝或具小短尖头，基部大多戟形，或箭形及心形，全缘或 3 裂，侧裂片展开，微尖，中裂片卵状椭圆形，狭三角形或披针状长圆形，微尖或近圆；叶柄较叶片短，长 1 ～ 2 cm；叶脉羽状，基部掌状。花序腋生，总梗长 3 ～ 8 cm，1 或有时 2 ～ 3 至多花，花柄比花萼长得多；苞片 2 枚，线形，长约 3 mm；萼片有毛，长 3.5 ～ 5.0 mm，稍不等，2 个外萼片稍短，长圆状椭圆形，钝，具短缘毛，内萼片近圆形，钝或稍凹，或多或少具小短尖头，边缘膜质；花冠宽漏斗形，长 15 ～ 26 mm，白色或粉红色，或白色具粉红或红色的瓣中带，或粉红色具红色或白色的瓣中带，5 浅裂；雄蕊 5 枚，稍不等长，较花冠短一半，花丝基部扩大，具小鳞毛；雌蕊较雄蕊稍长，子房有毛，2 室，每室 2 胚珠，柱头 2 枚，线形。蒴果卵状球形，或圆锥形，无毛，长 5 ～ 8 mm。种子 4 粒，卵圆形，无毛，长 3 ～ 4 mm，暗褐色或黑色。

陕北地区各地可见。生于耕地及荒坡草地上。分布于我国东北、华北、西北及山东、江苏、安徽、河南、湖北、四川、西藏。广布于亚洲、欧洲及南北美洲。

茎光滑平卧，具有匍匐性，覆盖性强，叶片亮绿，叶形、花形奇特，花色艳丽、花期长，是装饰绿柱花廊、棚架篱垣、阳台护栏、山石护坡及盆栽垂吊种植的好材料。也可作地被植物。

图 214-1　田旋花群落

图 214-2　田旋花花

图 214-3　田旋花叶和花

215. 曼陀罗 *Datura stramonium* L.

草本或亚灌木状，高达 1.5 m，植株无毛或幼嫩部分被短柔毛。叶宽卵形，淡绿色，上部白或淡紫色，冠檐径形，长 8 ～ 17 cm，先端渐尖，基部不对称楔形，具不规则波状浅裂，裂片 3 ～ 5 cm，裂片具短尖头；雄蓝内藏，先端尖，有时具波状牙齿，侧脉 3 ～ 5 对；叶柄长 3.0 ～ 5.5 cm。花直立，花梗长 0.5 ～ 1.2 cm；萼筒长 3 ～ 5 cm，具 5 棱，基部稍肿大，裂片三角形，花后自近基部断裂，宿存部分增大并反折；花冠漏斗状，长 6 ～ 10 cm，下部淡绿色，上部白或淡紫色，冠檐径 3 ～ 5 cm，裂片具短尖头；雄蕊内藏，花丝长约 3 cm，花药长约 4 mm；花子房密被柔针毛。蒴果直立，卵圆形，长 3.0 ～ 4.5 cm，被坚硬针刺或无刺，淡黄色，规则 4 瓣裂。种子卵圆形，稍扁，长约 4 mm；黑色。花期 6—10 月，果期 7—11 月。

产榆阳、米脂、横山、靖边、绥德、宜君、延安、延长、子长、安塞、甘泉、黄龙、黄陵。生于海拔 420 ～ 1500 m 的草地、田边或住宅旁。分布几遍全国。广布于世界温带至热带。

植株高大，枝叶扶疏，花大色艳，香味浓烈，花形果形奇特。常孤植或群植，适于坡地、池边、岩石旁及林缘下栽培观赏，或作为庭院或墙角屋隅的配植材料，也适合大型盆栽，花枝可用于插花。

图 215-1　曼陀罗幼苗

图 215-2　曼陀罗植株

图 215-3　曼陀罗花

图 215-4　曼陀罗果实

216. 天仙子 *Hyoscyamus niger* L.

一年生或二年生草本植物，高达 1 m。植株被黏性腺毛。根较粗壮。自根茎生出莲座状叶丛，叶卵状披针形或长圆形，长达 30 cm，先端尖，基部渐窄，具粗齿或羽状浅裂，中脉宽扁，侧脉 5 ～ 6 对，叶柄翼状，基部半抱根茎；茎生叶卵形或三角状卵形，长 4 ～ 10 cm，先端钝或渐尖，基部宽楔形，半抱茎，不裂或羽裂；茎顶叶浅波状，裂片多为三角形，无叶柄。花在茎中下部单生叶腋，在茎上端单生苞状叶腋内组成蝎尾式总状花序，常偏向一侧，花近无梗或梗极短；花萼筒状钟形，长 1.0 ～ 1.5 cm，裂片稍不等大，花后坛状，长 2.0 ～ 2.5 cm，径 1.0 ～ 1.5 cm，具纵肋，裂片张开，刺状；花冠钟状，长约花萼 1 倍，黄色，肋纹紫堇色；雄蕊稍伸出。蒴果长卵圆形，长约 1.5 cm。种子近盘形，径约 1 mm，淡黄褐色。花期 5—8 月，果期 7—10 月。

产榆阳、米脂、绥德、横山、靖边、安塞、延安、甘泉、黄陵、黄龙、宜君。生于海拔 870 ～ 2400 m 的山坡荒野。分布于我国东北、华北、西北及西南。阿富汗、巴基斯坦、印度、尼泊尔、日本、朝鲜、俄罗斯及中亚、西亚、北非、欧洲也产。

茎叶繁茂，花形奇特美丽，花期长，可广泛种栽于公园、公路两侧，布置花坛外轮可起到画龙点睛的作用，亦可作为绿化带呈块状播种。

图 216-1　天仙子花

图 216-2　天仙子果实

217. 宁夏枸杞 *Lycium barbarum* L.

灌木，高达 2 m。茎枝无毛，具棘刺。叶披针形或长椭圆状披针形，长 2 ～ 3 cm，宽 3 ～ 6 mm，先端短渐尖或尖，基部楔形，栽培植株之叶长达 12 cm，宽 1.5 ～ 2.0 cm。花在长枝 1 ～ 2 朵腋生，在短枝 2 ～ 6 朵簇生。花梗长 1 ～ 2 cm；花萼钟状，长 4 ～ 5 mm，常 2 中裂，裂片具小尖头或 2 ～ 3 齿裂；花冠漏斗状，紫色，冠筒长 0.8 ～ 1.0 cm，裂片卵形，长 5 ～ 6 mm，基部具耳片，无缘毛；雄花蕊丝近基部及花冠筒内壁具一圈密绒毛；花柱稍伸出。浆果红色或栽培类型有橙色，肉质多汁，形状及大小多变异，宽椭圆形、长圆形、卵圆形或近球形，长 0.8 ～ 2.0 cm，径 0.5 ～ 1.0 cm。种子扁肾形，褐黄色，长约 2 mm。花期 5—8 月，果期 8—11 月。

产府谷、榆阳、横山、绥德、延川、延安、洛川。生于山坡、荒地、丘陵地、盐碱地、路旁及村边宅旁。分布于我国辽宁、内蒙古、山西、陕西、甘肃、宁夏、青海、新疆及西藏。欧洲及地中海沿岸国家有栽培并已野化。

树干呈蔓性或灌木状生长，生命力强，树形婀娜，叶翠绿，花淡紫，入秋之后，红果缀满枝头，如珊瑚点点，常常同株花果并茂，情致不凡；树形苍劲，根若游蛇，虬曲多姿。地栽、盆栽、瓶插均相宜。可在庭院围墙边缘植为绿篱。枸杞红果和文竹叶相配插瓶，碧绿青翠，红艳欲滴，是装饰书房和卧室的佳品。枸杞盆景也是近年社会祝寿贺喜的时尚礼品。

图 217-1　宁夏枸杞植株、花

图 217-2　宁夏枸杞果实

218. 酸浆 *Physalis alkekengi* L.

多年生草本植物，高达 80 cm。茎被柔毛，幼时较密。叶长卵形或宽卵形，稀菱状卵形，长 5 ～ 15 cm，先端渐尖，基部不对称窄楔形，下延至叶柄，全缘波状或具粗牙齿，有时疏生不等大三角形牙齿，两面被柔毛，脉上较密，上面毛常不脱落；叶柄长 1 ～ 3 cm。花梗长 0.6 ～ 1.6 cm，初直伸，后下弯，密被柔毛；花萼宽钟状，长约 6 mm，密被柔毛，萼齿三角形，边缘被硬毛；花冠辐状，白色，径 1.5 ～ 2.0 cm，裂片开展，先端骤窄成三角形尖头，被短柔毛及缘毛。宿萼卵圆形，长 2.5 ～ 4.0 cm，径 2.0 ～ 3.5 cm，薄革质，网脉明显，纵肋 10，橙或红色，被柔毛，顶端闭合，基部凹下。浆果球形，橙红色，径 1.0 ～ 1.5 cm；果柄长 2 ～ 3 cm，被柔毛。种子肾形，淡黄色，长约 2 mm。花期 5—9 月，果期 6—10 月。

榆阳区可见。产我国甘肃、四川、云南、湖南、湖北及河南。生于海拔 1200 ～ 2500 m 旷地或山坡。欧亚大陆有分布。

浆果球形，造型别致。果实成熟时，外部的花萼会变成红色，其叶肉部分会逐渐脱落，只留下网状的外壳，此时内部的果子呈火红色，在干燥通风的条件下持久不变，是优良的干花花材。常作切花或布置宿根花坛。

图 218-1 酸浆花、幼果

图 218-2-1 酸浆成熟果实（1）

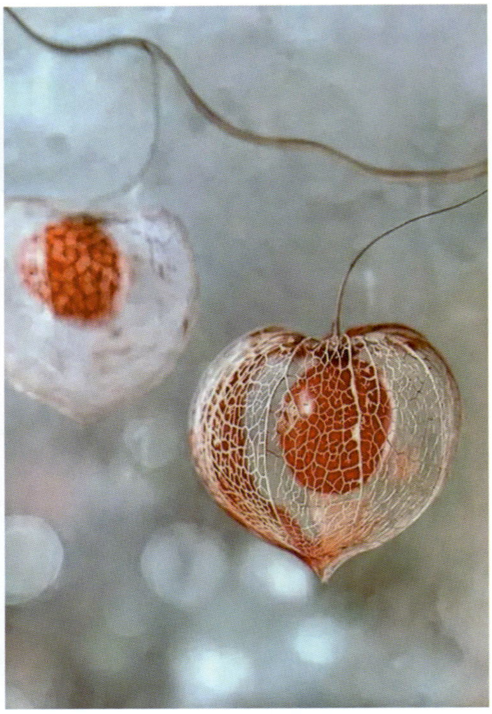

图 218-2-2 酸浆成熟果实（2）

219. 挂金灯 *Physalis alkekengi* L. var. *francheti* (Mast.) Makino

与酸浆的区别：茎节肿大；叶仅具缘毛；花梗近无毛或疏被柔毛，果时无毛；花萼裂片毛较密，萼筒毛稀疏，宿萼无毛。

产榆阳、延长、黄龙、宜君。生于海拔 600 ～ 2780 m 的山地草丛或灌丛下。除西藏外分布几遍全国。朝鲜也产。

茎干直立，花色淡雅，挂金灯外形酷似灯笼，从绿色慢慢过渡到橙红色的绝美渐变，充满了成熟和收获的氛围感。可植于林间，路缘，观果园或药草园，可增添山林野趣。也可盆栽观赏，果枝又可制作干花。

图 219-1　挂金灯植株

图 219-2-1　挂金灯果实（1）

图 219-2-2　挂金灯果实（2）

220. 龙葵 *Solanum nigrum* L.

一年生草本植物，高达 1 m。茎近无毛或被微柔毛。叶卵形，长 4 ～ 10 cm，先端钝，基部楔形或宽楔形，下延，全缘或具 4 ～ 5 对不规则波状粗齿，两面无毛或疏被短柔毛，叶脉 5 ～ 6 对；叶柄长 2 ～ 5 cm。伞形状花序，腋外生，具 3 ～ 6（～ 10）朵花，花序梗长 2 ～ 4 cm。花梗长 0.8 ～ 1.2 cm，近无毛或被短柔毛；花萼浅杯状，径 2 ～ 3 mm，萼齿近三角形，长 1 mm；

花冠白色，长 0.8 ～ 1.0 cm，冠檐裂片卵圆形；花丝长 1.0 ～ 1.5 mm，花药长 2.5 ～ 3.5 mm，顶孔向内，花柱长 5 ～ 6 mm，中下部被白色绒毛。浆果球形，径 0.8 ～ 1.0 cm，黑色；果柄弯曲。种子近卵圆形，径 1.5 ～ 2.0 mm。花期 5—8 月，果期 7—11 月。

陕北地区均产。生于海拔 200 ～ 1360 m 的草地、田边或路旁。分布几遍全国。广布于欧亚大陆及美洲的温带至热带地区。

植株整体呈现碧绿色，花型小巧可爱，花色洁白，花香浓郁，幼果碧玉色，慢慢地变成黑紫色，像是一粒粒黑珍珠。可作观赏盆景。

图 220-1　龙葵花

图 220-2　龙葵幼果

图 220-3　龙葵成熟果实

221. 青杞 *Solanum septemlobum* Bunge

直立草本或灌木状，茎具棱角，被白色具节弯卷的短柔毛至近于无毛。叶互生，卵形，长 3 ～ 7 cm，宽 2 ～ 5 cm，先端钝，基部楔形，通常 7 裂，有时 5 ～ 6 裂或上部的近全缘，裂片卵状长圆形至披针形，全缘或具尖齿，两面均疏被短柔毛，在中脉，侧脉及边缘上较密；叶柄长约 1 ～ 2 cm，被有与茎相似的毛被。二歧聚伞花序，顶生或腋外生，总花梗长约 1.0 ～ 2.5 cm，具微柔毛或近无毛，花梗纤细，长 5 ～ 8 mm，近无毛，基部具关节；萼小，杯状，直径约 2 mm，外面被疏柔毛，5 裂，萼齿三角形，长不到 1 mm；花冠青紫色，直径约 1 cm，花冠筒隐于萼内，长约 1 mm，冠檐长约 7 mm，先端深 5 裂，裂片长圆形，长约 5 mm，开放时常向外反折；花丝长不及 1 mm，花药黄色，长圆形，长约 4 mm，顶孔向内；子房卵形，直径约 1.5 mm，花柱丝状，长约 7 mm，柱头头状，绿色。浆果近球状，熟时红色，直径约 8mm；种子扁圆形，径约 2 ～ 3 mm。花期夏秋间，果熟期秋末冬初。

产榆阳、米脂、绥德、横山、靖边、安塞、志丹、子长、洛川、黄陵、黄龙。生于海拔 600 ～ 1950 m 的山地草丛或灌丛。分布于我国华北及辽宁、甘肃、新疆、河南、山东、江苏、安徽、浙江、四川、西藏。俄罗斯也产

茎直立，枝繁叶茂，叶形奇特，花色艳丽。夏秋开花，秋末冬初果熟。幼果绿色，成熟时亮红色，晶莹剔透。可片植做地被或盆栽观赏。可作切花。

图 221-1　青杞群落

图 221-2　青杞花

图 221-3　青杞幼果

图 221-4　青杞成熟果实

222. 车前 *Plantago asiatica* L.

二年生或多年生草本植物，植株干后绿或褐绿色，或局部带紫色。须根多数。根茎短，稍粗。叶基生呈莲座状，薄纸质或纸质，宽卵形或宽椭圆形，长 4 ～ 12 cm，先端钝圆或急尖，基部宽楔形或近圆，多少下延，边缘波状、全缘或中部以下有锯齿、牙齿或裂齿，两面疏生短柔毛；脉 5 ～ 7 条；叶柄长 2 ～ 15 cm，上面具凹槽，无翅，基部扩大成鞘，疏生短柔毛。穗状花序，3 ～ 10 个，细圆柱状，长 3 ～ 40 cm，紧密或稀疏，下部常间断。花具短梗；萼片先端钝圆或钝尖，龙骨突不延至顶端。花冠白色，无毛，花冠筒与萼片近等长，裂片窄三角形，具明显的中脉，花后反折。蒴果纺锤状卵形、卵球形或圆锥状卵形，长 3.0 ～ 4.5 mm，于基部上方周裂。种子 5 ～ 6 枚，卵状椭圆形或椭圆形。花期 4—8 月，果期 6—9 月。

图 222　车前

产榆林、靖边、定边、绥德、清涧、甘泉、洛川、黄龙。生于海拔 290 ～ 2430 m 的荒野、田边、路旁及沟渠两岸。分布于我国南北各省区。斯里兰卡、印度、不丹、尼泊尔、朝鲜、日本、马来西亚、印度尼西亚也产。

植株低矮，幼苗期贴近地面生长，并且成莲花状四散开来。通体碧绿，散发着勃勃生机，圆润的叶子犹如猪耳朵一样可爱，翠绿的花序随风摇摆，生动有趣。适用于林下、边缘或半荫处作园林地被植物，也可作花坛、花径的镶边材料，在草坪中成丛散植，可组成缀花草坪，饶有野趣，也可盆栽供室内观赏。

223. 大车前 *Plantago major* L.

二年生或多年生草本。须根多数。根茎粗短。叶基生，呈莲座状，平卧、斜展或直立；叶片草质、薄纸质或纸质，宽卵形至宽椭圆形，长 3 ～ 18 cm，宽 2 ～ 11 cm，先端钝尖或急尖，边缘波状、疏生不规则牙齿或近全缘，两面疏生短柔毛或近无毛，少数被较密的柔毛，脉 5 ～ 7 条。花序 1 至数个；花序梗直立或弓曲上升，有纵条纹，被短柔毛或柔毛；穗状花序，细圆柱状，基部常间断；苞片宽卵状三角形。花无梗。花冠白色，无毛，冠筒等长或略长于萼片，裂片披针形至狭卵形，长 1.0 ～ 1.5 mm，于花后反折。蒴果近球形、卵球形或宽椭圆球形。花期 6—8 月，果期 7—9 月。

产神木、榆阳、靖边、定边、绥德、吴堡、清涧。生于海拔 450 ～ 2240 m 的荒野、田边、路旁及渠岸潮湿处。分布于我国东北、华北、西北及山东、江苏、福建、台湾、海南、广西、四川、云南、西藏。广布于欧亚大陆温带及寒温带地区。

枝叶通体碧绿，散发着勃勃生机，叶大而圆润，翠绿的花序随风摇摆，生动有趣。适用于林下、边缘或半荫处作园林地被植物，也可作花坛、花径的镶边材料，在草坪中成丛散植，可组成缀花草坪，饶有野趣，也可盆栽供室内观赏。

图 223　大车前

224. 杉叶藻 *Hippuris vulgaris* L.

多年生水生草本植物，全株无毛。茎直立，多节，常带紫红色，高达 1.5 m，上部不分枝，挺出水面，下部合轴分枝，有匍匐白或棕色肉质匍匐根茎，节上生多数纤细棕色须根，生于泥中。叶 6 ～ 12 枚，轮生，线形，长 1.0 ～ 2.5 cm，宽 1 ～ 2 mm，全缘，具 1 脉。花单生叶腋，无柄，常为两性，稀单性；萼与子房合生；无花瓣；雄蕊 1 枚；花柱稍长于雄蕊，子房下位，雌蕊生于子房上的一侧。核果窄长圆形，长约 1.5 mm，光滑，顶端近平截，具宿存雄蕊及花柱。花期 6 月。

产榆阳、横山。生于沙地湖泊浅水中。分布于我国东北、华北、西北、西南及河南、台湾、广西。广布于世界温带地区。

茎光滑无毛，呈直立生长，叶呈条纹状，轮生分布，株形美观，无论池栽于露地，还是缸养于室内，均能成景。可用于公园、风景区等浅水处成片种植，形成微型森林景观，也可盆栽。

图 224　杉叶藻

225. 柳穿鱼 *Linaria vulgaris* subsp. *chinensis* (Bunge ex Debeaux) D. Y. Hong

多年生草本植物，植株高 20 ～ 80 cm，茎叶无毛。茎直立，常在上部分枝。叶通常多数而互生，少下部的轮生，上部的互生，更少全部叶都成 4 枚轮生的，条形，常单脉，少 3 脉，长 2 ～ 6 cm，宽 2 ～ 4（～ 10）mm。总状花序，花期短而花密集，果期伸长而果疏离，花序轴及花梗无毛或有少数短腺毛；苞片条形至狭披针形，超过花梗；花梗长 2 ～ 8 mm；花萼裂片披针形，长约 4 mm，宽 1.0 ～ 1.5 mm，外面无毛，内面多少被腺毛；花冠黄色，除去距长 10 ～ 15 mm，上唇长于下唇，裂片长 2 mm，卵形，下唇侧裂片卵圆形，宽 3 ～ 4 mm，中裂片舌状，距稍弯曲，长 10 ～ 15 mm。蒴果卵球状，长约 8 mm。种子盘状，边缘有宽翅，成熟时中央常有瘤状突起。花期 6—9 月。

产榆阳、富县、宜君。生于海拔 420 ～ 1300 m 的草地或河岸。分布于我国东北及内蒙古、河北、甘肃东北部、山东、河南、江苏北部。

株型挺拔，枝叶柔美、花形别致、花序挺直，可盆栽或制作鲜切花，也可在园林应用中用来布置花坛、花境、公路护坡、岩石园和郊野公园。

图 225-1　柳穿鱼植株

图 225-2　柳穿鱼花

226. 阿拉伯婆婆纳 *Veronica persica* Poir.

铺散多分枝草本植物，高达 50 cm。茎密生两列柔毛。叶 2 ～ 4 对（腋内生花的称苞片）；卵形或圆形，长 0.6 ～ 2.0 cm，基部浅心形，平截或浑圆，边缘具钝齿，两面疏生柔毛；具短柄。总状花序，很长；苞片互生，与叶同形近等大。花梗长于苞片，有的超过 1 倍；花萼长 3 ～ 5 mm，果期增大达 8 mm，裂片卵状披针形，有睫毛；花冠蓝、紫或蓝紫色，长 4 ～ 6 mm，裂片卵形或圆形，喉部疏被毛；雄蕊短于花冠。蒴果肾形，长约 5 mm，宽大于长，初被腺毛，后近无毛，网脉明显，凹口角度超过 90°，裂片钝，宿存花柱，超出凹口。种子背面具深横纹。花期 3—5 月。

产榆阳、延安。生于海拔 1700 m 以下路边或荒野地。分布于我国大多数省区。原产亚洲西南部，现世界各地归化。

植株低矮，枝叶茂密，伏地生长，花小巧可爱，花非常小，花瓣上有深蓝色的条纹，颜色鲜艳，可作观花地被，片植于公园、庭园、边坡等绿地以增添野趣，也可应用于花坛、花境。

图 226-1　阿拉伯婆婆纳群落

图 226-2　阿拉伯婆婆纳植株

图 226-3　阿拉伯婆婆纳花

227. 互叶醉鱼草 *Buddleja alternifolia* Maxim.

灌木，高达 4 m。叶在长枝互生，在短枝簇生。长枝叶披针形或线状披针形，长 3 ～ 10 cm，全缘或具波状齿，两面密被灰白色星状短绒毛，上面老时近无毛；叶柄长 1 ～ 2 mm；短枝或花枝叶椭圆形或倒卵形，长 0.5 ～ 1.5 cm，宽 0.2 ～ 1.0 cm，全缘兼具波状齿。花多朵组成簇生状或圆锥状聚伞花序，花序长 1.0 ～ 4.5 cm，花序梗短，基部常具少数小叶。花梗长 3 mm；花芳香，花萼钟状，长 2.5 ～ 4.0 mm，密被灰白色星状绒毛，杂有腺毛，裂片长 0.5 ～ 1.7 mm；花冠紫蓝色，花冠筒长 0.6 ～ 1.0 cm，裂片长 1.2 ～ 3.0 mm；雄蕊着生花冠筒内壁中部，花药长 1.0 ～ 1.8 mm；柱头卵形。蒴果椭圆形，长约 5 mm，无毛。种子多粒，长 1.5 ～ 2.0 mm，边缘具短翅。花期 5—7 月，果期 7—10 月。

产榆阳、子洲、横山、靖边、定边、吴起、志丹、安塞、延安、甘泉、黄龙。生于海拔 1000 ～ 1900 m 的山地灌丛中。分布于我国内蒙古、河北、山西、宁夏、甘肃、青海、河南、四川及西藏。

枝干丛状，树形饱满，叶片细长，正面绿色，背面白色，开花时见花不见叶，粉紫色的花朵成簇开放在树枝上，形成花瀑布般的景象，低垂的花枝十分优雅。花朵芳香四溢，清新迷人。可布置花坛，宜在花境、山石旁丛植或做稀疏林下的地被植物，也可盆栽室内观赏。

图 227-1　互叶醉鱼草植株

图 227-2　互叶醉鱼草花

图 227-3　互叶醉鱼草双色叶

228. 角蒿 *Incarvillea sinensis* Lam.

一年生至多年生草本植物，具分枝的茎，高达 80 cm；根近木质而分枝。叶互生，不聚生于茎的基部，2～3 回羽状细裂，形态多变异，长 4～6 cm，小叶不规则细裂，末回裂片线状披针形，具细齿或全缘。顶生总状花序，疏散，长达 20 cm；花梗长 1～5 mm；小苞片绿色，线形，长 3～5 mm。花萼钟状，绿色带紫红色，长和宽均约 5 mm，萼齿钻状，萼齿间皱褶 2 浅裂。花冠淡玫瑰色或粉红色，有时带紫色，钟状漏斗形，基部收缩成细筒，长约 4 cm，直径粗 2.5 cm，花冠裂片圆形。雄蕊 4 枚，2 强，着生于花冠筒近基部，花药成对靠合。花柱淡黄色。蒴果淡绿色，细圆柱形，顶端尾状渐尖，长 3.5～5.5（～10.0）cm，粗约 5 mm。种子扁圆形，细小，直径约 2 mm，四周具透明的膜质翅，顶端具缺刻。花期 5—9 月，果期 10—11 月。

产榆阳、神木、府谷、横山、靖边、定边、米脂、延安、安塞、志丹、甘泉、洛川、黄龙、黄陵等陕北黄土塬峁。生于海拔 500～1600 m 的沙地、荒野或疏林下。分布于我国黑龙江、内蒙古、河北、山西、山东、河南、宁夏、甘肃、青海、四川、云南、西藏。

绿茎直立洒脱，叶似青蒿，丝丝翠绿欲滴，花果俱佳，桃红色钟形花冠，大而艳丽，花开花谢自春至秋，花事花期悠悠绵长，弧形长角状蒴果极具特色，观赏性强。加之其对干旱条件的极强抗耐性，特别适宜在干旱河谷园林植物配置中加以应用。可配置于花境、花池、花坛以及缀花草坪，或配置于色块边、林地边、假山上下，可丛植、片植、带状种植。亦可盆栽观赏。

图 228-1　角蒿花、果实

图 228-2　角蒿群落

229. 蒙古莸 *Caryopteris mongholica* Bunge

落叶小灌木，常自基部即分枝，高 0.3 ～ 1.5 m；嫩枝紫褐色，圆柱形，有毛，老枝毛渐脱落。叶片厚纸质，线状披针形或线状长圆形，全缘，很少有稀齿，长 0.8 ～ 4.0 cm，宽 2 ～ 7 mm，表面深绿色，稍被细毛，背面密生灰白色绒毛；叶柄长约 3 mm。聚伞花序，腋生，无苞片和小苞片；花萼钟状，长约 3 mm，外面密生灰白色绒毛，深 5 裂，裂片阔线形至线状披针形，长约 1.5 mm；花冠蓝紫色，长约 1 cm，外面被短毛，5 裂，下唇中裂片较长大，边缘流苏状，花冠管长约 5 mm，管内喉部有细长柔毛；雄蕊 4 枚，几等长，与花柱均伸出花冠管外；子房长圆形，无毛，柱头 2 裂。蒴果椭圆状球形，无毛，果瓣具翅。花果期 8—10 月。

产榆阳、神木、横山、靖边。生于海拔 1000 ～ 1650 m 的山坡或沙丘。分布于我国内蒙古、河北、山西、宁夏、甘肃及青海。蒙古也产。

花型美丽，花序较长，蓝紫色显得高贵典雅；花期正值夏秋季，可填补夏末、秋季观花植物缺乏地区的不足，可作为西北干旱、半干旱地区城市、街道主要绿化树种栽植于街区道旁、公园绿地上，为观赏价值较高的秋初观花之佳品。亦可作绿篱、花境、雕像的背景或组字构成图案或与地被菊、小叶黄杨、叉枝圆柏等叶色浓绿的低矮植物材料配置或成片栽植，其观赏性更为独特。

图 229-1　蒙古莸植株

图 229-2　蒙古莸花枝

图 229-3　蒙古莸花

图 229-4　蒙古莸果实

230. 荆条 *Vitex negundo* L. var. *heterophylla* (Franch.) Rehd.

灌木或小乔木。小枝四棱形，密生灰白色绒毛。掌状复叶，小叶 5 片，少有 3 片；小叶片长圆状披针形至披针形，顶端渐尖，基部楔形，全缘或每边有少数粗锯齿，表面绿色，背面密生灰白色绒毛；中间小叶长 4 ～ 13 cm，宽 1 ～ 4 cm，两侧小叶依次递小，若具 5 小叶时，中间 3 片小叶有柄，最外侧的 2 片小叶无柄或近于无柄。聚伞花序排成圆锥花序式，顶生，长 10 ～ 27 cm，花序梗密生灰白色绒毛；花萼钟状，顶端有 5 裂齿，外有灰白色绒毛；花冠淡紫色，外有微柔毛，顶端 5 裂，二唇形；雄蕊伸出花冠管外；子房近无毛。核果近球形，径约 2 mm；宿萼接近果实的长度。花期 4—6 月，果期 7—10 月。

产榆阳、府谷、绥德、子洲、延川、富县。生于海拔 300 ～ 1100 m 的山灌丛中。分布于我国华北及宁夏、甘肃、山东、江苏、安徽、江西、河南、湖南、四川、贵州。印度及东南亚也产。

枝叶秀丽，花序清雅，掌状叶型美观，全株都能散发清香气味，花期较长，可用于装点风景区、做树桩盆景或切花。

图 230-1　荆条植株

图 230-2-1　荆条花序（1）

图 230-2-2　荆条花序（2）

图 230-3　荆条秋季景观

231. 香青兰 *Dracocephalum moldavica* L.

一年生草本植物，高达 40 cm。茎 3 ～ 5，被倒向柔毛，带紫色。基生叶草质，卵状三角形，先端钝圆，基部心形，疏生圆齿，上部叶披针形或线状披针形；长 1.4 ～ 4.0 cm，先端钝，基部圆或宽楔形，叶两面仅脉疏被柔毛及黄色腺点，具三角形牙齿或稀疏锯齿，有时基部牙齿呈小裂片状，先端具长刺；叶柄与叶等长，向上较短。轮伞花序具4朵花，疏散，生于茎或分枝上部5～12节；苞片长圆形，疏被平伏柔毛，具2～3对细齿，齿刺长2.5～3.5 mm。花梗长3～5 mm，平展；花萼长0.8～1.0 cm，被黄色腺点及短柔毛，下部毛较密，脉带紫色，上唇3浅裂，三角状卵形，下唇2深裂近基部，萼齿披针形；花冠淡蓝紫色，长1.5～2.5（～3.0）cm，被白色短柔毛；上唇舟状，下唇淡中裂片具深紫色斑点。小坚果长圆形，长约2.5 mm，顶端平截。

产榆阳、府谷、神木、绥德、横山、靖边、吴起、安塞、志丹、延安、黄龙。生于海拔600～1340 m的干燥山坡草地。分布于我国东北、华北及河南、宁夏、甘肃。印度、俄罗斯及中亚、欧洲也产。

图231-1　香青兰幼苗

图231-2　香青兰花

图231-3　香青兰花期植株

图231-4　香青兰果序

株型紧密，生长整齐，叶片柔美，开花时覆盖全株，花色极亮丽，香气怡人。可以作花带、花坛、花境材料等，或片植成花海，也可与紫花地丁或蒲公英和旋覆花或者波斯菊混播，形成春夏秋三季有景观的效果。

232. 夏至草 *Lagopsis supina* (Stephan ex Willd.) Ikonn.–Gal.

多年生草本植物。茎高 15 ～ 35 cm，密被微柔毛，常在基部多分枝。叶具长柄，轮廓为圆形，直径 1.5 ～ 2.0 cm，三深裂，通常越冬叶远较宽大，上面疏生微柔毛，下面沿脉上有长柔毛，其余部分有腺点。轮伞花序，疏花，径约 1 cm；苞片刺状，弯曲；花萼筒状钟形，5 脉，齿 5，三角形，顶端有刺状尖头，果时 2 齿稍大；花冠白色，稀粉红色，长约 7 mm，花冠筒内无毛环，仅在花丝基部偶有微柔毛，上唇全缘，下唇 3 裂，中裂片宽椭圆形；雄蕊 4 枚，二强，着生于花冠筒中部，均内藏。小坚果长卵形，有鳞秕。花期 3—4 月，果期 5—6 月。

陕北地区各地均产。生于荒野、田埂或路旁。分布于我国东北、华北、西北、西南及山东、河南、江苏、浙江、西藏。日本、蒙古、俄罗斯也产。

植株低矮，披散于地面生长或直立，叶色翠绿，叶形花型奇特，花色淡雅，花香浓郁，适宜做地被植物。

图 232-1　夏至草幼苗

图 232-2　夏至草花序

233. 益母草 *Leonurus japonicus* Houtt

一年生或二年生草本植物，有于其上密生须根的主根。茎直立，通常高 30 ～ 120 cm，钝四棱形，微具槽，有倒向糙伏毛，在节及棱上尤为密集，在基部有时近于无毛，多分枝，或仅于茎中部以上有能育的小枝条。叶轮廓变化很大，茎下部叶轮廓为卵形，基部宽楔形，掌状 3 裂，裂片呈长圆状菱形至卵圆形，裂片上再分裂；茎中部叶轮廓为菱形，较小，通常分裂成 3 个或偶有多个长圆状线形的裂片，基部狭楔形，叶柄长 0.5 ～ 2.0 cm；轮伞花序，腋生，具 8 ～ 15 朵花，轮廓为圆球形，径 2.0 ～ 2.5 cm，多数远离而组成长穗状花序；小苞片刺状，花梗无。花冠粉红至淡紫红色，长 1.0 ～ 1.2 cm，外面于伸出萼筒部分被柔毛。子房褐色，无毛。小坚果长圆状三棱形，长 2.5 mm，顶端截平而略宽大，基部楔形，淡褐色，光滑。花期通常在 6—9 月，果期 9—10 月。

产榆阳、延安、甘泉、黄陵、宜君。生于海拔 600 ～ 1700 m 的荒野草地、河滩、田边或林缘。分布于我国各省区。日本、朝鲜及东南亚、非洲、美洲也产。

茎干直立，叶形花型奇特，花色鲜艳，通体有香味。可布置花坛、花境，也可以盆栽观赏或作切花、干花。

图 233-1　益母草植株

图 233-2　益母草花

234. 细叶益母草 *Leonurus sibiricus* L.

一年生或二年生草本植物，高达 80 cm。茎被平伏毛。下部茎叶早落，叶卵形，长约 5 cm，基部宽楔形，掌状 3 深裂，裂片长圆状菱形，再 3 裂成线形小裂片，小裂片宽 1 ～ 3 mm，两面被糙伏毛，下面被腺点；中部茎叶叶柄长约 2 cm。轮伞花序，具多花，径 3.0 ～ 3.5 cm；上部苞叶近菱形，3 深裂，中裂片常再 3 裂，小裂片线形，小苞片刺状，反折，被短糙伏毛。花无梗，花萼管状钟形，长 8 ～ 9 mm，中部密被柔毛，余被平伏微柔毛，前 2 齿钻状三角形，后 3 齿三角形，具刺尖；花冠白、粉红或紫红色，长约 1.8 cm，冠筒内具鳞毛环，冠檐密被长毛，上唇长圆形，下唇长约 7 mm，中裂片倒心形，侧裂片卵形；花丝疏被鳞片。小坚果褐色，长圆状三棱形，长约 2.5 mm。花期 7—9 月，果期 9 月。

产榆阳、横山、靖边、定边、安塞、志丹、延安、甘泉、宜君。生于海拔 500 ～ 1900 m 的荒野草地或河滩。分布于我国华北及宁夏、甘肃。蒙古、俄罗斯也产。

茎干直立，叶形花型奇特，花色鲜艳，通体有香味。可布置花坛、花境，也可以盆观赏或作切花、干花。

图 234-1　细叶益母草幼苗

图 234-2　细叶益母草花序

235. 欧地笋 *Lycopus europaeus* L.

多年生草本植物，高 15～80 cm。根茎横走，节上生须根，有先端逐渐肥大被鳞叶的地下长匍枝。茎直立，四棱形，具槽，节上多少被柔毛，节间无毛或微被柔毛，通常不分枝或于上部分枝。叶长圆状椭圆形或披针状椭圆形。轮伞花序，无梗，圆球形，多花密集，花梗无，花萼钟形，花冠白色，下唇具红色小斑点，钟状。小坚果背腹扁平。花期 6—8 月，果期 8—9 月。

产榆阳区。生于海拔 1100 m 左右的溪岸潮湿处。分布于我国河北及新疆。日本、俄罗斯及中亚、西亚、欧洲也产，北美有引种。

植株低矮，叶色嫩绿，花色淡雅。可作地被植物，用于湿地绿化。

图 235　欧地笋

236. 地笋 *Lycopus lucidus* Turcz.

多年生草本植物，高达 70 cm。茎常不分枝，无毛或节稍紫红色，疏被微硬毛。地下匍匐茎肥大，具鳞叶。叶长圆状披针形，长 4 ~ 8 cm，先端渐尖，基部楔形，具粗牙齿状尖齿，两面无毛，下面被腺点；叶柄极短或近无。轮伞花序，球形，径 1.2 ~ 1.5 cm；小苞片卵形或披针形，刺尖，具小缘毛，外层小苞片长达 5 mm，具 3 脉，内层小苞片长 2 ~ 3 mm，具 1 脉。花萼长 3 mm，被腺点，内面无毛，萼齿 5，披针状三角形，长约 2 mm，刺尖，具小缘毛；花冠白色，长 5 mm，冠檐被腺点，喉部被白色短柔毛，冠筒长约 3 mm，冠檐稍二唇形，上唇近圆形，下唇 3 裂。小坚果倒卵球状四边形，长 1.6 mm，背面平，腹面具棱，被腺点。花期 6—9 月，果期 8—11 月。

产榆阳、绥德、靖边、吴起、宜川、黄陵。生于海拔 700 ~ 1360 m 的沟岸、草地潮湿处。分布于我国东北及河北、四川、贵州及云南。

植株低矮，叶色嫩绿，花色淡雅。可做地被植物，用于屋顶绿化。

图 236　地笋

237. 薄荷 *Mentha canadensis* Linnaeus

多年生草本植物。茎直立，高 30 ~ 60 cm，下部数节具纤细的须根及水平匍匐根状茎，锐四棱形，具四槽，上部被倒向微柔毛，下部仅沿棱上被微柔毛，多分枝。叶片长圆状披针形，披针形，椭圆形或卵状披针形，稀长圆形，长 3 ~ 5（~ 7）cm，宽 0.8 ~ 3.0 cm，先端锐尖，基部楔形至近圆形，边缘在基部以上疏生粗大的牙齿状锯齿，侧脉约 5 ~ 6 对，与中肋在上面微凹陷下面显著，上面绿色；沿脉上密生余部疏生微柔毛，或除脉外余部近于无毛，上面淡绿色，通常沿脉上密生微柔毛；叶柄长 2 ～ 10 mm，腹凹背凸，被微柔毛。轮伞花序，腋生，轮廓球形，花时径约 18 mm，具梗或无梗，具梗时梗可长达 3 mm，被微柔毛；花梗纤细，长 2.5 mm，被微柔毛或近于无毛。花萼管状钟形，长约 2.5 mm，外被微柔毛及腺点，内面无毛，10 脉，不明显，萼齿 5，狭三角状钻形，先端长锐尖，长 1 mm。花冠淡紫，长 4 mm，外面略被微柔毛，内面在喉部以下被微柔毛，冠檐 4 裂，上裂片先端 2 裂，较大，其余 3 裂片近等大，长圆形，先端钝。雄蕊 4 枚，前对较长，长约 5 mm，均伸出于花冠之外，花丝丝状，无毛，花药卵圆形，2 室，室平行。花柱略超出雄蕊，先端近相等，2 浅裂，裂片钻形。花盘平顶。小坚果卵珠形，黄褐色，具小腺窝。花期 7—9 月，果期 10 月。

陕北地区均产。生于海拔 300 ～ 1950 m 的草地、沟岸等潮湿处。分布几遍全国。越南、泰国、老挝、缅甸、柬埔寨、马来西亚、日本、朝鲜、俄罗斯及北美也产。

植株低矮，叶色常年清新翠绿并带有明显的脉纹，花色淡雅，全株都有香味，香味浓郁，可以盆栽观赏，可做地被植物。

图 237　薄荷

238. 腋疮草 *Panzerina lanata* var. *alaschanica* (Kuprian.) H. W. Li

多年生草本植物，具粗大的木质主根。茎从基部发出，高 30 ～ 35 cm，基部近于木质，多分枝，茎、枝四棱形，密被白色短绒毛。叶轮廓为宽卵圆形，宽 3 ～ 5 cm，茎生叶掌状 5 裂，裂片常达基部，狭楔形，宽 2 ～ 4 mm，小裂片线状披针形，苞叶较小，3 深裂，叶片上面由于密被贴生短毛而呈灰白色，下面被有白色紧密的绒毛，叶脉在上面下陷，下面不明显突出，叶柄细长，扁平，被绒毛。轮伞花序，多花，多数密集排列成顶生长穗状花序；小苞片钻形，先端刺尖，被绒毛。花冠淡黄或白色，下唇有红条纹，冠檐二唇形，上唇直伸，盔状，长圆形，基部收缩，下唇直伸，浅 3 裂，中裂片较大，心形，侧裂片卵圆形。小坚果卵圆状三棱形，具疣点，顶端圆，长约 3 mm。花期 7—9 月。

图 238-1　脓疮草花序

产神木、榆阳、米脂、横山、靖边、定边。生于海拔 900 ～ 1400 m 的荒野沙地。分布于我国内蒙古、宁夏、新疆。

植株低矮，叶形、叶色、花形奇特，花色洁白。可用于花坛花境，也可做地被、切花、干燥花。

图 238-2　脓疮草植株

239. 黄芩 *Scutellaria baicalensis* Georgi

多年生草本植物，高达 1.2 m。茎分枝，近无毛，或被向上至开展微柔毛。根茎肉质，径达 2 cm，分枝。叶披针形或线状披针形，长 1.5 ～ 4.5 cm，先端钝，基部圆，全缘，两面无毛或疏被微柔毛，下面密被凹腺点；叶柄长约 2 mm，被微柔毛。总状花序，长 7 ～ 15 cm；下部苞叶叶状，上部卵状披针形或披针形。花梗长约 3 mm，被微柔毛；花萼长 4 mm，密被微柔毛，具缘毛，盾片高 1.5 mm；花冠紫红或蓝色，密被腺柔毛，冠筒近基部膝曲，喉部径达 6 mm，下唇中裂片三角状卵形。小坚果黑褐色，卵球形，长 1.5 mm，被瘤点，腹面近基部具脐状突起。

花期 7—8 月，果期 8—9 月。

产神木、榆阳、延安、宜川、洛川、黄陵、黄龙、宜君。生于海拔 580 ～ 1700 m 的山坡草地或疏林下。分布于我国华北及黑龙江、辽宁、甘肃、江苏、河南、湖北。日本、朝鲜、蒙古、俄罗斯也产。

植株低矮，枝叶繁茂，叶色浓绿，花朵着生在茎的顶端，紧密地排列于一侧。花型奇特，花色鲜艳，花期较长，香味淡雅，适合作为庭院、花坛、花境等园林景观的点缀，营造花海，做专类观赏园，与其他地被花卉组合，色块栽植，做模纹花坛，也可以盆栽观赏。

图 239-1　黄芩植株

图 239-2　黄芩花

240. 盔状黄芩 *Scutellaria galericulata* L.

多年生草本植物，高达 40 cm。茎微具槽，沿棱被倒向短柔毛，余无毛。具根茎。叶长圆状披针形，长 1.5 ～ 6.0 cm，先端尖，基部浅心形，具圆齿状锯齿，两面被短柔毛；叶柄长 2 ～ 7 mm。花腋生，偏向一侧；花梗长 2 mm，密被倒向短柔毛；花萼长约 3.5 mm，密被白色短柔毛，盾片高 0.8 mm，果时高达 1.5 mm；花冠紫或蓝色，长约 1.8 cm，被腺短柔毛，冠筒基部微囊状，喉部径 3.5 ～ 5.0 mm，上唇半圆形，下唇中裂片三角状卵形，侧裂片长圆形。小坚果黄色三棱状卵球形，径约 1 mm，被瘤点，腹面中央具脐状突起。花期 6—7 月，果期 7—8 月。

图 240-1　盔状黄芩植株

图 240-2　盔状黄芩花

产榆阳区。生于海拔 1100 m 左右的草地或水沟旁。分布于我国内蒙古、甘肃及新疆。日本、蒙古、俄罗斯远东地区及亚洲中部和西南部、欧洲、北美也产。

植株低矮，枝叶繁茂，花型奇特，花色鲜艳，花期较长，香味淡雅，适合于花带、花境、花坛边缘栽植，路边、林缘草地片植，在私家花园设计中可与岩石园点缀栽植配合使用，亦可在药草园内收集栽植，还可以用于工厂区以及土壤瘠薄的地区的绿化。

241. 并头黄芩 *Scutellaria scordifolia* Fisch.ex Schrenk.

多年生草本植物，高达 36 cm。茎带淡紫色，近无毛或棱上疏被上曲柔毛。叶三角状卵形或披针形，长 1.5 ～ 3.8 cm，先端钝尖，基部浅心形或近平截，具浅锐牙齿，稀具少数微波状齿或全缘，上面无毛，下面沿脉疏被柔毛或近无毛，被腺点或无腺点；叶柄长 1 ～ 3 mm，被柔毛。总状花序不分明，顶生，偏向一侧；小苞片针状。花梗长 2 ～ 4 mm，被短柔毛；花萼长 3 ～ 4 mm，被短柔毛及缘毛，盾片高约 1 mm；花冠蓝紫色，长 2.0 ～ 2.2 cm，被短柔毛，冠筒浅囊状膝曲，喉部径达 6.5 mm，下唇中裂片圆卵形，宽约 7 mm，侧裂片卵形，宽 2.5 mm，先端微缺。小坚果黑色，椭圆形，长 1.5 mm，被瘤点，腹面近基部具脐状突起。花期 6—8 月，果期 8—9 月。

产榆阳、靖边。生于海拔 1300 ～ 1700 m 的草地或湿地。分布于我国华北及黑龙江、青海。日本、蒙古、俄罗斯也产。

植株低矮，枝叶繁茂，叶色翠绿、花朵成对着生在叶腋。花型奇特，花色鲜艳，花期较长，香味淡雅，适合作为庭院、花坛、花境等园林景观的点缀。也可以盆栽观赏。

图 241-1　并头黄芩植株

图 241-2　并头黄芩花

242. 华水苏 *Stachys chinensis* Bunge ex Benth.

多年生草本植物，高约 60 cm。茎不分枝或基部分枝，棱及节疏被倒向长柔毛状糙硬毛，余无毛。叶长圆状披针形，长 5.5 ～ 8.5 cm，先端钝，基部近圆，具锯齿状圆齿，上面疏被细糙硬毛或近无毛，下面无毛或沿脉疏被细糙硬毛；叶柄长不及 5 mm。轮伞花序，具 6 朵花，疏散；苞叶无柄，上部苞叶披针形，全缘，被长柔毛状糙硬毛，小苞片刺状。花梗极短或近无；花萼钟形，长约 1 cm，沿脉及齿缘被长柔毛状糙硬毛，内面无毛，10 脉，副脉不明显，萼齿披针形，具刺尖；花冠紫色，长约 1.5 cm，上唇被微柔毛，冠筒长约 8 mm，直伸，近基部前方稍囊状，上唇长圆形，长 4 mm，下唇近圆形，3 裂，中裂片近圆形，3 裂，长 3 mm，先端微缺，侧裂片卵形。小坚果褐色，卵球状三棱形，无毛，花期6—8月，果期7—9月。

产榆阳区。生于水沟旁。分布于我国东北、华北及甘肃。俄罗斯有分布。

植株直立挺拔，叶色翠绿。花形、果形独特，花期长，适合水景、湿地或庭园的池边等种植。

图242-1　华水苏植株

图242-2　华水苏花序

图242-3　华水苏果实

243. 甘露子 *Stachys sieboldii* Miquel

多年生草本植物，高达1.2 m。根茎白色，节具鳞叶及须根，顶端具念珠状或螺蛳形肥大块茎。茎棱及节被平展硬毛；叶卵形或椭圆状卵形，长3～12 cm，先端尖或渐尖，基部宽楔形或浅心形，具圆齿状锯齿，两面被平伏硬毛；叶柄长1～3 cm，被硬毛。轮伞花序，具6朵花，组成长5～15 cm穗状花序；下部苞叶卵状披针形，上部苞叶披针形，无柄，近全缘，小苞片线形。花梗长约1 mm，被微柔毛；花萼窄钟形，长约9 mm，被腺柔毛，内面无毛，

10 脉稍明显；萼齿三角形或长三角形，长约 4 mm，具刺尖，微反折；花冠粉红或紫红色，下唇具紫斑，长约 1.3 cm，冠筒长约 9 mm，近基部前方微囊状，被微柔毛，冠檐被微柔毛，内面无毛，上唇长圆形，长 4 mm，下唇 3 裂，中裂片近圆形，宽约 3.5 mm，侧裂片卵形。小坚果黑褐色，卵球形，径约 1.5 cm，被小瘤。花期 7—8 月，果期 9 月。

产榆阳、子长、黄龙。生于海拔 1000 ～ 2100 m 的山地林下或草丛中。分布于我国辽宁、河北、山西、甘肃、青海、山东、江苏、江西、河南、湖南、广东、广西、四川及云南。欧洲、日本、北美有栽培。

叶形美观，叶脉非常清晰，能够带来很好的视觉效果。肉质茎形似蚕宝宝，颇为奇特。花型奇特，花色艳丽，适合作为庭院、花坛、花境等园林景观的点缀。也可以盆栽观赏。

图 243　甘露子

244. 百里香 *Thymus mongolicus* Ronn.

半灌木。茎多数，匍匐或上升。营养枝被短柔毛；花枝长达 10 cm，上部密被倒向或稍平展柔毛，下部毛稀疏，具 2 ～ 4 对叶。叶卵形，长 0.4 ～ 1.0 cm，宽 2.0 ～ 4.5 mm，先端钝或稍尖，基部楔形，全缘或疏生细齿，两面无毛，被腺点。花序头状。花萼管状钟形或窄钟形，长 4.0 ～ 4.5 mm，下部被柔毛，上部近无毛，上唇齿长不及唇片 1/3，三角形，下唇较上唇长或近等长；花冠紫红、紫或粉红色，长 6.5 ～ 8.0 mm，疏被短柔毛，冠筒长 4 ～ 5 mm，向上稍增大。小坚果近球形或卵球形，稍扁。花期 7—8 月。

产府谷、神木、横山、子洲、靖边、安塞、甘泉。生于海拔 1000 ～ 2450 m 的山坡草地或林下。分布于我国内蒙古、河北、山西、河南、陕西、甘肃及青海。

图 244-1　百里香叶

图 244-2　百里香花

植株矮小，匍地生长，叶小而密，紫色的唇形花缀满枝头，花量大，花期长，全株散发出诱人的馨香，是芳香型观花地被植物，可用于岩石园、花境、花坛、香料园、向阳处山坡作地被植物栽植，还可以用作屋顶绿化、插花、花束、花篮材料，以及开花的垂吊植物盆栽观赏。

245. 地椒 *Thymus quinquecostatus* Cêlak.

半灌木。茎斜上升或近水平伸展；不育枝从茎基部或直接从根茎长出，通常比花枝少，疏被向下弯曲的疏柔毛；花枝多数，彼此靠近，高 3 ～ 15 cm，从茎上或茎的基部长出，直立或上升，具有多数节间，节间最多可达 15 个，通常比叶短，稀有与之相等或比叶长，在基部的先出叶，通常脱落，花序以下密被向下弯曲的疏柔毛，毛在花枝下部较短而变疏。叶长圆状椭圆形或长圆状披针形，稀有卵圆形或卵状披针形，长 7 ～ 13 mm，宽 1.5 ～ 3.0（～ 4.5）mm，稀有长达 2 cm，宽 8 mm，先端钝或锐尖，基部渐狭成短柄，全缘，边外卷，沿边缘下 1/2 处或仅在基部具长缘毛，近革质，两面无毛，侧脉 2（～ 3）对，粗，在下面突起上面明显，腺点小且多而密，明显；苞叶同形，边缘在下部 1/2 被长缘毛。花序头状或稍伸长成长圆状的头状花序；花梗长达 4 mm，密被向下弯曲的短柔毛。花萼管状钟形，长 5 ～ 6 mm，上面无毛，下面被平展的疏柔毛，上唇稍长或近相等于下唇，上唇的齿披针形，近等于全唇 1/2 长或稍短，被缘毛或近无缘毛。花冠长 6.5 ～ 7.0 mm，冠筒比花萼短。花期 8 月。

产府谷、靖边、定边、安塞、延长、甘泉。生于海拔 1050 ～ 1900 m 的山坡草地或灌丛下。分布于我国辽宁、河北、山西、山东及河南。朝鲜、日本也产。

植株低矮，颜色嫩绿，花朵繁茂，花期长，植株成簇状生长，全株具有香味。大面积栽植整齐均一，自然美观，起伏有致，勾勒出的线条柔和圆润，除用于点缀花草坪、街头绿地及公园、花境、池畔和庭院栽植外，还可与其他具有芳香味的植物配植，服务于盲人专用保健绿地—夜香园，关注特殊人群的特殊需要，保障盲人群体健康积极的生活方式，提高盲人群体的生活质量。

图 245　地椒

246. 列当 *Orobanche coerulescens* Steph.

二年生或多年生寄生草本植物，高达 50 cm。全株密被蛛丝状长绵毛。茎不分枝。叶卵状披针形，长 1.5 ～ 2.0 cm，连同苞片、花萼外面及边缘密被蛛丝状长绵毛。穗状花序；苞片与叶同形，近等大；无小苞片。花萼 2 深裂近基部，每裂片中裂；花冠深蓝、蓝紫或淡紫色，筒部在花丝着生处稍上方缢缩，上唇 2 浅裂，下唇 3 中裂，具不规则小圆齿；花丝被长柔毛，花药无毛；花柱无毛。蒴果卵状长圆形或圆柱形，长约 1 cm。花期 4—7 月，果期 7—9 月。

产神木、榆阳、绥德、米脂、横山、靖边、吴起、志丹、子长、洛川、黄龙、宜君。生于海拔 700 ～ 2100 m 的山地草丛中，多寄生在蒿属植物的根上。分布于我国东北、华北、西北及山东、四川、云南及西藏。尼泊尔、日本、朝鲜、蒙古、俄罗斯及中亚也产。

植株低矮，株型美观，茎直立，花型奇特，花色鲜艳，可盆栽观赏。

图 246　列当

247. 黄花列当 *Orobanche pycnostachya* Hance

图 247　黄花列当

二年生或多年生寄生草本植物，高达 50 cm。全株密被腺毛。茎不分枝。叶卵状披针形或披针形，长 1.0 ～ 2.5 cm，连同苞片、花萼裂片及花冠裂片外面及边缘密被腺毛。花序穗状；苞片卵状披针形。花萼 2 深裂至基部，每裂片 2 裂，裂片不等长；花冠黄色，冠筒中部稍弯，花丝着生处稍上方缢缩，向上稍宽，上唇顶端 2 浅裂或微凹，下唇长于上唇，3 裂，边缘波状或具小齿；花丝基部疏被腺毛，花药被长柔毛；花柱疏被腺毛，柱头 2 浅裂。蒴果长圆形，长约 1 cm。花期 4—6 月，果期 6—8 月。

产绥德、靖边、延安、甘泉、黄龙。生于海拔 1000 ～ 1900 m 的山坡草地，寄生于蒿属植物的根上。分布于我国东北、华北及山东、江苏、安徽、浙江、福建、河南、宁夏、甘肃。

朝鲜、蒙古、俄罗斯也产。

植株低矮，株型美观，茎直立，花型奇特，花色鲜艳，可盆栽观赏。

248. 光药大黄花 *Cymbaria mongolica* Maxim.

多年生草本植物，高达 20 cm。植株被柔毛，呈绿色。茎丛生，基部密被鳞叶。叶对生，无柄，长圆状披针形或线状披针形，长 1.2 ～ 2.5（～ 4.5）cm，宽 3 ～ 4（～ 6）cm。花少数，腋生。花梗长 0.3 ～ 1.0 cm；小苞片 2；花萼长 1.5 ～ 3.0 cm，内外均被毛，萼齿 5（～ 6），窄三角形或线形，长为萼筒 2 ～ 3 倍，齿间具 1 ～ 2（～ 3）线状小齿；花冠黄色，长 2.5 ～ 3.5 cm，上唇略盔状，裂片外卷，下唇 3 裂，开展；雄蕊 4 枚，2 强，花丝基部被柔毛，花药背着，顶部常无毛，稀疏生长毛，药室长 3.0 ～ 3.6 mm，下端有刺尖。蒴果长卵圆形，长 1.0 ～ 1.1 cm，革质。种子长卵形，长 4.0 ～ 4.5 mm。花期 4—8 月。

产神木、榆阳、佳县、吴堡、绥德、吴起。生于海拔 840 ～ 1100 m 的山坡草地。分布于我国内蒙古、河北、山西、甘肃、青海。

植株低矮，枝繁叶茂，匐地生长，花型奇特，花色鲜艳，可做观花地被，或盆栽观赏。

图 248　光药大黄花

249. 疗齿草 *Odontites vulgaris* Moench

一年生草本植物，高达 60 cm，全株被贴伏倒生的白色细硬毛。茎常在中上部分枝，上部四棱形。叶披针形至线状披针形，长 1.0 ～ 4.5 cm，边缘疏生锯齿；无柄。穗状花序，顶生；苞片下部的叶状。花萼长 4 ～ 7 mm，裂片窄三角形；花冠紫、紫红或淡红色，长 0.8 ～ 1.0 cm，外被白色柔毛。蒴果长 4 ～ 7 mm，上部被细刚毛。种子椭圆形。花期 7—8 月。

产榆阳、靖边、安塞、延安，生于海拔 1100 ～ 1300 m 的山坡草地。分布于我国东北、华北、西北。蒙古、俄罗斯及中亚、欧洲也产。

茎干直立，多分枝。姿态优美。可用于水边或湿地绿化。

图 249　疗齿草

250. 地黄 *Rehmannia glutinosa* (Gaert.) Libosch. ex Fisch. et Mey.

多年生草本植物。植株高达 30 cm，密被灰白色长柔毛和腺毛。根茎肉质，鲜时黄色，在栽培条件下，径达 5.5 cm。茎紫红色。叶通常在茎基部集成莲座状，向上则强烈缩小成苞片，或逐渐缩小而在茎上互生；叶卵形或长椭圆形，上面绿色，下面稍带紫色或紫红色，长 2 ～ 13 cm，边缘具不规则圆齿或钝锯齿至牙齿；基部渐窄成柄。花序上升或弯曲，在茎顶部略排成总状花序，或全部单生叶腋。花梗长 0.5 ～ 3.0 cm，花萼长 1.0 ～ 1.5 cm，密被长柔毛和白色长毛，具 10 条隆起的脉，萼齿 5，长圆状披针形、卵状披针形或多少三角形，长 0.5 ～ 0.6 cm，稀前方 2 枚开裂而使萼齿达 7 枚之多；花冠长 3.0 ～ 4.5 cm，花冠筒多少弓曲，外面紫红色，被长柔毛，裂片 5，先端钝或微凹，内面黄紫色，外面紫红色，两面均被长柔毛，长 5 ～ 7 mm；雄蕊 4 枚，药室长圆形，基部叉开；子房幼时 2 室，老时因隔膜撕裂而成 1 室，无毛，花柱顶部扩大成 2 枚片状柱头。蒴果卵圆形或长卵圆形，长 1.0 ～ 1.5 cm。花果期 4—7 月。

产神木、府谷、榆林、吴堡、绥德、横山、子洲、子长、延安、富县、洛川、黄陵、黄龙。

生于海拔 370 ～ 1400 m 的山脚、墙边、荒地、田边或路旁。分布于我国华北及辽宁、宁夏、甘肃、山东、江苏、河南。

植株低矮，叶片、花序、花朵、果实形态优美，叶色、花色繁多，色彩艳丽，花期长。可在花境、花坛、岩石园中应用。可作自然式花卉布置，还可作为盆栽观赏、压花。

图 250-1　地黄幼苗

图 250-2　地黄花

图 250-3　地黄果实

251. 茜草 *Rubia cordifolia* L.

草质攀援藤木，长通常 1.5 ～ 3.5 m；根状茎和其节上的须根均红色；茎数至多条，从根状茎的节上发出，细长，方柱形，有 4 棱，棱上生倒生皮刺，中部以上多分枝。叶通常 4 片轮生，纸质，披针形或长圆状披针形，长 0.7 ～ 3.5 cm，顶端渐尖，有时钝尖，基部心形，边缘有齿状皮刺，两面粗糙，脉上有微小皮刺；基出脉 3 条，极少外侧有 1 对很小的基出脉。叶柄长通常 1.0 ～ 2.5 cm，有倒生皮刺。聚伞花序，腋生和顶生，多回分枝，有花十余朵至数十朵，花序和分枝均细瘦，有微小皮刺；花冠淡黄色，干时淡褐色，盛开时花冠檐部直径约 3.0 ～ 3.5 mm，花冠裂片近卵形，微伸展，长约 1.5 mm，外面无毛。果球形，直径通常 4 ～ 5 mm，成熟时橘黄色。花期 8—9 月，果期 10—11 月。

产榆阳、靖边、绥德、清涧。常生于疏林、林缘、灌丛或草地上。分布于我国东北、华北、西北和四川（北部）及西藏（昌都地区）等地。日本、朝鲜、俄罗斯远东地区也产。

叶片翠绿、轮生，嫩枝四棱，有倒生的小刺，具野趣。花色淡雅，香味浓郁。果实晶莹剔透。可用于岩石园、篱垣、廊架垂直绿化，也可用于荒坡绿化。

图 251-1　茜草植株

图 251-2　茜草果实

252. 百金花 *Centaurium Pulchellum* (Swartz) Druce var. *altaicum* (Griseb.) Hara

一年生草本植物，高达 15 cm。茎直伸，多分枝。中下部叶椭圆形或卵状椭圆形，长 0.6 ～ 1.7 cm，先端钝；上部叶椭圆状披针形，长 0.6 ～ 1.3 cm，先端尖，具小尖头。花多数，二歧式或总状复聚伞花序。花梗长 3 ～ 5 mm，近四棱形，直伸；花萼 5 深裂，裂片钻形，长 2.5 ～ 3.0 mm，边缘膜质，中脉脊状突起；花冠白或粉红色，漏斗形，长 1.3 ～ 1.5 cm，冠筒圆柱形，喉部骤膨大，顶端 5 裂，裂片窄长圆形，长 2.7 ～ 3.2 mm，先端钝，全缘；子房半 2 室，椭圆形，长 7 ～ 8 mm，花柱长 2.0 ～ 2.2 mm。蒴果椭圆形，长 7.5 ～ 9.0 mm，花柱宿存，无柄。种子黑褐色，球形，径 0.2 ～ 0.3 mm。花果期 5—7 月。

产榆阳、延川。生于海拔 690 ～ 1300 m 的潮湿草地或河滩。分布于我国东北、华北、西北、华南及山东、江苏、浙江、福建、台湾、江西、湖南。中亚及印度、俄罗斯也产。

植株低矮，花小巧可爱，花色鲜艳。可做地被植物或盆栽观赏，也是压花的好材料。

图 252　百金花

253. 鳞叶龙胆 *Gentiana squarrosa* Ledeb.

一年生矮小草本植物，高达 8 cm。茎密被黄绿色或杂有紫色乳突，基部多分枝，枝铺散，斜升。叶缘厚软骨质，密被乳突，叶柄白色膜质，边缘被短睫毛；基生叶卵形、宽卵形或卵状椭圆形，长 0.6 ～ 1.0 cm；茎生叶倒卵状匙形或匙形，长 4 ～ 7 mm。花单生枝顶。花梗长 2 ～ 8 mm；花萼倒锥状筒形，长 5 ～ 8 mm，被细乳突，裂片外反，卵圆形或卵形，长 1.5 ～ 2.0 mm，基部圆，缢缩成爪，边缘软骨质，密被细乳突；花冠蓝色，筒状漏斗形，长 0.7 ～ 1.0 cm，裂片卵状三角形，长 1.5 ～ 2.0 mm，褶卵形，长 1.0 ～ 1.2 mm，全缘或具细齿，蒴果倒卵状长圆形，长 3.5 ～ 5.5 mm，顶端具宽翅，两侧具窄翅。种子具亮白色细网纹。花果期 4—9 月。

产榆阳、横山、靖边、黄龙。生于海拔 1100 ～ 2500 m 的山坡草地或灌丛下。分布于我国华北及吉林、山东、宁夏、甘肃、青海、西藏。巴基斯坦、印度、尼泊尔、哈萨克斯坦、吉尔吉斯斯坦、蒙古、朝鲜、俄罗斯也产。

植株低矮，贴地丛生，多分枝。花色艳丽，色彩丰富，有紫、白、蓝、黄、白等多种颜色，适宜作为花坛、花境或盆花。

图 253　鳞叶龙胆

254. 罗布麻 *Apocynum venetum* L.

亚灌木，高达 4 m，除花序外全株无毛。叶常对生，窄椭圆形或窄卵形，长 1 ~ 8 cm，基部圆或宽楔形，具细齿，叶柄长 3 ~ 6 mm。花萼裂片窄椭圆形或窄卵形，长约 1.5 mm；花冠紫红或粉红色，花冠筒钟状，长 6 ~ 8 mm，被颗粒状凸起，花冠裂片长 3 ~ 4 mm，花盘肉质，5 裂，基部与子房合生。蓇葖果长 8 ~ 20 cm，径 2 ~ 3 cm。种子卵球形或椭圆形，长 2 ~ 3 mm，冠毛长。花期 4—9 月，果期 7—12 月。

产榆阳、绥德。分布于我国华北及辽宁、甘肃、青海、新疆、山东、江苏、河南、西藏。巴基斯坦、印度、日本、蒙古、俄罗斯及西南亚、欧洲也产。

植株高大挺拔，茎直立，多分枝，表面光滑，呈紫红色。枝叶生长有序，开花时整个植株像挂满了粉色的小铃铛，给人一种粉红的梦幻错觉，有淡淡的幽香，果实是长角状蓇葖，果双生。适用于花坛、花境或花海布置，也可作开花篱墙或点植于绿地。还可作盆栽观赏，也是插花压花的极好材料。

图 254-1　罗布麻植株

图 254-2　罗布麻花

图 254-3　罗布麻果实

图 254-4　罗布麻秋季景观

255. 鹅绒藤 *Cynanchum chinense* R. Br.

缠绕草本植物。主根圆柱状，长约 20 cm，直径约 5 mm，干后灰黄色；全株被短柔毛。叶对生，薄纸质，宽三角状心形，长 4 ~ 9 cm，宽 4 ~ 7 cm，顶端锐尖，基部心形，叶面深绿色，叶背苍白色，两面均被短柔毛，脉上较密；侧脉约 10 对，在叶背略为隆起。伞形聚伞花序，腋生，两歧，着花约 20 朵；花萼外面被柔毛；花冠白色，裂片长圆状披针形；副花冠二形，杯状，上端裂成 10 个丝状体，分为两轮，外轮约与花冠裂片等长，内轮略短；花粉块每室 1 个，下垂；花柱头略为突起，顶端 2 裂。蓇葖双生或仅有 1 个发育，细圆柱状，向端部渐尖，长 11 cm，直径 5 mm；种子长圆形；种毛白色绢质。花期 6—8 月，果期 8—10 月。

产府谷、神木、榆阳、米脂、吴堡、绥德、横山、靖边、定边、子长、延安、宜川、黄陵、黄龙。生于海拔 510 ~ 1400 m 的山坡草地、灌丛或河滩。分布于我国吉林、辽宁、河北、山西、甘肃、山东、江苏、河南。朝鲜、蒙古也产。

茎蔓飘逸，枝叶繁茂，叶形、花形、果形奇特，花冠白色，辐射状，裂片反折，花小繁多，花期长。是叶花俱佳、吊挂和垂直绿化的良好材料。主要用于墙面绿化、屋顶绿化、棚架绿化、陡坡绿化等。还可以做花篱。

图 255-1　鹅绒藤植株

图 255-2　鹅绒藤果实

图 255-3　鹅绒藤种子

图 255-4　鹅绒藤秋色叶

256. 地梢瓜 *Cynanchum thesioides* (Freyn) K. Schum.

直立半灌木；地下茎单轴横生；茎自基部多分枝。叶对生或近对生，线形，长 3 ~ 5 cm，宽 2 ~ 5 mm，叶背中脉隆起。伞形聚伞花序，腋生；花萼外面被柔毛；花冠绿白色；副花冠杯状，裂片三角状披针形，渐尖，高过药隔的膜片。蓇葖纺锤形，先端渐尖，中部膨大，长 5 ~ 6 cm，直径 2 cm；种子扁平，暗褐色，长 8 mm；种毛白色绢质，长 2 cm。花期 5—8 月，果期 8—10 月。

陕北地区多见。生于海拔 480 ～ 1300 m 的荒地、沙丘或田边。分布于我国东北、华北、西北及山东、江苏、河南、湖北。哈萨克斯坦、蒙古、朝鲜、俄罗斯也产。

株型美观，茎枝丛生，覆地力强，叶形纤细，果形奇特，果实翠绿，花期长，有香味。适用于屋顶绿化、荒山绿化和矿区生态修复，可以盆栽观赏，或作切花。

图 256-1　地梢瓜植株

图 256-2　地梢瓜果实

257. 萝藦 *Metaplexis japonica* (Thunb.) Makino

多年生草质藤本，长达 8 m，具乳汁；茎圆柱状，下部木质化，上部较柔韧，表面淡绿色，有纵条纹，幼时密被短柔毛，老时被毛渐脱落。叶膜质，卵状心形，顶端短渐尖，基部心形，叶耳圆，叶面绿色，叶背粉绿色，两面无毛，或幼时被微毛，老时被毛脱落。总状式聚伞花序，腋生或腋外生，具长总花梗；花冠白色，有淡紫红色斑纹，近辐状，花冠筒短，花冠裂片披针形，张开，顶端反折，基部向左覆盖，内面被柔毛；副花冠环状，着生于合蕊冠上，短 5 裂，裂片兜状；蓇葖果，二叉生，纺锤形，平滑无毛，长 8 ～ 9 cm，直径 2 cm，顶端急尖，基部膨大；种子扁平，卵圆形，长 5 mm，宽 3 mm，有膜质边缘，褐色，顶端具白色绢质种毛；种毛长 1.5 cm。花期 7—8 月，果期 9—12 月。

产榆阳、黄龙。生于海拔 390 ～ 1850 m 的山地灌丛或荒野。除海南和新疆外，分布几遍全国。日本、朝鲜和俄罗斯也有。

图 257-1　萝藦花

图 257-2　萝藦果实

图 257-3　萝藦植株

茎蔓飘逸，叶形奇特，叶面绿色，叶背粉绿色。花开时像小海星，花瓣向后弯弯地翘着，些许淡粉色中间夹着紫色的花纹，花上长着细细的短绒毛，花虽小却很香。果形似山羊角，果实成熟后会从中间裂开，钻出许多带着长长绒毛的扁圆形种子，借着风力，它们四处飘散飞向远方，飞舞的姿态蹁跹而妖娆。叶花果俱佳，是吊挂和垂直绿化的良好材料，可作小庭院及居室窗前、小型棚架、矮墙、花廊、篱垣绿化，也可作地被栽植。

258. 华北白前 *Cynanchum mongolicum* (Maxim.) Kom.

直立半灌木，高达 50 cm。全株无毛，根须状。叶革质，对生，狭椭圆形，长 3 ~ 7 cm，宽 5 ~ 15 mm，顶端渐尖或急尖，干后常呈粉红色，近无柄。伞形聚伞花序，近顶部腋生，着花 10 余朵；花萼 5 深裂，两面无毛，裂片长圆状三角形；花冠紫红色或暗紫色，裂片长圆形，长 2 ~ 3 mm，宽 1.5 mm；副花冠 5 深裂，裂片盾状，与花药等长；花粉块每室 1 个，下垂；子房坛状，柱头扁平。蓇葖单生，匕首形，向端部喙状渐尖，长 6.5 cm，直径 1 cm；种子扁平；种毛白色绢质。花期 6—8 月，果期 7—9 月。

产神木、榆阳、米脂、绥德、横山、靖边、定边。生于海拔 1400 m 左右的草地或河滩。分布于我国华北及宁夏、甘肃、青海、四川。

株型美观，茎枝丛生，叶片油绿，花形、果形奇特，花冠紫红色，辐射状，花期长。适用于荒山绿化和矿区生态修复，可以盆栽观赏，或作切花。

图 258-1　华北白前植株

图 258-2　华北白前花

图 258-3　华北白前果实

259. 杠柳 *Periploca sepium* Bunge

落叶蔓性灌木，长达 4 m。主根圆柱形，灰褐色，内皮淡黄色。茎灰褐色；小枝常对生，具纵纹及皮孔。叶膜质，披针状长圆形，长 5 ～ 9 cm，先端渐尖，基部楔形，侧脉 20 ～ 25 对；叶柄长约 3 mm。聚伞花序，腋生，常成对。花梗长约 2 cm；花萼裂片三角状卵形，长约 3 mm；花冠紫色，辐状，径约 1.5 cm，花冠筒长约 3 mm，裂片椭圆形，长约 8 mm，中间加厚呈纺锤状，反折，无毛，内面被长柔毛；副花冠裂片无毛。蓇葖果 2，圆柱形，长 7 ~ 12 cm，径约 5 mm，顶端常相连。种子窄长圆形，长约 7 mm，宽约 1 mm。种毛长 3 cm。花期 5—6 月，果期 7—9 月。

产神木、榆阳、横山、靖边、绥德、吴堡、清涧、子洲、延安、子长、安塞、甘泉、洛川、黄龙。生于海拔 200 ~ 1480 m 的山坡灌丛、林缘、沟坎、田埂或河岸，除我国华南及台湾外，分布几遍全国。

茎枝丛生，枝繁叶茂，茎叶光滑无毛，叶色亮绿，花紫红，花冠、副花冠结构精巧，色彩缤纷，果形奇特，既可观花又可观叶观果。宜作屋顶绿化，园林绿地、庭院及风景区的假山、棚架、篱垣、木桩、林缘地带垂直绿化，亦可作地被材料，还可对矸石山进行生态修复。

图 259-1　杠柳植株

图 259-2　杠柳花

图 259-3　杠柳果实

260. 大果琉璃草 *Cynoglossum divaricatum* Stephan ex Lehmann

多年生草本植物，高 25 ~ 100 cm，具红褐色粗壮直根。茎直立，中空，具肋棱，由上部分枝，分枝开展，被向下贴伏的柔毛。基生叶和茎下部叶长圆状披针形或披针形，长 7 ~ 15 cm，宽 2 ~ 4 cm，先端钝或渐尖，基部渐狭成柄，灰绿色，上下面均密生贴伏的短柔毛；茎中部及上部叶无柄，狭披针形，被灰色短柔毛。花序顶生及腋生，长约 10 cm，花稀疏，集为疏松的圆锥状花序；苞片狭披针形或线形；花梗细弱，长 3 ~ 10 mm，花后伸长，果期长 2 ~ 4 cm，下弯，密被贴伏柔毛；花萼长 2 ~ 3 mm，外面密生短柔毛，裂片卵形或卵状披针形，果期几不增大，向下反折；花冠蓝紫色，长约 3 mm，檐部直径 3 ~ 5 mm，深裂至下 1/3，裂片卵圆形，先端微凹，喉部有 5 个梯形附属物，附属物长约 0.5 mm；花药卵球形，长约 0.6 mm，着生花冠筒中部以上；花柱肥厚，扁平。小坚果卵形，长 4.5 ~ 6.0 mm，宽约 5 mm，密生锚状刺，背面平，腹面中部以上有卵圆形的着生面。花期 6—7 月，果实 8 月成熟。

图 260-1　大果琉璃草幼苗

图 260-2　大果琉璃草花

图 260-3　大果琉璃草果枝

图 260-4　大果琉璃草果实

产榆林、横山、靖边、定边、安塞、志丹、黄龙。生于海拔 1000 ～ 1500 m 的山坡草地或沙丘。分布于我国东北、华北及山东、宁夏、甘肃、新疆。哈萨克斯坦、蒙古、俄罗斯也产。

株型美观，叶色灰绿，果形奇特，绿期长。可用于边坡、郊野公园绿化，也可以做地被植物。

261. 紫筒草 *Stenosolenium saxatile* (Pallas) Turczaninow

多年生草本植物。根细锥形，根皮紫褐色，稍含紫红色物质。茎通常数条，直立或斜升，高 10 ～ 25 cm，不分枝或上部有少数分枝，密生开展的长硬毛和短伏毛。基生叶和下部叶匙状线形或倒披针状线形，近花序的叶披针状线形，长 1.5 ～ 4.5 cm，宽 3 ～ 8 mm，两面密生硬毛，先端钝或微钝，无柄。花序顶生，逐渐延长，密生硬毛；苞片叶状。花具长约 1 mm 的短花梗；花萼长约 7 mm，密生长硬毛，裂片钻形，果期直立，基部包围果实；花冠蓝紫色，紫色或白色，长 1.0 ～ 1.4 cm，外面有稀疏短伏毛，花冠筒细，明显较檐部长，通常稍弧曲，檐部直径 5 ～ 7 mm，裂片开展；雄蕊螺旋状着生花冠筒中部之上，内藏；花柱长约为花冠筒的 1/2，先端 2 裂，柱头球形。小坚果的短柄长约 0.5 mm，着生面居短柄的底面。花果期 5—9 月。

产榆阳、米脂、绥德、横山、靖边、安塞、延长。生于海拔 450 ～ 1580 m 的山坡草地、田埂、路旁或河滩；分布于我国东北、华北及山东、宁夏、甘肃、青海。哈萨克斯坦、蒙古及俄罗斯西伯利亚地区也产。

植株低矮，花繁叶茂，花冠蓝紫色，花色鲜亮，适于边坡绿化，或作观花地被植物，片植成花海，也可以盆栽观赏或用于屋顶绿化。

图 261　紫筒草

262. 聚合草 *Symphytum officinale* L.

多年生丛生草本植物，高达 90 cm，全株被稍向下弧曲硬毛及短伏毛。主根粗壮，淡紫褐色。茎数条，直立或斜升，多分枝。基生叶 50 ~ 80 片，基生叶及下部茎生叶带状披针形、卵状披针形或卵形，长 30 ~ 60 cm，稍肉质，先端渐尖，具长柄；茎中部及上部叶较小，基部下延，无柄。花序具多花。花萼裂至近基部；花冠长约 1.4 cm，淡紫、紫红或黄白色，裂片三角形，先端外卷，喉部附属物长约 4 mm；花药长约 3.5 mm，药隔稍突出，花丝长约 3 mm，下部与花药近等宽；子房常不育，稀少数花内成熟 1 个小坚果，花柱伸出。小坚果斜卵圆形，长 3 ~ 4 mm，黑色，平滑，有光泽。花期 5—10 月。

产榆阳、安塞、黄龙，原产高加索至欧洲，生于山地。

枝繁叶茂，花朵色彩丰富多变，从基部至花瓣由淡紫到淡黄、黄白色，盛开时繁花似锦，花朵像一个个小铃铛，小花一串串聚拢在花梗顶部，每朵小花都有碧绿色的托叶，所有的花瓣都是低垂下来的，花朵就是容易打不开的模样。在花瓣中心处有较长的花柱伸出来。可作庭院植物、地被植物和盆栽等。

图 262-1　聚合草植株

图 262-2　聚合草花

263. 细叶砂引草 *Messerschmidia sibirica* L. var. *angustior* (DC.) W. T. Wang

多年生草本植物，高 10 ~ 30 cm，有细长的根状茎。茎单一或数条丛生，直立或斜升，通常分枝，密生糙伏毛或白色长柔毛。叶线形或线状披针形，密生糙伏毛或长柔毛，中脉明显，上面凹陷，下面突起，侧脉不明显，无柄或近无柄。花序顶生，直径 1.5 ~ 4.0 cm；萼片披针形，长 3 ~ 4 mm，密生向上的糙伏毛；花冠黄白色，钟状，长 1.0 ~ 1.3 cm，裂片卵形或长圆形，外弯，花冠筒较裂片长，外面密生向上的糙伏毛；花药长圆形，长 2.5 ~ 3.0 mm，先端具短尖，花丝极短，长约 0.5 mm，着生花筒中部；子房无毛，略现 4 裂，长 0.7 ~ 0.9 mm，花柱细，长约 0.5 mm，柱头浅 2 裂，长 0.7 ~ 0.8 mm，下部环状膨大。核果椭圆形或卵球形，长 7 ~ 9 mm，直径 5 ~ 8 mm，粗糙，密生伏毛，先端凹陷，核具纵肋，成熟时分裂为 2 个各含 2 粒种子的分核。花期 5 月，果实 7 月成熟。

产神木、榆阳、绥德、横山、定边、延川。生于海拔 810 ~ 1900 m 的沙地或干旱山坡。分布于我国华北及黑龙江、辽宁、宁夏、山东、河南。哈萨克斯坦、俄罗斯也产。

植株低矮，枝繁叶茂，花冠5裂，花瓣儿向后反卷，花心处则是幽邃的黄绿色，花白色素雅，香气浓郁。可用于城市绿地作地被植物，也可用于绿化沙地、固沙保水以及屋顶绿化。

图 263-1 细叶砂引草植株

图 263-2 细叶砂引草花

264. 附地菜 *Trigonotis peduncularis* (Trev.) Benth. ex Baker et Moore

一年生或二年生草本植物。茎通常多条，丛生，稀单一，密集，铺散，高5～30 cm，基部多分枝，被短糙伏毛。基生叶呈莲座状，有叶柄，叶片匙形，长2～5 cm，先端圆钝，基部楔形或渐狭，两面被糙伏毛，茎上部叶长圆形或椭圆形，无叶柄或具短柄。花序生茎顶，幼时卷曲，后渐次伸长，长5～20 cm，通常占全茎的1/2～4/5，只在基部具2～3个叶状苞片，其余部分无苞片；花梗短，花后伸长，长3～5 mm，顶端与花萼连接部分变粗呈棒状；花萼裂片卵形，长1～3 mm，先端急尖；花冠淡蓝色或粉色，筒部甚短，檐部直径1.5～2.5 mm，裂片平展，倒卵形，先端圆钝，喉部附属5，白色或带黄色；花药卵形，长0.3 mm，先端具短尖。小坚果4，斜三棱锥状四面体形，长0.8～1.0 mm，有短毛或平滑无毛，背面三角状卵形，具3锐棱，腹面的2个侧面近等大而基底面略小，凸起，具短柄，柄长约1 mm，向一侧弯曲。早春开花，花期甚长。

图 264-1 附地菜群落

图 264-2 附地菜花

产榆阳、绥德、吴堡、延安、延长、安塞、志丹、甘泉、宜川、黄龙。生于海拔 420 ～ 2500 m 的草地、林缘、田埂或路旁。分布于我国东北及内蒙古、甘肃、新疆、广西、云南、西藏。亚洲温带地区及欧洲东部也产。

植株低矮，伏地生长，枝繁叶茂，叶形美观，早春开花，花期甚长。花朵清新，花香淡雅。可做地被植物和屋顶绿化材料。

265. 弯齿盾果草 *Thyrocarpus glochidiatus* Maxim.

茎细，斜升或外倾，高达 30 cm，下部常分枝，被伸展长硬毛及短糙毛。基生叶匙形或窄倒披针形，长 2 ～ 7 cm，两面被具基盘硬毛；茎生叶卵形或窄椭圆形。聚伞花序，长达 15 cm；苞片卵形或披针形，长 0.5 ～ 3.0 cm。花常生于腋外；花梗长 1.5 ～ 4.0 mm；花萼长约 3 mm，裂片窄椭圆形或卵状披针形，先端钝，两面被毛；花冠淡蓝或白色，与花萼近等长，冠筒较冠檐短 1.5 倍，冠檐径约 2 mm，裂片倒卵形或近圆形，稍开展，喉部附属物线形，长约 1 mm，顶端平截或微凹；花药宽卵圆形，长约 0.4 mm。小坚果长约 25 mm，黑褐色，外层突起色较淡，齿约与碗高相等，齿端膨大内弯，内层突起向里收缩。花果期 4—6 月。

榆阳区可见。生于树下，分布于我国甘肃、河南、江苏、安徽、江西、广东、四川。

植株低矮，伏地生长，枝繁叶茂，全株具柔毛，早春开花，花期甚长。花朵清新，花香淡雅。可做地被植物。

图 265　弯齿盾果草

266. 异叶败酱 *Patrinia heterophylla* Bunge

多年生草本植物。被倒生微糙伏毛。基生叶丛生，长 3 ～ 8 cm，具圆齿状或糙齿状缺刻，不裂或羽状分裂至全裂，具 1 ～ 4（～ 5）对侧裂片，裂片卵形或线状披针形，顶生裂片卵形或卵状披针形，具长柄；茎生叶对生，茎下部叶 2 ～ 3（～ 6）对，羽状全裂，顶裂片长 7（～ 9）cm，宽 5（～ 6）cm，先端渐尖或长渐尖，中部叶常具 1 ～ 2 对侧裂片，顶裂片最大，具圆齿，疏被短糙毛，叶柄长 1 cm，上部叶较窄，近无柄。伞房状聚伞花序，被短糙毛或微糙毛；总花梗下总苞片常具 1 ～ 2 对（稀 3 ～ 4 对）线形裂片，分枝下者线形，常与花序近等长或稍长。萼齿长 0.1 ～ 0.3 mm；花冠钟形，冠筒长 1.8 ～ 2.4 mm，基部一侧具浅囊肿，裂片卵形或卵状椭圆形，长 0.8 ～ 1.8 mm；雄蕊 4 枚，伸出，花丝近蜜囊者长 3.0 ～ 3.6 mm，余者 1.9 ～ 3.0 mm。瘦果长圆形或倒卵圆形，顶端平截，翅状果苞干膜质，先端钝圆，有时极浅 3 裂，或仅一侧有 1 浅裂，长 5.5 ～ 6.2 mm，宽 4.5 ～ 5.5 mm，网脉常具 2（～ 3）主脉。花期 7—9 月，果期 8—10 月。

产横山、靖边、绥德、米脂、清涧、延安、安塞、志丹、甘泉、黄龙、黄陵。生于海拔 300 ～ 2600 m 山地岩缝、草丛、路边、沙质坡地或土坡。

分布于我国华北、华中及吉林、辽宁、宁夏南部、甘肃东部、青海东部、山东、江苏、安徽、浙江、江西、重庆、四川、贵州。

枝干挺拔，叶形美观，花序高挑，花色艳丽，有香味。宜做花坛花境植物种植，也可以做切花。

图 266　异叶败酱

267. 窄叶蓝盆花 *Scabiosa comosa* Fisch. ex Roem. et Schult.

多年生草本植物，高达 80 cm。茎具棱，被贴伏白色短柔毛，茎基部和花序下毛密。基生叶成丛，窄椭圆形，长 6 ～ 10 cm，羽状全裂，稀齿裂，裂片线形；叶柄长 3 ～ 6 cm，花时常枯萎；茎生叶对生，长圆形，长 8 ～ 15 cm，一至二回窄羽状全裂，裂片线形，两面光滑或疏生白色短伏毛，基部抱茎，柄长 1.0 ～ 1.2 cm 或无柄。头状花序，单生或 3 出，径 3.0 ～ 3.5 cm，半球形，果时球形；总花梗长 10 ～ 25 cm，近顶端密生卷曲白色短纤毛；总苞苞片 6 ～ 10，披针形，长 1.0 ～ 1.2 cm，光滑或疏生柔毛。小总苞倒圆锥形，方柱状，淡黄白色，不连冠部长 2.5 ～ 3.0 mm，具 8 纵棱，中棱较细弱，密生白色长柔毛，顶端具 8 凹穴，1 ～ 2 明显，冠部干膜质，长约 1.2 mm，带紫或污白色，具 18 ～ 20 脉，边缘牙齿状，脉密生白色柔毛；花萼裂片细长针状，长 2.5 ～ 3.0 mm，棕黄色，疏生短毛；花冠蓝紫色，密生柔毛，中央花冠筒状，长 4 ～ 6 mm，5 裂，边缘花二唇形，长达 2 cm，上唇 2 裂，较短，下唇 3 裂，较长，中裂片长达 1 cm，倒卵形；雄蕊外伸；花柱伸出，柱头头状。瘦果长圆形，长约 3 mm，具 5 棕色脉，萼刺宿存。花期 7—8 月，果期 9 月。

榆阳区可见。生于海拔 500 ～ 1600 m 干旱砂地、沙丘、干山坡或草原。分布于我国黑龙江、吉林西北部、辽宁北部、内蒙古、河北北部、河南及安徽西部。俄罗斯及蒙古有分布。

植株挺拔，节间较长，花序松散、轻柔，花形美观，花色艳丽，果序蜂巢型，灵动活泼，十分可爱，用来布置宿根花坛、花境，也可做切花、干燥花。可孤植、丛植，亦可与其他植物相间栽植。

图 267-1　窄叶蓝盆花

图 267-2　窄叶蓝盆花果实

268. 野胡萝卜 *Daucus carota* L.

二年生草本植物，高达 1.2 m。植株被白色粗硬毛。基生叶长圆形，二至三回羽状全裂，小裂片线形或披针形，长 0.2 ～ 1.5 cm，宽 0.5 ～ 4.0 mm，先端尖；叶柄长 3 ～ 12 cm；茎生叶近无柄，小裂片细小。复伞形花序，梗长 10 ～ 55 cm，总苞片多数，叶状，羽裂，裂片线形，反折；伞辐多数，长 2.0 ～ 7.5 cm，小总苞片 5 ～ 7，线形，不裂或 2 ～ 3 裂。花白色，有时带淡红色。果圆卵形，长 3 ～ 4 mm，径约 2 mm，棱有白色刺毛。花期 5—7 月。

产榆阳、绥德、清涧、黄龙。生于海拔 420 ～ 1900 m 的荒坡草地、田边、河滩。分布于我国江苏、安徽、浙江、湖北、四川、贵州。亚洲西南部、非洲北部及欧洲也产。

枝条比较粗壮，叶形美观，茎梗细长而弯曲，花枝比较紧凑不松散，花朵聚集且充实饱满，花小且多，花型精细纤巧、清新淡雅，细碎的绿叶轻柔地夹杂在花丛间。用来布置宿根花坛、花境，也可做切花、压花。可孤植、丛植，亦可与其他植物相间栽植。

图 268 野胡萝卜

269. 硬阿魏 *Ferula bungeana* Kitagawa

多年生草本植物，高达 60 cm。植株密被柔毛。茎二至三回分枝。基生叶莲座状，具短柄；叶宽卵形，二至三回羽状全裂，裂片长卵形，羽状深裂，小裂片楔形或倒卵形，长 1 ～ 3 mm，宽 1 ～ 2 mm，常 3 裂成角状齿，密被柔毛，灰蓝色，质厚，宿存。复伞形花序，顶生，径 4 ～ 12 cm，果序长达 25 cm，无总苞片或偶有 1 ～ 3 片，锥形；伞辐 4 ～ 15；伞形花序有 5 ～ 12 朵花，小总苞片 3 ～ 5，线状披针形。萼齿卵形；花瓣黄色，椭圆形；花柱基扁圆锥形，边缘宽。果宽椭圆形，背腹扁，长 1.0 ～ 1.5 cm，径 4 ～ 6 mm，果棱线形，钝状突起，果柄不等长，长达 3 cm；每棱槽油管 1，合生面油管 2。花期 5—6 月，果期 6—7 月。

产府谷、神木、榆阳、吴堡、绥德、清涧、横山、子洲、靖边、定边。生于海拔 450 ～ 1300 m 的草地、田边或河滩。分布于我国东北、华北及宁夏、甘肃。

株型美观，枝干纤细，花小且多. 花型纤巧雅致，花色明快。抗逆性强，适于做边坡和荒山绿化。也可以做切花和干燥花。

图 269-1　硬阿魏幼苗

图 269-2　硬阿魏花序

270. 水芹 *Oenanthe javanica* (Bl.) DC.

多年生草本植物，高 15 ～ 80 cm。茎直立或基部匍匐。基生叶有柄，柄长达 10 cm，基部有叶鞘；叶片轮廓三角形，1 ～ 2 回羽状分裂，末回裂片卵形至菱状披针形，长 2 ～ 5 cm，宽 1 ～ 2 cm，边缘有牙齿或圆齿状锯齿；茎上部叶无柄，裂片和基生叶的裂片相似，较小。复伞形花序，顶生，花序梗长 2 ～ 16 cm；无总苞；伞辐 6 ～ 16，不等长，长 1 ～ 3 cm，直立和展开；小总苞片 2 ～ 8，线形，长约 2 ～ 4 mm；小伞形花序有花 20 余朵，花柄长 2 ～ 4 mm；萼齿线状披针形，长与花柱基相等；花瓣白色，倒卵形，长 1 mm，宽 0.7 mm，有一长而内折的小舌片；花柱基圆锥形，

图 270-1　水芹植株

图 270-2　水芹花序

花柱直立或两侧分开，长 2 mm。果实近于四角状椭圆形或筒状长圆形，长 2.5 ～ 3.0 mm，宽 2 mm，侧棱较背棱和中棱隆起，木栓质，分生果横剖面近于五边状的半圆形；每棱槽内油管 1，合生面油管 2。花期 6—7 月，果期 8—9 月。

产榆阳、绥德、延安、甘泉、黄龙、黄陵。生于海拔 460 ～ 1800 m 的山沟水旁或湿地。产我国各地。广布于东亚、东南亚、南亚及俄罗斯。

植株翠绿，叶形美观，开花密集，花虽小但量多，可做地被植物布置于园林湿地和浅水处，亦宜盆栽置于水中孤植观赏。或作水体前景布置、点缀水面，丰富景观，别具野趣。

271. 防风 *Saposhnikovia divaricata* (Turcz.) Schischk.

多年生草本植物，高达 80 cm。主根圆锥形，淡黄褐色。茎单生，二歧分枝，基部密被纤维状叶鞘。基生叶有长柄，叶鞘宽；叶三角状卵形，二至三回羽裂；一回羽片卵形或长圆形，长 2 ～ 8 cm，有柄；小裂片线形或披针形，先端尖；茎生叶较小。复伞形花序，顶生和腋生，总苞片无或 1 ～ 3；伞辐 5 ～ 9，小总苞片 4 ～ 5，线形或披针形；伞形花序有 4 ～ 10 朵花。萼齿三角状卵形；花瓣白色，倒卵形，先端内曲；花柱短，外曲。果窄椭圆形或椭圆形，背稍扁，有疣状突起，背棱丝状，侧棱具翅；每棱槽油管 1，合生面油管 2。花期 8—9 月，果期 9—10 月。

产榆阳、黄龙、宜君。生于海拔 420 ～ 1300 m 的荒坡草地或河滩。分布于我国东北、华北及河南西部、宁夏、甘肃。朝鲜、蒙古、俄罗斯东西伯利亚地区也产。

植株翠绿，株型、叶形美观，开花密集，气味芳香。用来布置宿根花坛、花境，也可做切花、压花、花海植物。可孤植、丛植，片植，效果俱佳。

图 271　防风

272. 泽芹 *Sium suave* Walt.

多年生草本植物，高 60 ～ 120 cm。有成束的纺锤状根和须根。茎直立，粗大，有条纹，有少数分枝，通常在近基部的节上生根。叶片轮廓呈长圆形至卵形，长 6 ～ 25 cm，宽 7 ～ 10 cm，1 回羽状分裂，有羽片 3 ～ 9 对，羽片无柄，疏离，披针形至线形，长 1 ～ 4 cm，宽 3 ～ 15 mm，基部圆楔形，先端尖，边缘有细锯齿或粗锯齿；上部的茎生叶较小，有 3 ～ 5 对羽片，形状与基部叶相似。复伞形花序，顶生和侧生，花序梗粗状，长 3 ～ 10 cm，总苞片 6 ～ 10，披针形或线形，长 3 ～ 15 mm，尖锐，全缘或有锯齿，反折；小总苞片线状披针形，长 1 ～ 3 mm，尖锐，全缘；伞辐 10 ～ 20，细长，长 1.5 ～ 3.0 cm；花白色，花柄长 3 ～ 5 mm；萼齿细小；花柱基短圆锥形。果实卵形，长 2 ～ 3 mm，分生果的果棱肥厚，近翅状；每棱槽内油管 1 ～ 3，合生面油管 2 ～ 6；心皮柄的分枝贴近合生面。花期 8—9 月，果期 9—10 月。

产榆林、横山。生于海拔 1100 ～ 1200 m 的溪水边较潮湿处。分布于我国东北及内蒙古、河北、宁夏、山东、台湾。日本、朝鲜、俄罗斯及北美也产。

形态优美，植株翠绿，叶形美观，叶脉清晰呈黄绿色，花序美丽，有芳香味，小伞似的白色花序，在水波映衬下，十分秀气可爱。可用于水体前景布置，可点缀水面，丰富景观，别具野趣，亦可盆栽置于水中孤植观赏。

图 272-1　泽芹果实

图 272-2　泽芹花

273. 泡沙参 *Adenophora potaninii* Korsh.

多年生草本植物，茎高达 1 m，不分枝，常单支发自 1 条茎基上，被倒生短硬毛，稀近无毛。茎生叶卵状椭圆形或长圆形，稀线状椭圆形或倒卵形，长 2 ～ 7 cm，每边具 2 至数个粗齿，两面有疏或密的短毛，无柄，稀下部叶有短柄。花序基部常分枝，组成圆锥花序，有时仅数花集成假总状花序。花梗长不过 1 cm；花萼无毛，萼筒倒卵状或球状倒卵形，裂片窄三角状钻形，长 3 ～ 7 mm，边缘有 1 对细长齿；花冠钟状，紫、蓝或蓝紫色，稀白色，长 1.5 ～ 2.5 cm，裂片卵状三角形，长 5 ～ 8 mm；花盘筒状，长 2.0 ～ 2.6（～ 3.0）mm，至少顶端被毛；花柱与花冠近等长或稍伸出。蒴果球状椭圆形或椭圆状，长约 8mm。种子长椭圆状，有 1 条翅状棱。花期 7—10 月，果期 10—11 月。

产神木、清涧、靖边、吴起、安塞、延安、黄龙、宜君。生于海拔 700 ～ 2000 m 的山坡草地或林缘。分布于我国山西、宁夏、甘肃、青海及四川西部。

叶色翠绿，花型可爱，花色鲜艳，一串串蓝紫色小铃铛高高地挂在那里，温柔俏皮。适宜布置花坛和用于插花。

图 273　泡沙参

274. 长柱沙参 *Adenophora stenanthina* (Ledeb.) Kitag.

多年生草本植物，茎常数支丛生，高达 1.2 m，有时上部分枝，通常被倒生糙毛。基生叶心形，边缘有深刻而不规则的锯齿；茎生叶从线状至宽椭圆形或卵形，长 2 ～ 10 cm，全缘或有疏离的刺状尖齿，通常两面被糙毛。花序无分枝，呈假总状花序，或有分枝而集成圆锥花序。花萼无毛，萼筒倒卵状或倒卵状长圆形，裂片钻状三角形或钻形，长 1.5 ～ 3.0 mm，全缘或稀有小齿；花冠细，长 1.0 ～ 1.3 cm，近筒状，5 浅裂，长 2 ～ 3 mm，浅蓝、蓝、蓝紫或紫色；雄蕊与花冠近等长；花盘细筒状，长约 4 mm，无毛或有柔毛；花柱长 2.0 ～ 2.2 cm，伸出花冠 0.7 ～ 1.0 cm。蒴果椭圆状，长 7 ～ 9 mm。花期 8—9 月。

产神木、靖边、吴起、志丹、安塞。生于海拔 1170 ～ 1650 m 的山坡草地。分布我国于吉林、内蒙古、河北、山西、宁夏及甘肃。蒙古、俄罗斯西伯利亚南部和远东地区也产。

花色明丽，形状可爱，花似风铃，造型可爱，一串串摇曳在风中，花柱很长，伸出花冠筒外，犹如铃铛的吊线，又像是花儿向外吐舌头一样，远远望去，犹如一串串紫色的灯笼。适用于公园、庭院、阳台种植，也可以做切花。

图 274　长柱沙参

275. 紫斑风铃草 *Campanula punctata* Lamarck

多年生草本植物。全体被刚毛，具细长而横走的根状茎。茎直立，粗壮，高达 1 m，常在上部分枝。基生叶具长柄，心状卵形；茎生叶下部的有带翅的长柄，上部的无柄，三角状卵形或披针形，边缘具不整齐钝齿。花生于主茎及分枝顶端，下垂；花萼裂片长三角形，裂片间有一个卵形至卵状披针形而反折的附属物，边缘有芒状长刺毛；花冠白色，带紫斑，筒状钟形，长 3.0 ～ 6.5 cm，裂片有睫毛。蒴果半球状倒锥形，脉明显。种子灰褐色，长圆状，稍扁。花期 6—9 月。

产榆阳、黄龙。生于海拔 600 ～ 2800 m 的山坡草地或林缘。分布于我国东北、华北及甘肃东部、河南西部、湖北西部、重庆、四川。日本、朝鲜、俄罗斯远东地区也产。

图 275　紫斑风铃草

枝叶疏散，花形奇特别致，玲珑可爱，像小铃铛一样，悬挂在枝头上，微风袭来，轻盈摇曳，仿佛会发出清脆的铃声一般，花姿优雅美丽，淡紫色带有斑点和线条，花色清新淡雅。用于花坛、岩竹园及园林中的边境或边缘种植，成片种植搭配在一起时效果会更好。盆栽种植布置环境，也可以同向日葵为主材，配上常春藤、海金砂、丝石竹篮插，表现生机蓬勃、欣欣向荣的欢乐气氛；以紫色风铃草为主花，配上白色百合、飞燕草、天门冬做花插，将显得娴静柔美。

276. 桔梗 *Platycodon grandiflorus* (Jacq.) A. DC.

多年生草本植物，茎高 20 ～ 120 cm，通常无毛，偶密被短毛，不分枝，极少上部分枝。叶全部轮生，部分轮生至全部互生，无柄或有极短的柄，叶片卵形，卵状椭圆形至披针形，长 2 ～ 7 cm，宽 0.5 ～ 3.5 cm，基部宽楔形至圆钝，顶端急尖，上面无毛而绿色，下面常无毛而有白粉，有时脉上有短毛或瘤突状毛，边缘具细锯齿。花单朵，顶生，或数朵集成假总状花序，或有花序分枝而集成圆锥花序；花萼筒部半圆球状或圆球状倒锥形，被白粉，裂片三角形，或狭三角形，有时齿状；花冠大，长 1.5 ～ 4.0 cm，蓝色或紫色。蒴果球状，或球状倒圆锥形，或倒卵状，长 1.0 ～ 2.5 cm，直径约 1 cm。花期 7—9 月。

榆阳区可见。产我国东北、华北、华东、华中各省以及广东、广西（北部）、贵州、云南东南部（蒙自、砚山、文山）、四川（平武、凉山以东），生于海拔 2000 m 以下的阳处草丛、灌丛中，少数生于林下。

株型直立紧凑，叶色亮绿，花姿优雅美丽，蓝紫色的花神秘浪漫，花大，花期长。花蕾待放时，膨大如球，别有风趣。适宜布置花坛、花境，点缀岩石园，还可盆栽和用于插花。

图 276-1　桔梗花蕾

图 276-2　桔梗花

277. 荇菜 *Nymphoides peltata* (S. G. Gmelin) Kuntze

多年生水生草本植物，茎圆柱形，多分枝，密生褐色斑点；上部叶对生，下部叶互生，叶片飘浮，近革质，圆形或卵圆形，上面绿色，下面紫褐色；花常多数，簇生节上，花冠金黄色，冠筒短；蒴果无柄，椭圆形，种子大，褐色，椭圆形；花果期 4—10 月。

产榆阳区。生于海拔 1100 m 左右的池塘或湖泊中。除我国青海、新疆、海南外，全国均有分布。广布于日本、朝鲜、蒙古、俄罗斯、亚洲中部和西南部及欧洲。

叶漂浮水面，成片状分布在河湖中，叶翠绿，小巧独特，花呈鲜黄色露出水面，绿色中带黄色，亭亭立出水上，花期长。盛花时，成片的荇菜景观尤为壮观，是很好的庭院装饰水景。在园林中大片种植可形成“水行牵风翠带长”之景观，还可用于庭院装饰水景、盆栽观赏。

图 277-1　荇菜生境、叶

图 277-2-1　荇菜花（1）

图 277-2-2　荇菜花（2）

278. 蓍 *Achillea millefolium* L.

多年生草本植物。茎常被白色长柔毛。叶无柄，披针形、长圆状披针形或近线形，长 5 ～ 7 cm，二至三回羽状全裂，主轴宽约 1.5 ～ 2.0 mm，回裂片多数，小裂片披针形或线形，长 0.5 ～ 1.5 mm，先端具软骨质短尖，上面密生凹入腺体，稍被毛，下面被较密贴伏长柔毛；下部叶长 10 ～ 20 cm。头状花序，多数，密集成复伞房状；总苞长圆形或近卵圆形，宽约 3 mm，疏生柔毛，总苞片 3 层，覆瓦状排列，椭圆形，宽 1.0 ～ 1.3 mm，边缘膜质，棕或淡黄色，背面散生黄色亮腺点，上部被柔毛。舌状花 5，舌片近圆形，白、粉红或淡紫红色，宽 2.0 ～ 2.5 mm，先端 2 ～ 3 齿；盘花管状，黄色，冠檐 5 齿裂，具腺点。瘦果长圆形，淡绿色。花果期 7—9 月。

产榆阳、靖边。生于山坡草地或灌丛中。分布于我国云南、四川、贵州、湖南西北部、湖北西部、河南西北部、山西南部、甘肃东部。广布北美、欧洲、北非、俄罗斯西伯利亚地区、伊朗、蒙古及印度尼西亚。

植株低矮，株型紧凑，花序大，开花繁密，白色有芳香。开花持续时间长，盛花期能覆盖全株，似满天星，十分引人注目。茎上叶多似千条蜈蚣状，饶有情趣。适宜于庭院、公共绿地、道路的绿化，可布置花坛、花境应用，可布置在城市休闲绿地，或列植在小径旁，丛植在岩石园中，野趣盎然。片植能表现出美丽的田园风光。还可以盆栽观赏，或做切花、干花产品。

图 278-1　蓍植株

图 278-2　蓍花序

279. 牛蒡 *Arctium lappa* L.

二年生草本植物，高达 2 m。茎枝疏被乳突状短毛及长蛛丝毛并棕黄色小腺点。基生叶宽卵形，长达 30 cm，宽达 21 cm，基部心形，上面疏生糙毛及黄色小腺点，下面灰白或淡绿色，被绒毛，有黄色小腺点，叶柄长 32 cm，灰白色，密被蛛丝状绒毛及黄色小腺点；茎生叶与基生叶近同形。头状花序排成伞房或圆锥状伞房花序，花序梗粗；总苞卵形或卵球形，径 1.5 ～ 2.0 cm，总苞片多层，绿色，无毛，近等长，先端有软骨质钩刺，外层三角状或披针状钻形，中内层披针状或线状钻形。小花紫红色，花冠外面无腺点。瘦果倒长卵圆形或偏斜倒长卵圆形，浅褐色，有深褐色斑或无色斑；冠毛多层，浅褐色，冠毛刚毛糙毛状，不等长。花果期 6—9 月。

产神木、榆阳、延安、甘泉、黄龙、黄陵。生于海拔 600 ～ 2200 m 的草地、田边、路旁、林缘或溪畔，除我国台湾、海南、西藏外，分布几遍全国。广布欧亚大陆至日本。

植株高大，头状花序多数，排成伞房状，总苞球形，总苞片披针形，先端具短钩，花淡红色，全为管状，花期较长，叶片肥大，极为美观，作为盆栽或背景材料，具有较强的观赏价值。耐寒、抗旱又耐盐，可用于我国北方干旱、风沙区的土地绿化，防风固沙，防止水土流失，以及在荒坡地、盐碱地、城乡空闲地等处零星或成片种植，既能起到美化环境，又起到保护生态环境的作用。

图 279-1　牛蒡植株

图 279-2　牛蒡花蕾

图 279-3　牛蒡花

280. 艾 *Artemisia argyi* Lévl. et Van.

多年生草本或稍亚灌木状，植株有浓香。茎有少数短分枝；茎、枝被灰色蛛丝状柔毛。叶上面被灰白色柔毛，兼有白色腺点与小凹点，下面密被白色蛛丝状线毛；基生叶具长柄；茎下部叶近圆形或宽卵形，羽状深裂，每侧裂片 2 ～ 3，裂片有 2 ～ 3 小裂齿，干后下面主、侧脉常深褐或锈色，叶柄长 0.5 ～ 0.8 cm；中部叶卵形、三角状卵形或近菱形，长 5 ～ 8 cm，一（二）回羽状深裂或半裂，每侧裂片 2 ～ 3，裂片卵形、卵状披针形或披针形，宽 2 ～ 3（～ 4）mm，干后主脉和侧脉深褐或有色，叶柄长 0.2 ～ 0.5 cm；上部叶与苞片叶羽状半裂、浅裂、3 深裂或不裂。头状花序，椭圆形，径 2.5 ～ 3.0（～ 3.5）mm，排成穗状花序或复穗状花序，在茎上常组成尖塔形窄圆锥花序；总苞片背面密被灰白色蛛丝状绵毛，边缘膜质；雌花 6 ～ 10；两性花 8 ～ 12，檐部紫色。瘦果长卵圆形或长圆形。花果期 7—10 月。

产神木、榆林、横山、靖边、定边、绥德、米脂、清涧、延安、安塞、吴旗、甘泉、黄龙。生于海拔 450 ～ 1750 m 的草地、田边、路旁或河滩；分布于我国东北、华北、华东、华中、华南及宁夏、甘肃、青海。朝鲜、蒙古、俄罗斯也产。

茎单生或少数，植株有浓烈香气；叶被有灰白色短柔毛，并有白色腺点与小凹点。花叶俱美，可做地被植物。适宜种植在私人花园或公共区域中。

图 280-1　艾幼苗

图 280-2　艾双色叶

图 280-3　艾盛花期

图 280-4　艾花序

图 280-5　艾冬态

281. 茵陈蒿 *Artemisia capillaris* Thunb.

亚灌木状草本植物，植株有浓香。茎、枝初密被灰白或灰黄色绢质柔毛。枝端有密集叶丛，基生叶常呈莲座状；基生叶、茎下部叶与营养枝叶两面均被棕黄或灰黄色绢质柔毛，叶卵圆形或卵状椭圆形，长 2 ～ 4（～ 5）cm，二回羽状全裂，每侧裂片 2 ～ 3（～ 4），裂片 3 ～ 5 全裂，小裂片线形或线状披针形，细直，不弧曲，长 0.5 ～ 1.0 cm，叶柄长 3 ～ 7 mm；中部叶宽卵形、近圆形或卵圆形，长 2 ～ 3 cm，（一至）二回羽状全裂，小裂片线形或丝线形，细直，长 0.8 ～ 1.2 cm，近无毛，基部裂片常半抱茎；上部叶与苞片叶羽状 5 全裂或 3 全裂。头状花序，卵圆形，稀近球形，径 1.5 ～ 2.0 mm，有短梗及线形小苞片，在分枝的上端或小枝端偏向外侧生长，排成复总状花序，在茎上端组成大型、开展圆锥花序；总苞片淡黄色，无毛；雌花 6 ～ 10 朵；两性花 3 ～ 7 朵。瘦果长圆形或长卵圆形。花果期 7—10 月。

产榆林、横山、定边、绥德、甘泉、洛川、黄龙。生于荒野、田边、河滩、路旁。分布于我国华东、华中、华南及辽宁、河北、台湾、四川。越南、柬埔寨、马来西亚、菲律宾、印度尼西亚、日本、朝鲜、俄罗斯远东地区也产。

株型美观，返青早，幼苗一般卷曲呈团状，软绵如绒，茎枝细弱，有特异的香气，秋季全株呈现玫红色，可用作软化硬质景观的地被材料或庭院花境景观布置。

图 281-1　茵陈蒿幼苗

图 281-2　茵陈蒿植株

图 281-3　茵陈蒿秋季景观

282. 沙蒿 *Artemisia desertorum* Spreng.

多年生草本植物。茎单生或少数，高达 70 cm，上部分枝；茎、枝幼被微柔毛。基生叶卵形，长 2 ～ 3 cm，二回羽状深裂，小裂片椭圆形或长卵形；叶下面无毛，下面初被绒毛；茎下部叶与营养枝叶长圆形或长卵形，长 2 ～ 5 cm，二回羽状全裂或深裂，每侧裂片 2 ～ 3，裂片椭圆形或长圆形，长 1.0 ～ 1.5（～ 2.0）cm，每裂片常 3 ～ 5 深裂或浅裂，小裂片线形、线状披针形或长椭圆形，长 0.5 ～ 1.5 cm，叶柄长 1 ～ 3 cm，基部有线形、半抱茎假托叶；中部叶长卵形或长圆形，一至二回羽状深裂，叶柄短，具半抱莲假托叶；上部叶 3 ～ 5 深裂；苞片叶 3 深裂或不裂；头状花序，卵圆形或近球形，径 2.5 ～ 3.0 mm，基部有小苞叶，排成穗状总状或复总状花序，在茎上组成扫帚形圆锥花序，总苞片初微有薄毛；雌花 4 ～ 8；两性花 5 ～ 10。瘦果倒卵圆形或长圆形。花果期 8—10 月。

产榆阳、横山、靖边、定边。生于海拔 4000 m 以下荒坡或沙地。分布于我国东北、华北、西北、西南。巴基斯坦、印度、日本、朝鲜、蒙古、俄罗斯远东地区也产。

株型美观，枝条匍匐生长，根系发达，具备耐寒耐热特性，有利于防风阻沙，具有适应性强、耐干旱、抗风蚀、喜沙埋、生长快、固沙作用强等特点，为固沙先锋植物种。适于沙漠和荒坡种植，可用于矿山废弃地生态修复。

图 282　沙蒿

283. 冷蒿 *Artemisia frigida* Willd.

多年生草本植物，有时稍亚灌木状。茎数枚或多数常丛生，稀单生，高达 70 cm。茎、枝、叶两面及总苞片背面密被淡灰黄或灰白色、稍绢质绒毛，后茎毛稍脱落。茎下部叶与营养枝叶长圆形或倒卵状长圆形，长 0.8 ~ 1.5 cm，二（三）回羽状全裂，每侧裂片（2 ~）3 ~ 4，小裂片线状披针形或披针形，叶柄长 0.5 ~ 2.0 cm；中部叶长圆形或倒卵状长圆形，长 0.5 ~ 0.7 cm，一至二回羽状全裂，每侧裂片 3 ~ 4，中部与上半部侧裂片常 3 ~ 5 全裂，小裂片长椭圆状披针形、披针形或线状披针形，长 2 ~ 3 mm，基部裂片半抱茎，呈假托叶状，无柄；上部叶与苞片叶羽状全裂或 3 ~ 5 全裂。头状花序，半球形、球形或卵球形，径 2.5 ~ 3.0（~ 4.0）mm，排成总状或总状圆锥花序；总苞片边缘膜质，花序，托有白色托毛；雌花 8 ~ 13，两性花 20 ~ 30，花冠檐部黄色。瘦果长圆形或椭圆状倒卵圆形。花果期 7—10 月。

产陕北长城沿线沙区。生于山坡、路旁、固定沙地。分布于我国东北、西北及内蒙古、山西北部。阿富汗、巴基斯坦、印度、蒙古、俄罗斯及中亚、西南亚、欧洲、北美也产。

植株多分枝，健康茁壮，叶形秀美，叶色灰绿，花白色或淡黄色，有时有淡紫色。用于矿区景观美化以及植被恢复。

图 283-1　冷蒿植株

图 283-2　冷蒿秋季景观

284. 大籽蒿 *Artemisia sieversiana* Ehrhart ex Willd.

一、二年生草本植物。主根单一。茎单生，高达 1.5 m，纵棱明显，分枝多；茎、枝被灰白色微柔毛。下部与中部叶宽卵形或宽卵圆形，两面被微柔毛，长 4 ~ 8（~ 13）cm，二至三回羽状全裂，稀深裂，每侧裂片 2 ~ 3，小裂片线形或线状披针形，长 0.2 ~ 1.0 cm，宽 1 ~ 2 mm，叶柄长（1 ~）2 ~ 4 cm；上部叶及苞片叶羽状全裂或不裂。头状花序大，多数排成圆锥花序，总苞半球形或近球形，径（3 ~）4 ~ 6 mm，具短梗，稀近无梗，基部常有线形小苞叶，在分枝排成总状花序或复总状花序，并在茎上组成开展或稍窄圆锥花序；总苞片背面被灰白色微柔毛或近无毛；花序托凸起，半球形，有白色托毛。雌花 20 ~ 30；两性花 80 ~ 120。瘦果长圆形。花果期 6—10 月。

产神木、榆阳、横山、靖边、定边、吴起、安塞、甘泉、黄龙。生于海拔 960 ~ 1700 m 的荒野或林缘。分布于我国东北、华北、西北及西南。阿富汗、巴基斯坦、印度、日本、朝鲜、蒙古、俄罗斯及中亚、东欧也产。

植株高大，生命力顽强，叶形奇特，叶色鲜艳，花序长，花期长，能构成漂亮的花海，可用于林缘、坡地绿化。也可做切花、干花。

图 284-1 大籽蒿植株

图 284-2 大籽蒿花序

285. 阿尔泰狗娃花 *Aster altaicus* Willd.

多年生草本植物，有横走或垂直的根。茎直立，高 20 ~ 60（~ 100）cm，被上曲或有时开展的毛，上部常有腺，上部或全部有分枝。基部叶在花期枯萎；下部叶条形或矩圆状披针形，倒披针形，或近匙形，长 2.5 ~ 6.0（~ 10.0）cm，宽 0.7 ~ 1.5 cm，全缘或有疏浅齿；上部叶渐狭小，条形；全部叶两面或下面被粗毛或细毛，常有腺点，中脉在下面稍凸起。头状花序，直径 2.0 ~ 3.5（~ 4.0）cm，单生枝端或排成伞房状。总苞半球形，径 0.8 ~ 1.8 cm；总苞片 2 ~ 3 层，近等长或外层稍短，矩圆状披针形或条形，长 4 ~ 8 mm，宽 0.6 ~ 1.8 mm，顶端渐尖，背面或外层全部草质，被毛，常有腺，边缘膜质。舌状花约 20 个，管部长 1.5 ~ 2.8 mm，有微毛；舌片浅蓝紫色，矩圆状条形，长 10 ~ 15 mm，宽 1.5 ~ 2.5 mm；管状花长 5 ~ 6 mm，管部长 1.5 ~ 2.2 mm，裂片不等大，长 0.6 ~ 1.0 mm 或 1.0 ~ 1.4 mm，有疏毛，瘦果扁，倒卵状矩圆形，长 2.0 ~ 2.8 mm，宽 0.7 ~ 1.4 mm，灰绿色或浅褐色，被绢毛，上部有腺。冠毛污白色或红褐色，长 4 ~ 6 mm，有不等长的微糙毛。

花果期 5—9 月。

产神木、府谷、榆阳、横山、佳县、绥德、靖边、延安。生于海拔 400 ～ 2800 m 的草地、河滩、灌丛或林缘。分布于我国东北、华北、西北及山东、河南、四川、西藏。克什米尔地区、哈萨克斯坦、蒙古、俄罗斯西伯利亚地区也产。

植株低矮，花量大，花期长，花朵呈淡紫色、粉红色或白色，姿态潇洒，可作为观花地被植物，用于布置花境、岩石园或郊野公园，也可以用于插花。

图 285-1　阿尔泰狗娃花幼苗

图 285-2　阿尔泰狗娃花花

图 285-3　阿尔泰狗娃花盛花期植株

286. 紫菀 *Aster tataricus* L. f.

多年生草本植物。茎疏被粗毛。叶疏生，基生叶长圆形或椭圆状匙形，基部渐窄成长柄，连柄长 20 ~ 50 cm，边缘有具小尖头圆齿或浅齿；茎下部叶匙状长圆形，基部渐窄或骤窄成具宽翅的柄，除顶部外有密齿；中部叶长圆形或长圆状披针形，无柄，全缘或有浅齿；上部叶窄小；叶厚纸质，上面被糙毛，下面疏被粗毛，沿脉较密，侧脉 6 ~ 10 对。头状花序，径 2.5 ~ 4.5 cm，多数在茎枝顶端排成复伞房状，花序梗长，有线形苞叶；总苞半球形，径 1.0 ~ 2.5 cm，总苞片 3 层，覆瓦状排列，线形或线状披针形，先端尖或圆，被密毛，边缘宽膜质，带红紫色。舌状花约 20，舌片蓝紫色。瘦果倒卵状长圆形，紫褐色，上部被疏粗毛；冠毛 1 层，污白或带红色，有多数糙毛。花期 7—9 月，果期 8—10 月。

产神木、横山。生于海拔 1100 m 左右的山地草丛或林缘；分布于我国东北、华北及宁夏、甘肃、山东、安徽、河南、湖北、四川、贵州。日本、朝鲜、蒙古、俄罗斯也产。

株型美观，花朵清秀，花色鲜艳，芳香宜人，花期长。适应性强。适合在庭院、公园、绿化带等地方种植。用于布置花境、花地及庭院，也可以做切花和压花的花材。

图 286-1　紫菀花蕾

图 286-2　紫菀花

287. 狼耙草 *Bidens tripartita* L.

一年生草本植物。茎无毛。叶对生，下部叶不裂，具锯齿；中部叶柄长 0.8 ~ 2.5 cm，有窄翅，叶无毛或下面有极稀硬毛，长 4 ~ 13 cm，长椭圆状披针形，3 ~ 5 深裂，两侧裂片披针形或窄披针形，长 3 ~ 7 cm，顶生裂片披针形或长椭圆状披针形，长 5 ~ 11 cm；上部叶披针形，3 裂或不裂。头状花序，单生茎枝端，径 1 ~ 3 cm，高 1.0 ~ 1.5 cm，花序梗较长；总苞盘状，外层总苞片 5 ～ 9，线形或匙状倒披针形，长 1.0 ～ 3.5 cm，叶状，内层苞片长椭圆形或卵状披针形，长 6 ～ 9 mm，膜质，褐色，具透明或淡黄色边缘。无舌状花，全为筒状两性花，冠檐 4 裂。瘦果扁，楔形或倒卵状楔形，长 0.6 ～ 1.1 cm，边缘有倒刺毛，顶端芒刺 2（3 ～ 4），两侧有倒刺毛。

产榆林、绥德、清涧、靖边、安塞、延安、黄龙。生于海拔 760 ～ 1400 m 的荒野、田边或路旁。分布于我国东北、西北、华东、华中、西南及内蒙古、河北、台湾。广布于亚洲、欧洲、非洲北部及大洋洲。

植株低矮，叶形奇特，花色艳丽，秋季茎秆变红，适应性强，可用于水边或湿地景观美化。

图 287-1　狼耙草植株

图 287-2　狼耙草花

288. 节毛飞廉 *Carduus acanthoides* L.

二年生或多年生草本植物。茎单生，茎枝疏被或下部稍密长节毛。基部及下部茎生叶长椭圆形或长倒披针形，长 6 ～ 29 cm，羽状浅裂、半裂或深裂，侧裂片 6 ～ 12 对，半椭圆形、偏斜半椭圆形或三角形；向上的叶渐小，基部及下部叶同形并等样分裂，头状花序下部叶宽线形或线形；茎生叶两面绿色；花序下部的茎翼有时为针刺状。头状花序生于茎枝端；总苞卵圆形，径 1.5 ～ 2.0（～ 2.5）cm，总苞片多层，向内层渐长，疏被蛛丝毛，最外层线形或钻状长三角形，宽 1.5 ～ 1.6 mm，最内层线形或钻状披针形，宽约 1 mm，中外层苞片先端有针刺，最内层先端钻状长渐尖。小花红紫色。瘦果长椭圆形，浅褐色，有多数横皱纹；冠毛白色。锯齿状。花果期 5—10 月。

图 288-1　节毛飞廉幼苗

产榆阳、绥德、延长、洛川、黄陵、黄龙。生于海拔 460 ～ 2200 m 的山地草丛、林下或田边。分布于我国华北、西北、西南及山东、江苏、江西、河南、湖南。俄罗斯及欧洲、亚洲西南部也产。

茎直立挺拔，茎翅上有刺而颇具野趣。花色鲜艳，花瓣像是一根根紫色的线组成，看起来很别致。可栽植于花境，或点缀路旁，岩石园用作观赏。可用作盆栽。

图 288-2　节毛飞廉花序

图 288-3　节毛飞廉果实

289. 野菊 *Chrysanthemum indicum* Linnaeus

多年生草本植物，高 0.25 ～ 1.00 m，有地下长或短匍匐茎。茎直立或铺散，分枝或仅在茎顶有伞房状花序分枝。茎枝被稀疏的毛，上部及花序枝上的毛稍多或较多。基生叶和下部叶花期脱落。中部茎叶卵形、长卵形或椭圆状卵形，长 3 ～ 7（～ 10）cm，宽 2 ～ 4（～ 7）cm，羽状半裂、浅裂或分裂不明显而边缘有浅锯齿。基部截形或稍心形或宽楔形，叶柄长 1 ～ 2 cm，柄基无耳或有分裂的叶耳。两面同色或几同色，淡绿色，或干后两面呈橄榄色，有稀疏的短柔毛，或下面的毛稍多。头状花序，直径 1.5 ～ 2.5 cm，多数在茎枝顶端排成疏松的伞房圆锥花序或少数在茎顶排成伞房花序。总苞片约 5 层，外层卵形或卵状三角形，长 2.5 ～ 3.0 mm，中层卵形，内层长椭圆形，长 11 mm。全部苞片边缘白色或褐色宽膜质，顶端钝或圆。舌状花黄色，舌片长 10 ～ 13 mm，顶端全缘或 2 ～ 3 齿。瘦果长 1.5 ～ 1.8mm。花期 6—11 月。

产神木、吴堡。生于低山丘陵山坡草地、灌丛地，广布于我国东北、华北、华中、华南及西南各地。印度、日本、朝鲜、苏联也有分布。

植株低矮，匍匐生长。花朵顶生，黄色醒目，花香四溢，花期长，可以引种在庭园栽培观赏用，应用于花境，或作地被。也可以盆栽。

图 289　野菊

290. 甘菊 *Chrysanthemum lavandulifolium* (Fisch. ex Trautv.) Makino

多年生草本植物，高 0.3 ～ 1.5 m，有地下匍匐茎。茎直立，自中部以上多分枝或仅上部伞房状花序分枝。茎枝有稀疏的柔毛，但上部及花序梗上的毛稍多。基部和下部叶花期脱落。中部茎叶卵形、宽卵形或椭圆状卵形，长 2 ～ 5 cm，宽 1.5 ～ 4.5 cm。二回羽状分裂，一回全裂或几全裂，二回为半裂或浅裂。一回侧裂片 2 ～ 3（～ 4）对。最上部的叶或接花序下部的叶羽裂、3 裂或不裂。全部叶两面同色或几同色，被稀疏或稍多的柔毛或上面几无毛。中部茎叶叶柄长 0.5 ～ 1.0 cm，柄基有分裂的叶耳或无耳。头状花序，直径 10 ～ 15（～ 20）mm，通常多数在茎枝顶端排成疏松或稍紧密的复伞房花序。总苞碟形，直径 5 ～ 7 mm。总苞片约 5 层。外层线形或线状长圆形，长 2.5 mm，无毛或有稀柔毛；中内层卵形、长椭圆形至倒披针形，全部苞片顶端圆形，边缘白色或浅褐色膜质。舌状花黄色，舌片椭圆形，长 5.0 ～ 7.5 mm，端全缘或 2 ～ 3 个不明显的齿裂。瘦果长 1.2 ～ 1.5 mm。花果期 6—8 月。

产榆阳区。生于海拔 630 ～ 2800 m 的山地荒野或林缘。分布于我国华北及吉林、辽宁、甘肃、青海、新疆、山东、江苏、安徽、浙江、江西、湖北、四川、贵州、云南。印度、日本、朝鲜、蒙古也产。

植株形态纤柔，叶形奇特，小花姿态潇洒，具有浓郁的芳香气味，花期连续数周，是园林绿化中优良的花境、花坛植物。亦可用于美丽乡村建设、城市园林绿化美化。

图 290-1　甘菊植株

图 290-2　甘菊花

291. 刺儿菜 *Cirsium setosum* (Willd.) MB.

多年生草本植物。地下有直根及根状茎；茎直立，幼茎被白色蛛丝状毛；单叶互生，缘具刺状齿，基生叶早落，两面被白色蛛丝状毛。雌雄异株，雄株头状花序较小，雌株花序则较大，花冠、花药为紫红色，雌花具退化雄蕊；瘦果为椭圆形或长卵形，略扁，表面浅黄色至褐色，有波状横皱纹。

陕北地区均产。我国除广东、广西、云南、西藏外的全国各地均有分布。生于海拔 170 ～ 2650 m 的田边、路旁、空旷地或山坡，多发生于土壤疏松的旱性土地。欧洲东部、中部、俄罗斯西西伯利亚及远东地区、蒙古、朝鲜、日本广有分布。

植株低矮，花大色艳，花期长，抗逆性强，适用于做缀花草坪或用于边坡绿化。

图 291-1　刺儿菜植株

图 291-2　刺儿菜花

292. 大刺儿菜 *Cephalanoplos setosum* (Willd.) Kitam.

多年生草本植物。植株高 50 ～ 100 cm。茎直立，粗壮，上部分枝，被疏毛或绵毛。叶互生，基部叶具柄，上部叶基部抱茎，叶片羽状分裂且有刺；茎下部和中部叶披针形或长圆状披针形，无柄，耳状半抱茎，羽状半裂，裂片宽三角形，边缘有大小不等的齿，刺长 5 ～ 15 mm，两面绿色，上面疏生长 3 ～ 8 mm 的黄色针刺，下面脉上被柔毛；上部叶条状披针形，具疏刺齿。头状花序，单生或 1 ～ 2 个集生于枝端，密被绵毛，球形，直径 4 ～ 5 cm，无梗或有短梗，基部具苞片状小叶；总苞密被蛛丝状绒毛；外层和中层总苞片卵状矩圆形，先端狭条形，背部有脊，内层渐长，条形，先端长渐尖；全为管状花，花为红色；花冠暗紫色，长约 3.8 cm，筒部较檐部长约 2 倍。瘦果长圆形，径 4.5 ～ 7.0 mm，压扁，淡褐黑色，稍光亮；冠毛羽状，污白色，先端略粗糙。花期 6—8 月；果期 8—9 月。

产神木、榆阳、定边、绥德、米脂、延安、子长、安塞。常生于山坡、草地、路旁等处。主要分布于我国黑龙江、吉林、辽宁、内蒙古、河北、山西、山东、河南、陕西等地。

植株挺拔高大，花色艳丽，花量大，花形奇特，花期长。适合于边坡、林缘、湿地种植，做花境，或用作花海植物。

图 292-1　大刺儿菜幼苗

图 292-2　大刺儿菜花蕾

图 292-3　大刺儿菜果实和种子

图 292-4　大刺儿菜花

图 292-5　大刺儿菜花海景观

293. 蓟 *Cirsium japonicum* Fisch. ex DC.

多年生草本植物。茎被长毛，茎端头状花序下部灰白色，被绒毛及长毛。基生叶卵形、长倒卵形、椭圆形或长椭圆形，长 8 ～ 20 cm，羽状深裂或几全裂，基部渐窄成翼柄，柄翼边缘有针刺及刺齿，侧裂片 6 ～ 12 对，卵状披针形、半椭圆形、斜三角形、长三角形或三角状披针形，有小锯齿，或二回状分裂；基部向上的茎生叶渐小，与基生叶同形并等样分裂，两面绿色，基部半抱茎。头状花序，直立，顶生；总苞钟状，径 3 cm，总苞片约 6 层，覆瓦状排列，向内层渐长，背面有微糖毛，沿中肋有黑色黏腺，外层与中层卵状三角形或长三角形，内层披针形或线状披针形。小花红或紫色。瘦果扁，偏斜楔状倒披针状；冠毛浅褐色。花果期 4—11 月。

产神木、榆阳、靖边。生于海拔 950 ～ 2150 m 的山地草丛或林下。分布于我国内蒙古、河北、青海、山东、江苏、浙江、福建、台湾、江西、湖北、湖南、广东、广西、重庆、四川、贵州、云南。越南、日本、朝鲜、俄罗斯远东地区也产。

植株高大挺拔，叶形奇特，花大色鲜，适于湿地种植。可以用作鲜切花。

图 293-1　蓟植株

图 293-2　蓟叶

图 293-3　蓟花

294. 魁蓟 *Cirsium leo* Nakai et Kitag.

多年生草本植物，高达 1 m。茎枝被长毛。基部和下部茎生叶长椭圆形或倒披针状长椭圆形，羽状深裂，侧裂片 8 ～ 12 对，侧裂片有三角形刺齿，叶柄长达 5 cm 或无柄，向上的叶渐小，与基部和下部茎生叶同形或长披针形并等样分裂，无柄或基部半抱茎，叶两面绿色，被长节毛。头状花序排成伞房花序；总苞钟状，径达 4 cm，总苞片 8 层，镊合状排列，近等长，边缘或上部边缘有针刺，外层与中层钻状长三角形或钻状披针形，背面疏被蛛丝毛，内层硬膜质，披针形或线形。小花紫或红色，檐部长 1.4 cm，细管部长 1 cm。瘦果灰黑色，偏斜椭圆形，冠毛污白色。花果期 5—9 月。

产绥德、黄龙。生于海拔 600 ～ 2700 m 的山坡草地及灌木丛中。分布于我国河北、山西、河南、宁夏、甘肃、四川。

叶片油亮深绿，刺也张牙舞爪。花朵的颜色从未开的浅粉自然过渡到深紫，盛开的时候却是玫紫色，枯萎的紫又是深色，艳丽无边。可丛植于花坛中心，或作盆栽，鲜切花。

图 294-1 魁蓟植株

图 294-2 魁蓟花

295. 尖裂假还阳参 *Crepidiastrum sonchifolium* (Maxim.) Pak et Kawano

一年生草本植物，高 100 cm。茎直立，单生，上部伞房花序状分枝，全部茎枝无毛。基生叶花期枯萎脱落；中下部茎叶长椭圆状卵形、长卵形或披针形，长 3 ～ 8 cm，宽 1.5 ～ 2.5 cm，羽状深裂或半裂，基部扩大圆耳状抱茎，侧裂片约 6 对，狭长，长线形或尖齿状，边缘全缘；上部茎叶及接花序分枝处的叶渐小或更小，卵状心形，向顶端长渐尖，基部心形扩大抱茎，全部叶两面无毛。头状花序，多数，在茎枝顶端排伞房状花序，含舌状小花 15 ～ 19 枚。总苞圆柱状，长 4.5 ～ 5.5 mm；总苞片 2 ～ 3 层，外层及最外层极短，卵形，长宽不足 0.5 mm，顶端钝或急尖，内层长，长椭圆形或披针状长椭圆形，长 4.5 ～ 5.5 mm，宽 1.2 mm，顶端钝或急尖。舌状小花黄色。瘦果长椭圆形，长 2 mm，宽不足 0.5 mm，黑色，有 10 条高起的钝肋，上部沿肋有微刺毛，上部渐细成稍粗的喙，喙长 0.7 mm。冠毛白色，长 4 mm，微糙毛状。花果期 5—9 月。

陕北地区多见。生于海拔 300 ～ 2200 m 的田边、草地、路旁、溪边或林下。分布于我国东北、华北、华中及甘肃、山东、江苏、安徽、重庆、四川、贵州。朝鲜、蒙古、俄罗斯远东地区也产。

枝条柔软纤细，叶形奇特，花茎高挺，远望点点金黄。花期长。可作地被植物，片植于草坪边缘或路旁，亦可作绿地点缀花卉。常用于郊野公园建设及具有野趣的其他生态环境治理。与马蔺交错种植，形成蓝黄交织、富有野趣的田园花海。

图 295-1 尖裂假还阳参幼苗

图 295-2 尖裂假还阳参植株

图 295-3 尖裂假还阳参叶

图 295-4　尖裂假还阳参花

图 295-5　尖裂假还阳参果实种子

296. 砂蓝刺头 *Echinops gmelini* Turcz.

一年生草本植物。茎单生，茎枝淡黄色，疏被腺毛。下部茎生叶线形或线状披针形，边缘具刺齿或三角形刺齿裂或刺状缘毛；中上部茎生叶与下部茎生叶同形；叶纸质，两面绿色，疏被蛛丝状毛及腺点。复头状花序，单生茎顶或枝端，径 2 ～ 3 cm，基毛白色，长 1 cm，细毛状，边缘糙毛状；总苞片 16 ～ 20，外层线状倒披针形，爪基部有蛛丝状长毛，中层倒披针形，长 1.3 cm，背面上部被糙毛，背面下部被长蛛丝状毛，内层长椭圆形，中间芒刺裂较长，背部被长蛛丝状毛。小花蓝或白色。瘦果倒圆锥形，密被淡黄棕色长直毛，遮盖冠毛。冠毛膜片线形，边缘疏糙毛状。花果期 6—9 月。

产神木、榆阳、横山、定边、靖边。生于海拔 580 ～ 3120 m 的沙地、山坡砾石地、黄土丘陵或河滩。分布于我国内蒙古、河北、河南、山西、甘肃、宁夏、新疆及青海。俄罗斯西伯利亚地区及蒙古有分布。

茎干直立，花序形状奇特，花色优雅，远远望去就像一个梦幻星空的棒棒糖。叶子、花序和茎上布满尖刺儿和毛让人有一种可远观而不可亵玩的野趣。适用于庭院、花境布置，尤其与常绿的小灌木搭配种植，可营造出一种变幻的景观，从而给人们以亲近自然的心理满足。可作切花，还可以制成自然的干花，一束束用漂亮的带子扎起来，便自带文艺气息。

图 296-1　砂蓝刺头植株

图 296-2　砂蓝刺头花序

图 296-3　砂蓝刺头初花期

图 296-4　砂蓝刺头盛花期

297. 一年蓬 *Erigeron annuus* (L.) Pers.

一年生或二年生草本植物。茎下部被长硬毛，上部被上弯短硬毛。基部叶长圆形或宽卵形，稀近圆形，长 4 ～ 17 cm，基部窄成具翅长柄，具粗齿；下部茎生叶与基部叶同形，叶柄较短；中部和上部叶长圆状披针形或披针形，长 1 ～ 9 cm，具短柄或无柄，有齿或近全缘；最上部叶线形；叶边缘被硬毛，两面被疏硬毛或近无毛。头状花序数个或多数，排成疏圆锥花序，总苞半球形，总苞片 3 层，披针形，淡绿色或多少褐色，背面密被腺毛和疏长毛；外围雌花

图 297-1　一年蓬花海景观

舌状，2 层，长 6 ~ 8 mm，管部长 1.0 ~ 1.5 mm，上部被疏微毛，舌片平展，白色或淡天蓝色，线形，宽 0.6 mm，先端具 2 小齿；中央两性花管状，黄色，管部长约 0.5 mm，檐部近倒锥形，裂片无毛；瘦果披针形，长约 1.2 mm，扁，被疏贴柔毛；冠毛异形，雌花冠毛极短，小冠腺质鳞片结合成环状，两性花冠毛 2 层，外层鳞片状，内层为 10 ~ 15 刚毛。花期 6—9 月。

产榆阳区，生于海拔 1100 m 左右的荒野、田边、路旁；分布于我国华中及黑龙江、吉林、河北、山东、江苏、安徽、福建、江西、重庆、四川、西藏。原产北美。

花形优美，颜色淡雅秀丽，生长姿态热烈而奔放，茎秆细小而坚挺，花朵众多，有飘逸之美，无柔弱之态，风吹过，立刻挺立如初。小巧又可爱的叶子，绿得恰到好处，不深不浅，少了沉重和招摇，多了淡定与从容，稀稀疏疏，随意洒脱，一直绿在那里，执着又忘我。可配置于郊野公园、园路边、墙角下，也是插花技艺中经常选用的材料。不论是单独造型抑或是与其他颜色艳丽的主花搭配，都能取得层次丰满，色彩丰富的景观效果。

图 297-2　一年蓬花

298. 小蓬草 *Erigeron canadensis* L.

一年生草本植物。根纺锤状，具纤维状根；茎直立，高 50 ~ 100 cm 或更高，圆柱状，多少具棱，有条纹，被疏长硬毛，上部多分枝；叶密集，基部叶花期常枯萎，下部叶倒披针形，长 6 ~ 10 cm，宽 1.0 ~ 1.5 cm，顶端尖或渐尖，基部渐狭成柄，边缘具疏锯齿或全缘，中部和上部叶较小，线状披针形或线形，近无柄或无柄，全缘或少有具 1 ~ 2 个齿，两面或仅上面被疏短毛，边缘常被上弯的硬缘毛；头状花序，多数，小，径 3 ~ 4 mm，排列成顶生多分枝的大圆锥花序；花序梗细，长 5 ~ 10 mm，总苞近圆柱状，长 2.5 ~ 4.0 mm；总苞片 2 ~ 3 层，淡绿色，线状披针形或线形，顶端渐尖，外层约短于内层之半，背面被疏毛，内层长 3.0 ~ 3.5 mm，宽约 0.3 mm，边缘干膜质，无毛；花托平，径 2.0 ~ 2.5 mm，具不明显的突起；雌花多数，舌状，白色，长 2.5 ~ 3.5 mm，舌片小，稍超出花盘，线形，顶端具 2 个钝小齿；两性花淡黄色，花冠管状，长 2.5 ~ 3.0 mm，上端具 4 或 5 个齿裂，管部上部被疏微毛；瘦果线状披针形，长 1.2 ~ 1.5 mm，稍扁压。花期 5—9 月。

产榆阳、延安。生于旷野、荒地、田边和路旁。我国南北各省区均产，原产北美。

植株挺拔，叶色嫩绿，生命力强。在园林中可布置于花境、花坛或丛植篱旁、山石前，也可作切花。宜做海滨花园的材料。

图 298-1 小蓬草幼苗

图 298-2 小蓬草花序

299. 牛膝菊 *Galinsoga parviflora* Cav.

一年生草本植物。茎枝被贴伏柔毛和少量腺毛。叶对生，卵形或长椭圆状卵形，长 2.5 ~ 5.5 cm，叶柄长 1 ~ 2 cm；向上及花序下部的叶披针形；茎叶两面疏被白色贴伏柔毛，沿脉和叶柄毛较密，具浅或钝锯齿或波状浅锯齿，花序下部的叶有时全缘或近全缘。头状花序，半球形，排成疏散伞房状，花序梗长约 3 cm；总苞半球形或宽钟状，径 3 ~ 6 mm，总苞片 1 ~ 2 层，约 5 个，外层短，内层卵形或卵圆形，白色，膜质。舌状花 4 ~ 5，舌片白色，先端 3 齿裂，筒部细管状，密被白色柔毛；管状花黄色，下部密被白色柔毛。瘦果具 3 棱或中央瘦果 4 ~ 5 棱，熟时黑或黑褐色，被白色微毛。舌状花冠冠毛状，脱落；管状花冠毛膜片状，白色，披针形，边缘流苏状。花果期 7—10 月。

榆阳区可见。生于草丛、灌丛。分布于我国四川、贵州、云南、西藏。原产南美洲。

植株低矮，长势强健，叶形奇特，花色淡雅、有特殊香味。可植于花坛、花境中，或作缀花草坪。

图 299-1 牛膝菊植株

图 299-2 牛膝菊花

300. 菊芋 *Helianthus tuberosus* L.

多年生草本植物。有块状地下茎及纤维状根。茎高达 3 m，有分枝，被白色糙毛或刚毛。叶对生，卵圆形或卵状椭圆形，长 10 ～ 16 cm，有粗锯齿，离基 3 出脉，上面被白色粗毛，下面被柔毛，叶脉有硬毛，有长柄；上部叶长椭圆形或宽披针形，基部下延成短翅状。头状花序，单生枝端，有 1 ～ 2 线状披针形苞片，直立，径 2 ～ 5 cm；总苞片多层，披针形，长 1.4 ～ 1.7 cm，背面被伏毛。舌状花 12 ～ 20，舌片黄色，长椭圆形，长 1.7 ～ 3.0 cm；管状花，花冠黄色，长 6 mm。瘦果小楔形，上端具 2 ～ 4 枚有毛的锥状扁芒。花期 8—9 月。

图 300-1　菊芋植株

陕北各地均产。我国南北都有分布。原产北美。

株丛直立丰满，苗密茎长，叶片繁茂，适应性强，绿期较长。全株被硬毛。头状花序单生，金黄色，开花周期长，花多、花大且带有巧克力香味。适用于花境、花坛背景栽植，林缘及灌丛前片植，篱旁、山石旁、私家花园墙垣丛植等。常用作鲜切花材料。在防沙治沙、盐碱地改良、重金属吸附、矿山植被恢复等生态修复领域具有重要的应用价值。

图 300-2　菊芋花

301. 旋覆花 *Inula japonica* Thunb.

多年生草本植物。茎被长伏毛，或下部脱毛。中部叶长圆形、长圆状披针形或披针形，长 4 ～ 13 cm，基部常有圆形半抱茎小耳，无柄，有小尖头状疏齿或全缘，上面有疏毛或近无毛，下面有疏伏毛和腺点，中脉和侧脉有较密长毛；上部叶线状披针形。头状花序，径 3 ～ 4 cm，排成疏散伞房花序，花序梗细长。总苞半球形，径 1.3 ～ 1.7 cm，总苞片约 5 层，线状披针形，近等长，最外层常叶质，较长，外层基部革质，上部叶质，背面有伏毛或近无毛，有缘毛，内层干膜质，渐尖，有腺点和缘毛。舌状花黄色，较总苞长 2.0 ～ 2.5 倍，舌片线形，长 1.0 ～ 1.3 cm；管状花，花冠长约 5 mm，冠毛白色，有 20 余微糙毛，与管状花近等长。瘦果长 1.0 ～ 1.2 mm，圆柱形，有 10 条浅沟，被疏毛。花期 6—10 月，果期 9—11 月。

产榆阳、靖边、延安、黄陵、宜君。生于海拔 340 ～ 1500 m 的山坡草地或林缘。分布于我国东北、华北、华东、华南及甘肃、河南、湖北、四川。日本、朝鲜、蒙古、俄罗斯也产。

茎秆茁壮，花形美观，花色艳丽，花径大，静生荒郊、旷野草地、山坡路旁，花色耀眼金黄，梗坚叶翠，护花生香。可以用于园林绿化和花坛装饰或作为盆栽。耐寒耐旱耐湿耐热耐贫瘠。也适于布置岩石园和屋顶花园，用于树下、山地北坡、厂矿等光照不足的地方绿化及生态修复，还可在相对封闭的郊野公园、河滩湿地、边坡沟渠等地创造自然荒野景观。

图 301-1　旋覆花幼苗

图 301-2　旋覆花花

图 301-3　旋覆花花海景观

302. 蓼子朴 *Inula salsoloides* (Turcz.) Ostenf.

亚灌木，地下茎分枝长，横走。茎平卧，或斜升，或直立，圆柱形，下部木质，高达 45 cm，基部径达 5 mm，基部有密集的长分枝，中部以上有较短的分枝。分枝细，常弯曲，被白色基部常疣状的长粗毛，后上部常脱毛，有时茎和叶都被毛，全部有密生的叶。叶披针状或长圆状线形，基部常心形或有小耳，半抱茎，边缘平或稍反卷，顶端钝或稍尖，稍肉质，上面无毛，下面有腺及短毛。头状花序，径 1.0 ～ 1.5 cm，单生于枝端。舌状花较总苞长半倍，舌浅黄色，椭圆状线形，长约 6 mm，顶端有 3 个细齿；花柱分枝细长，顶端圆形；管状花，花冠长约 6 mm，上部狭漏斗状，顶端有尖裂片；花药顶端稍尖；花柱分枝顶端钝。冠毛白色，与管状花药等长，有约 70 个细毛。瘦果长 1.5 mm，有多数细沟，被腺和疏粗毛，上端有较长的毛。花期 5—8 月，果期 7—9 月。

产神木、榆阳、吴堡、绥德、米脂、横山、子洲、靖边、定边、子长。生于海拔 780 ～ 1900 m 的砂质草地或荒漠。分布于我国华北、西北及辽宁。阿富汗、蒙古、俄罗斯也产。

花繁叶茂，一丛丛绿色的茎，一簇簇黄色的花。有发育的地下茎，茎常横卧，沙土掩盖后到处生根和直立的分枝，往往成片生长。可用于沙地绿化或矿区生态修复。

图 302　蓼子朴

303. 中华苦荬菜 *Ixeris chinensis* (Thunb.) Nakai

多年生草本植物，高 5 ～ 47 cm。根垂直直伸，通常不分枝。根状茎极短缩。茎直立单生或少数茎成簇生，基部直径 1 ～ 3 mm，上部伞房花序状分枝。基生叶长椭圆形、倒披针形、线形或舌形，包括叶柄长 2.5 ～ 15.0 cm，宽 2.0 ～ 5.5 cm，顶端钝或急尖或向上渐窄，基部渐狭成有翼的短或长柄，全缘，不分裂亦无锯齿或边缘有尖齿或凹齿，或羽状浅裂、半裂或深裂，侧裂片 2 ～ 7 对，长三角形、线状三角形或线形，自中部向上或向下的侧裂片渐小，向基部的侧裂片常为锯齿状，有时为半圆形。茎生叶 2 ～ 4 枚，极少 1 枚或无茎叶，长披针形或长椭圆状披针形，不裂，边缘全缘，顶端渐狭，基部扩大，耳状抱茎或至少基部茎生叶的基部有明显的耳状抱茎；全部叶两面无毛。头状花序，通常在茎枝顶端排成伞房花序，含舌状小花 21 ～ 25 枚。总苞圆柱状，长 8 ～ 9 mm；总苞片 3 ～ 4 层，外层及最外层宽卵形，长 1.5 mm，宽 0.8 mm，顶端急尖，内层长椭圆状倒披针形，长 8 ～ 9 mm，宽 1.0 ～ 1.5 mm，顶端急尖。舌状小花黄色，干时带红色。瘦果褐色，长椭圆形，长 2.2 mm，宽 0.3 mm，有 10 条高起的钝肋，肋上有上指的小刺毛，顶端急尖成细喙。喙细，细丝状，长 2.8 mm。冠毛白色，微糙，长 5 mm。花果期 1—10 月。

陕北地区均产。分布于我国大部分省区，生于山坡路旁、田野、河边灌丛或岩石缝隙中。

植株低矮，基生叶贴地生长。茎秆直立细弱，花色为黄色，从较浓的明亮色彩到些许淡柠檬黄色调。小黄花较小而数量大，排列如伞。适合做观花地被。

图 303-1　中华苦荬菜幼苗及生境

图 303-2　中华苦荬菜盛花期花

图 303-3　中华苦荬菜花

图 303-4　中华苦荬菜果实和种子

304. 变色苦荬菜 *Ixeris chinensis* subsp. *versicolor* (Fisch. ex Link) Kitam.

多年生草本植物，高 6 ~ 30 cm。根垂直或弯曲，不分枝或有分枝，生多数或少数须根。茎低矮，主茎不明显，自基部多分枝，全部茎枝无毛。基生叶匙状长椭圆形、长椭圆形、长椭圆状倒披针形、披针形、倒披针形或线形，包括叶柄长 3.5 ~ 7.5 cm，宽 0.2 ~ 6.0 cm，不分裂或至少含有不分裂的基生叶，边缘全缘或有尖齿或羽状浅裂或深裂或至少基生叶中含有羽状分裂的叶，基部渐狭成长或短柄，侧裂片 1 ~ 7 对，集中在叶的中下部，中裂片较大，长椭圆形、镰刀形或狭线形，向两侧的侧裂片渐小，最上部或最下部的侧裂片常尖齿状；茎生叶少数，1 ~ 2 枚，通常不裂，较小，与基生叶同形，基部无柄，稍见抱茎；全部叶两面无毛。头状花序多数，在茎枝顶端排成伞房花序或伞房圆锥花序，含 15 ~ 27 枚舌状小花。总苞圆柱状，长 7 ~ 8 mm；总苞片 2 ~ 3 层，外层及最外层小，宽卵形，长 0.8 mm，宽 0.5 ~ 0.6 mm，顶端急尖，内层长线状长椭圆形，长 7 ~ 8 mm，宽 1 ~ 2 mm，顶端钝。舌状小花黄色，极少白色或红色。瘦果红褐色，稍压扁，长椭圆形，长 2.5 mm，宽 0.7 mm，有 10 条高起的钝肋，沿肋有上指的小刺毛，向上渐狭成细喙。喙呐细丝状，长 2.5 mm。冠毛白色，微粗糙，长近 4 mm。花果期 3—9 月。

产榆阳、横山、清涧、延安、洛川。生于海拔 950 ~ 1500 m 的山坡草地。分布于我国华北、华中、西南及黑龙江、吉林、甘肃、青海、新疆、山东、江苏。朝鲜、蒙古、俄罗斯远东地区也产。

植株低矮，基生叶贴地生长。茎秆直立细弱，花色为粉红色到白色。花较小而数量大，排列如伞。种子上面有白色绒毛，活泼可爱。适合做观花地被。

图 304-1　变色苦荬菜盛花期植株

图 304-2　变色苦荬菜花

图 304-3　变色苦荬菜种子

305. 蒙疆苓菊 *Jurinea mongolica* Maxim.

多年生草本植物，高达 25 cm。茎基密被绵毛及残存褐色叶柄。茎粗壮，分枝，茎枝被蛛丝状棉毛至无毛。基生叶长椭圆形或长椭圆状披针形，叶柄长 2 ～ 4 cm，叶羽状深裂、浅裂或齿裂，侧裂片 3 ～ 4 对，侧裂片长披针形或长椭圆状披针形，裂片全缘，反卷；茎生叶与基生叶同形或披针形或倒披针形并等样分裂或不裂；茎生叶两面几同色，绿或灰绿色，疏被蛛丝毛。头状花序大，单生枝端；总苞碗状，径 2.0 ～ 2.5 cm，绿或黄绿色，总苞片 4 ～ 5 层，革质，最外层披针形，中层披针形或长圆状披针形，最内层线状长椭圆形或宽线形；苞片革质，直立。花冠红色。瘦果淡黄色，倒圆锥状，无刺瘤；冠毛褐色，冠毛刚毛短羽毛状，宿存。花期 5—8 月。

产定边。生于海拔 1000 ～ 1500 m 的砂质草地。分布于我国内蒙古、宁夏、新疆。蒙古也产。

株形秀丽，花大色艳。适宜于花坛种植，或作切花。抗性强，也可以用于缓坡绿化。

图 305　蒙疆苓菊

306. 麻花头 *Klasea centauroides* (L.) Cass.

多年生草本植物，高 40 ～ 100 cm。茎直立，上部少分枝或不分枝，中部以下被稀疏的或稠密的节毛，基部被残存的纤维状撕裂的叶柄。基生叶及下部茎叶长椭圆形，长 8 ～ 12 cm，宽 2 ～ 5 cm，羽状深裂，有长 3 ～ 9 cm 的叶柄；侧裂片 5 ～ 8 对，全部裂片长椭圆形至宽线形，全缘或有锯齿或少锯齿，宽 0.4 ～ 0.8（～ 1.3）cm，顶端急尖；中部茎叶与基生叶及下部茎叶同形，并等样分裂，但无柄或有极短的柄，裂片全缘无锯齿或少锯齿；上部的叶更小，5 ～ 7 羽状全缘，裂片全缘，无锯齿，或不裂，线形，边缘无锯齿。全部叶两面粗糙，两面被多细胞长或短节毛。头状花序少数，单生茎枝顶端，但不形成明显的伞房花序式排列，或植株含 1 个头状花序，单生茎端，花序梗或花序枝伸长，几裸露，无叶。全部小花红色，红紫色或白色，花冠长 2.1 cm，细管部长 9 mm，檐部长 1.2 cm，花冠裂片长 7 mm。瘦果楔状长椭圆形，褐色，有 4 条高起的肋棱，长 5 mm，宽 2 mm。冠毛褐色或略带土红色，长达 7 mm。冠毛刚毛糙毛状，分散脱落。花果期 6—9 月。

产神木、榆阳、米脂、绥德、横山、靖边、吴起、志丹、安塞、延安、黄陵、黄龙。生于海拔 600 ～ 1700 m 的山地草丛、林缘或田边。分布于我国黑龙江、吉林、辽宁、内蒙古、河北、山西。朝鲜、俄罗斯也产。

植株高大，叶色鲜艳，叶形奇特，花大美丽，可作花坛、花境植物种植观赏，也可以作切花。

图 306-1　麻花头植株

图 306-2　麻花头花蕾

图 306-3　麻花头花

307. 翅果菊 *Lactuca indica* L.

一年生或二年生草本植物，根垂直直伸，生多数须根。茎直立，单生，高 0.4 ～ 2.0 m，基部直径 3 ～ 10 mm，上部圆锥状或总状圆锥状分枝，全部茎枝无毛。全部茎叶线形，中部茎叶长达 21 cm 或过之，宽 0.5 ～ 1.0 cm，边缘大部全缘或仅基部或中部以下两侧边缘有小尖头或稀疏细锯齿或尖齿，或全部茎叶线状长椭圆形、长椭圆形或倒披针状长椭圆形，中下部茎叶长 13 ～ 22 cm，宽 1.5 ～ 3.0 cm，边缘有稀疏的尖齿或几全缘或全部茎叶椭圆形，中下部茎叶长 15 ～ 20 cm，宽 6 ～ 8 cm，边缘有三角形锯齿或偏斜卵状大齿；全部茎叶顶端长渐急尖或渐尖，基部楔形渐狭，无柄，两面无毛。头状花序果期卵球形，多数沿茎枝顶端排成圆锥花序或总状圆锥花序。总苞长 1.5 cm，宽 9 mm，总苞片 4 层，外层卵形或长卵形，长 3.0 ～ 3.5 mm，宽 1.5 ～ 2.0 mm，顶端急尖或钝，中内层长披针或线状披针形，长 1 cm 或过之，宽 1 ～ 2 mm，顶端钝或圆形，全部苞片边缘染紫红色。舌状小花 25 枚，黄色。瘦果椭圆形，长 3 ～ 5 mm，宽 1.5 ～ 2.0 mm，黑色，压扁，边缘有宽翅，顶端急尖或渐尖成 0.5 ～ 1.5 mm 细或稍粗的喙，每面有 1 条细纵脉纹。冠毛 2 层，白色，几单毛状，长 8 mm。花果期 4—11 月。

产榆阳、延安、宜川、甘泉、黄陵、黄龙。生于海拔 520 ～ 1600 m 的山地草丛或林下，分布于我国大部分地区。

植株高大，茎秆紫红色，一株独秀，叶形奇特，花色淡雅。适合于花坛、花境种植。

图 307-1　翅果菊植株

图 307-2　翅果菊花蕾

图 307-3　翅果菊花

308. 乳苣 *Mulgedium tataricum* (L.) DC.

多年生草本植物，高 15 ～ 60 cm。根垂直直伸。茎直立，有细条棱或条纹，上部有圆锥状花序分枝，全部茎枝光滑无毛。中下部茎叶长椭圆形或线状长椭圆形或线形，基部渐狭成短柄，柄长 1.0 ～ 1.5 cm 或无柄，长 6 ～ 19 cm，宽 2 ～ 6 cm，羽状浅裂或半裂或边缘有多数或少数大锯齿，顶端钝或急尖，侧裂片 2 ～ 5 对，中部侧裂片较大，向两端的侧裂片渐小，全部侧裂片半椭圆形或偏斜的宽或狭三角形，边缘全缘或有稀疏的小尖头或边缘多锯齿，顶裂片披针形或长三角形，边缘全缘或边缘细锯齿或稀锯齿；向上的叶与中部茎叶同形或宽线形，但渐小。全部叶质地稍厚，两面光滑无毛。头状花序约含 20 枚小花，多数，在茎枝顶端狭或宽圆锥花序。总苞圆柱状或楔形，长 2 cm，宽约 0.8 mm，果期不为卵球形；总苞片 4 层，不成明显的覆瓦状排列，中外层较小，卵形至披针状椭圆形，长 3 ～ 8 mm，宽 1.5 ～ 2.0 mm，内层披针形或披针状椭圆形，长 2 cm，宽 2 mm，全部苞片外面光滑无毛，带紫红色，顶端渐尖或钝。舌状小花紫色或紫蓝色，管部有白色短柔毛。瘦果长圆状披针形，稍压扁，灰黑色，长 5 mm，宽约 1 mm，每面有 5 ～ 7 条高起的纵肋，中肋稍粗厚，顶端渐尖成长 1 mm 的喙。冠毛 2 层，纤细，白色，长 1 cm，微锯齿状，分散脱落。花果期 6—9 月。

产神木、榆阳、佳县、米脂、绥德、清涧、横山、靖边、定边、志丹、延安、甘泉、洛川。生于海拔 800 ～ 1900 m 的山坡草地。分布于我国华北、西北及辽宁、河南、西藏。阿富汗、巴基斯坦、印度、克什米尔地区、俄罗斯及中亚、西南亚、欧洲及北美也产。

植株低矮，基生叶贴地生长，头状花序顶生，花朵呈紫色或紫蓝色，有巧克力香味，秀丽可爱。生命力旺盛，耐盐能力强。可做观花地被。

图 308-1　乳苣植株

图 308-2　乳苣花蕾

图 308-3　乳苣花

图 308-4　乳苣果实和种子

309. 火绒草 *Leontopodium leontopodioides* (Willd.) Beauv.

多年生草本植物。根茎有多数簇生花茎和根出条。花茎高达 45 cm，被灰白色长柔毛或白色近绢状毛。叶线形或线状披针形，长 2.0 ~ 4.5 cm，宽 2 ~ 5 mm，上面灰绿色，被柔毛，下面被白或灰白色密棉毛或被绢毛。苞叶少数，长圆形或线形，两面或下面被白或灰白色厚茸毛，与花序等长或较长，在雄株多少开展成苞叶群，在雌株多少直立，不形成苞叶群。头状花序雌株径 0.7 ~ 1.0 cm，密集，稀 1 个或较多，在雌株常有较长花序梗排成伞房状；总苞半球形，长 4 ~ 6 mm，被白色棉毛，总苞片约 4 层，稍露出毛茸。小花雌雄异株，稀同株；雄花花冠长 3.5 mm，窄漏斗状，雌花花冠丝状，长 4.5 ~ 5.0 mm；冠毛白色。瘦果有乳突或密粗毛。花果期 7—10 月。

产神木、绥德、靖边、吴起、志丹、安塞、甘泉、洛川、黄龙。生于海拔 1100 ~ 2000 m 的山地草丛或疏林下。分布于我国华北及山东、甘肃、青海、新疆。日本、朝鲜、蒙古、俄罗斯也产。

茎条和叶片覆盖着厚厚的白色绒毛，植株也小巧玲珑，颜色是银灰色的，叶片银灰绚靓，白色花序如雪，亭亭玉立，朴实大方，还有一股淡淡的清香。具有花、叶并美的特点，同时具有耐干旱、耐贫瘠的优点，适用于岩石园栽植或盆栽观赏及作干花欣赏。

图 309-1　火绒草植株

图 309-2　火绒草果实

图 309-3　火绒草花

310. 毛连菜 *Picris hieracioides* L.

二年生草本植物。茎上部呈伞房状或伞房圆状分枝，被光亮钩状硬毛。基生叶花期枯萎；下部茎生叶长椭圆形或宽披针形，长 8 ~ 34 cm，全缘或有锯齿，基部渐窄成翼柄；中部和上部叶披针形或线形，无柄，基部半抱茎；最上部叶全缘；叶两面被硬毛。头状花序排成伞房或伞房圆锥花序，花序梗细长；总苞圆柱状钟形，长达 1.2 cm，总苞片 3 层，背面被硬毛和柔毛，外层线形，长 2 ~ 4 mm，内层线状披针形，长 1.0 ~ 1.2 cm，边缘白色膜质。舌状小花黄色，冠筒被白色柔毛。瘦果纺锤形，长约 3 mm，棕褐色；冠毛白色。花果期 6—9 月。

图 310　毛连菜

产榆阳、横山、靖边、延安、子长。生于海拔 610 ~ 2700 m 荒坡草地、田边、灌丛或林缘。分布于我国西南及黑龙江、吉林、河北、山西、甘肃、山东、河南、湖北。印度、不丹、克什米尔地区、哈萨克斯坦、越南及西南亚、地中海地区、欧洲也产。

植株高大，叶色亮绿，花色淡雅，生长势强。适用于花境种植、盆栽观赏或矿区生态修复绿化。

311. 漏芦 *Rhaponticum uniflorum* (L.) DC.

多年生草本植物，高 30 ~ 100 cm。茎直立，不分枝，簇生或单生，灰白色，被棉毛，基部直径 0.5 ~ 1.0 cm，被褐色残存的叶柄。基生叶及下部茎生叶椭圆形、长椭圆形、倒披针形，长 10 ~ 24 cm，宽 4 ~ 9 cm，羽状深裂或几全裂，有长叶柄，叶柄长 6 ~ 20 cm。侧裂片 5 ~ 12 对，椭圆形或倒披针形；中上部茎生叶渐小，与基生叶及下部茎叶同形并等样分裂，无柄或有短柄。全部叶质地柔软，两面灰白色，被稠密的或稀疏的蛛丝毛及多细胞糙毛和黄色小腺点。叶柄灰白色，被稠密的蛛丝状棉毛。头状花序单生茎顶，花序梗粗壮，裸露或有少数钻形小叶。总苞半球形，大直径 3.5 ~ 6.0 cm。总苞片约 9 层，覆瓦状排列，全部苞片顶端有膜质附属物，附属物宽卵形或几圆形，长达 1 cm，宽达 1.5 cm，浅褐色。全部小花两性，管状，花冠紫红色。瘦果 3 ~ 4 棱，楔状。冠毛褐色，多层，不等长，向内层渐长，长达 1.8 cm，基部连合成环，整体脱落；冠毛刚毛糙毛状。花果期 4—9 月。

产神木、府谷、佳县、榆阳、清涧、志丹、延安、洛川。生于海拔 420 ~ 1600 m 的山坡草地。分布于我国东北、华北及宁夏、甘肃、青海、山东、河南、四川。朝鲜、蒙古、俄罗斯也产。

茎粗壮直立，基生叶呈羽毛状，质地柔软，两面灰白色，披着蛛丝毛和糙毛，特别像温暖的褴褛，奇特而别致。头状花序单生茎顶，花序梗粗壮，花大色艳。可引种于庭园，花坛，也可以盆栽观赏，还可以作切花。

图 311-1　漏芦幼苗

图 311-2　漏芦花蕾

图 311-3　漏芦花

图 311-4　漏芦果实

312. 草地风毛菊 *Saussurea amara* (L.) DC.

多年生草本植物。茎无翼，上部或中下部有分枝。基生叶与下部茎生叶披针状长椭圆形、椭圆形或披针形，长 4 ~ 18 cm，全缘，稀有钝齿，叶柄长 2 ~ 4 cm；中上部茎生叶有短柄或无柄，椭圆形或披针形；叶两面绿色，被柔毛及金黄色腺点。头状花序在茎枝顶端排成伞房状或伞房圆锥花序；总苞窄钟状或圆柱形，径 0.8 ~ 1.2 cm，总苞片 4 层，外层披针形或卵状披针形，长 3 ~ 5 mm，有细齿或 3 裂，中层与内层线状长椭圆形或线形，长 9 mm，先端有淡紫红色、边缘有小锯齿的圆形附片；苞片绿色，背面疏被柔毛及黄色腺点。小花淡紫色。瘦果长圆形，长 3 mm，4 肋；冠毛白色，2 层。花果期 7—10 月。

产神木、榆阳、米脂、靖边、定边、安塞。生于海拔 870 ～ 1400 m 的山坡草地。分布于我国东北、华北、西北及河南。蒙古、俄罗斯及中亚、东欧也产。

植株低矮，基生叶匐地生长，头状花序顶生，排成伞房状，花冠粉红色。可做花境背景材料，也可以片植于林缘、湿地作地被植物，还可用于房屋绿化。

图 312-1　草地风毛菊幼苗

图 312-2　草地风毛菊花

313. 风毛菊 *Saussurea japonica* (Thunb.) DC.

二年生草本植物。茎无翼，稀有翼，疏被柔毛及金黄色腺点。基生叶与下部茎生叶椭圆形或披针形，长 7 ～ 22 cm，羽状深裂，裂片 7 ～ 8 对，长椭圆形、斜三角形、线状披针形或线形，裂片全缘，极稀疏生大齿，叶柄长 3.0 ～ 3.5（～ 6.0）cm，有窄翼；中部叶有短柄，上部叶浅羽裂或不裂，无柄；叶两面绿色，密被黄色腺点。头状花序排成伞房状或伞房圆锥花序；总苞窄钟状或圆柱形，径 5 ～ 8 mm，疏被蛛丝状毛，总苞片 6 层，外层长卵形，长 2.8 mm，先端有扁圆形紫红色膜质附片，有锯齿。小花紫色。瘦果圆柱形，长 4 ～ 5 mm，深褐色；冠毛白色，外层糙毛状。花果期 6—11 月。

产神木、榆阳、佳县、米脂、横山、靖边、定边、绥德、延安、安塞、志丹、吴起、黄龙。生于海拔 500 ～ 2000 m 的山坡草地、田边或林缘。分布于我国东北、华北、西北、华东、华中、华南及宁夏、甘肃、青海、台湾、四川、贵州、云南。日本、朝鲜、蒙古也产。

株型美观，植株挺拔，花序呈冠状，数量非常多，花开时节，像一颗颗紫红色毛球挂在枝头。夏秋可观花，紫色美丽，可用作园林花境，还可用作花丛、花境或林缘地被植物。

图 313-1　风毛菊幼苗

图 313-2　风毛菊花

图 313-3　风毛菊秋冬季景观

314. 欧洲千里光 *Senecio vulgaris* L.

一年生草本植物。茎疏被蛛丝状毛至无毛。叶倒披针状匙形或长圆形，长 3 ～ 11 cm，羽状浅裂至深裂，侧生裂片 3 ～ 4 对，长圆形或长圆状披针形，具齿，下部叶基部渐窄成柄，无柄。中部叶基部半抱茎，两面尤其下面多少被蛛丝状毛至无毛；上部叶线形，具齿。头状花序无舌状花，排成密集伞房花序，花序梗长 0.5 ～ 2.0 cm，有疏柔毛或无毛，具数个线状钻形小苞片；总苞钟状，长 6 ～ 7 mm，外层小苞片 7 ～ 11，线状钻形，长 2 ～ 3 mm，具黑色长尖头，总苞片 18 ～ 22，线形，宽 0.5 mm，上端变黑色，背面无毛。无舌状花；管状花多数，花冠黄色。瘦果圆柱形，沿肋有柔毛；冠毛白色。花期 4—10 月。

榆阳区可见。生于开旷山坡、草地或路旁。分布于我国吉林、辽宁、内蒙古、湖北、台湾、四川、贵州、云南、西藏。广布于欧亚大陆及非洲温带地区。

植株低矮，叶色嫩绿，适应力强。适合做园林地被。

图 314-1　欧洲千里光幼苗

图 314-2　欧洲千里光植株

图 314-3　欧洲千里光花序

图 314-4　欧洲千里光果实

315. 额河千里光 *Senecio argunensis* Turcz.

多年生草本植物。茎被蛛丝状柔毛，有时脱毛；基生叶和下部茎生叶花期枯萎；中部茎生叶卵状长圆形或长圆形，长 6 ～ 10 cm，羽状全裂或羽状深裂，顶生裂片小而不明显，侧裂片约 6 对，窄披针形或线形，长 1.0 ～ 2.5 cm，具 1 ～ 2 齿或窄细裂，或全缘，上面无毛，下面有疏蛛丝状毛或脱毛，基部具窄耳或撕裂状耳，无柄；上部叶渐小，羽状分裂；头状花序有舌状花，排成复伞房花序；花序梗细，有蛛丝状毛，有苞片和数个线状钻形小苞片；总苞近钟状，径 3 ～ 5 mm，外层苞片约 10，线形，长 3 ～ 5 mm，总苞片约 13，长圆状披针形，上端具短髯毛，绿色或紫色，背面疏被蛛丝毛；舌状花 10 ～ 13，舌片黄色，长圆状线形，长 8 ～ 9 mm；管状花多数，花冠黄色，长 6 mm；瘦果圆柱形，无毛；冠毛淡白色；花期 8—10 月。

图 315-1　额河千里光植株

图 315-2　额河千里光花序

产神木、靖边、志丹、安塞、延安。生于海拔 700 ～ 2000 m 的山地草丛、灌丛、林缘或溪旁。分布于我国东北、华北及宁夏、甘肃、青海、河南、江苏、安徽、湖北、四川。日本、朝鲜、蒙古、俄罗斯西伯利亚和远东地区也产。

植株高大，枝叶茂盛，茎秆纤细多分枝，叶片密集，叶色深绿，花朵以黄色为主，鲜艳而明亮。在庭园中种植可以营造出浓郁的绿意和清新的氛围。加上白色的绒毛，使其呈现出一种柔软和纤弱的特质。可用作庭园观赏植物或作为盆栽花卉。

316. 苣荬菜 *Sonchus wightianus* DC.

多年生草本植物。根垂直直伸，多少有根状茎。茎直立，高 30 ～ 150 cm，有细条纹，上部或顶部有伞房状花序分枝，花序分枝与花序梗被稠密的头状具柄的腺毛。基生叶多数，与中下部茎叶全形倒披针形或长椭圆形，羽状或倒向羽状深裂、半裂或浅裂，全长 6 ～ 24 cm，高 1.5 ～ 6.0 cm，侧裂片 2 ～ 5 对，偏斜半椭圆形、椭圆形、卵形、偏斜卵形、偏斜三角形、半圆形或耳状，顶裂片稍大，长卵形、椭圆形或长卵状椭圆形；全部叶裂片边缘有小锯齿或无锯齿而有小尖头；上部茎叶及接花序分枝下部的叶披针形或线钻形，小或极小；全部叶基部渐窄成长或短翼柄，但中部以上茎叶无柄，基部圆耳状扩大半抱茎，顶端急尖、短渐尖或钝，两面光滑无毛。头状花序在茎枝顶端排成伞房状花序。总苞钟状，长 1.0 ～ 1.5 cm，宽 0.8 ～ 1.0 cm，基部有稀疏或稍稠密的长或短绒毛。总苞片 3 层，外层披针形，长 4 ～ 6 mm，宽 1.0 ～ 1.5 mm，中内层披针形，长达 1.5 cm，宽 3 mm；全部总苞片顶端长渐尖，外面沿中脉有 1 行头状具柄的腺毛。舌状小花多数，黄色。瘦果稍压扁，长椭圆形，长 3.7 ～ 4.0 mm，宽 0.8 ～ 1.0 mm，每面有 5 条细肋，肋间有横皱纹。冠毛白色，长 1.5 cm，柔软，彼此纠缠，基部连合成环。花果期 6—10 月。

本区域均产。生于海拔 420 ～ 2000 m 的山坡草地、林间草地、潮湿地或近水旁、村边或河边砾石滩。分布几遍全国。归化植物，原产欧洲及地中海。

茎秆直立平滑，叶形奇特，叶色翠绿，大型头状花序，花全部为舌状花，鲜黄色或橘黄色，花期长。毛茸茸的果序活泼可爱。适合于岩石园绿化，或做缀花草坪种植，也可用于切花。

图 316-1　苣荬菜幼苗

图 316-2　苣荬菜花

图 316-3　苣荬菜果实

317. 百花蒿 *Stilpnolepis centiflora* (Maxim.) Krasch.

一年生草本植物。茎枝被绢状柔毛。叶线形，长 3.5 ～ 10.0 cm，宽 2.5 ～ 4.0 mm，具 3 脉，两面疏被柔毛，先端渐尖，基部有 2 ～ 3 对羽状裂片，裂片线形，无柄。头状花序，半球形，下垂，多数头状花序排成伞房花序，花序梗长 3 ～ 5 cm；总苞径 0.8 ～ 2.0 cm，总苞片外层 3 ～ 4 枚，草质，有膜质边缘，中内层卵形或宽倒卵形，宽约 5 mm，全部膜质或边缘宽膜质，先端圆，背面有长柔毛。两性花极多数，结实；花冠黄色，上部 3/4 呈宽杯状，径约 2 mm，膜质，外面被腺点，檐部 5 裂。瘦果近纺锤形，密被腺点。花果期 9—10 月。

产榆阳、定边。生于海拔 1100 ～ 1400 m 左右的沙地。分布于我国内蒙古、宁夏、甘肃。蒙古也产。

株型美观，枝繁叶茂，花量大，颜色鲜艳。可用于花坛、花境，或盆栽，还可以作切花、干花。

图 317　百花蒿

318. 钻叶紫菀 *Aster subulatus* Michx.

一年生草本植物，高（8～）20～100（～150）cm。主根圆柱状，向下渐狭，长5～17 cm，粗2～5 mm，具多数侧根和纤维状细根。茎单一，直立，基部粗1～6 mm，自基部或中部或上部具多分枝，茎和分枝具粗棱，光滑无毛，基部或下部或有时整个带紫红色。基生叶在花期凋落；茎生叶多数，叶片倒披针形，极稀狭披针形，长2～10（～15）cm，宽0.2～1.2（～2.3）cm，先端锐尖或急尖，基部渐狭，边缘通常全缘，稀有疏离的小尖头状齿，两面绿色，光滑无毛，中脉在背面凸起，侧脉数对，不明显或有时明显，上部叶渐小，近线形，全部叶无柄。花后凋落；茎中部叶线状披针形。头状花序极多数，多数在茎顶端排成圆锥状，径7～10 mm，于茎和枝先端排列成疏圆锥状花序；花序梗纤细、光滑，具4～8枚钻形、长2～3 mm的苞叶；总苞钟形，径7～10 mm；总苞片，钟状，3～4层，外层披针状线形，长2.0～2.5 mm，内层线形，长5～6 mm，全部总苞片绿色或先端带紫色，先端尖，边缘膜质，光滑无毛。雌花花冠舌状，舌状花细狭，淡红色、红色、紫红色或紫色，线形，长1.5～2.0 mm，先端2浅齿，常卷曲，管部极细，长1.5～2.0 mm；两性花花冠管状，长3～4 mm，冠檐狭钟状筒形，先端5齿裂，冠管细，长1.5～2.0 mm。瘦果线状，长圆形或椭圆形，长1.5～2.0 mm，冠毛淡褐色，稍扁，具边肋，两面各具1肋，疏被白色微毛；冠毛1层，细而软，长3～4 mm。花果期近全年。

榆阳区可见。分布于我国华东、华中及河北、台湾、四川、贵州、云南。非洲及美洲也产。生长在海拔1100～1900 m的山坡灌丛中、草坡、沟边、路旁、废弃地、荒地、荒野、村旁等地。

茎秆直立，枝繁叶茂。叶形秀美。头状花序多数，花序梗纤细、光滑，花有着淡红色、红色、紫红色或紫色深浅不一的色彩，看去花团锦簇，星星点点。可做花境，盆景。

图318-1　钻叶紫菀幼苗

图 318-2　钻叶紫菀花序

图 318-3　钻叶紫菀果序

319. 华蒲公英 *Taraxacum sinicum* Kitag.

多年生草本植物。叶倒卵状披针形、倒披针形或长圆状披针形，长 4 ～ 20 cm，边缘有时具波状齿或羽状深裂，有时倒向羽状深裂或大头羽状深裂，顶端裂片较大，三角形或三角状戟形，全缘或具齿，每侧裂片 3 ～ 5，裂片三角形或三角状披针形，通常具齿，平展或倒向，裂片间常生小齿，基部渐窄成叶柄，叶柄及主脉常带红紫色，疏被蛛丝状白色柔毛或几无毛。花葶 1 至数个，高 10 ～ 25 cm，上部紫红色，密被长柔毛。总苞钟状，长 1.2 ～ 1.4 cm，淡绿色，总苞片 2 ～ 3 层，外层卵状披针形或披针形，长 0.8 ～ 1.0 cm，边缘宽膜质，基部淡绿色，上部紫红色，先端背面增厚或具角状突起；内层线状披针形，长 1.0 ～ 1.6 cm，先端紫红色，背面具小角状突起。舌状花黄色，舌片长约 8 mm，边缘花舌片背面具紫红色条纹，花药和柱头暗绿色。瘦果倒卵状披针形，暗褐色，长约 4 ～ 5 mm，上部具小刺，下部具成行小瘤，顶端渐收缩成长约 1 mm 圆锥形或圆柱形喙基，喙长 0.6 ～ 1.0 cm，纤细；冠毛白色，长约 6 mm。花期 4—9 月，果期 5—10 月。

产榆阳、清涧、定边、延安。生于海拔 950 ～ 1400 m 的草地或田边。分布于我国东北、华北及宁夏、甘肃、青海。哈萨克斯坦、蒙古、俄罗斯也产。

植株低矮，羽状深裂的叶片密集成莲座状，返青早，花葶直立，头状花序呈小球状，形状别致，花色艳丽，花量大而纯，种子美丽精致，犹如一朵朵绽放的白色莲花。春夏秋三季开花，黄色的花朵和轻盈的飞絮可以美化环境。可作景观地栽、盆栽以及切花，可以与其他草花搭配布置花坛及花境，也可片植做地被植物。

图 319-1　华蒲公英幼苗

图 319-2　华蒲公英花

图 319-3　华蒲公英果实

图 319-4　华蒲公英种子

320. 婆罗门参 *Tragopogon pratensis* L.

二年生草本植物。茎无毛。下部叶线形或线状披针形，基部半抱茎，全缘，有时皱波状，中上部茎生叶与下部叶同形，渐小。头状花序单生茎枝顶端，花序梗果期不扩大；总苞圆柱状，长 2 ~ 3 cm，总苞片 8 ~ 10，披针形或线状披针形，长 2 ~ 3 cm，先端渐尖，下部棕褐色。舌状小花黄色，干时蓝紫色。瘦果灰黑或灰褐色，长约 1.1 cm，喙长 0.8 ~ 1.1 cm，喙顶不增粗，与冠毛连结处有蛛丝状毛环；冠毛灰白色，长 1.0 ~ 1.5 cm。花果期 5—9 月。

榆阳区可见。生于海拔 1100 m 左右的山坡草地及林间草地。产我国新疆。欧洲、西伯利亚、高加索地区及俄罗斯、哈萨克斯坦有分布。

茎直立，叶片翠绿，叶形奇特，头状花序顶生，花大而艳。毛茸茸的种球非常漂亮，瘦果尾部缀有降落伞般的柔毛，可以像蒲公英一样自由飞翔，在花境配置中独具特色。可布置花境，也可做作为切花、永生花。

图 320-1　婆罗门参植株

图 320-2　婆罗门参花

图 320-3　婆罗门参果实

中文名索引

K

L

M

N

O

P

Q

R

S

T

W

X

Y

Z

拉丁名索引

A

B

C

D

E

F

G

H

O

P

Q

R

S

T

U

V

W

X

Z

主要参考文献

[1] 刘翠英 . 毛乌素沙地植物资源调查及开发利用研究 [J]. 干旱地区农业研究 , 2006(02):183–188.

[2] 刘翠英 . 毛乌素沙地野生观赏植物资源及开发利用研究 [J]. 西北林学院学报 , 2006(04):158–161.

[3] 贺学林 , 刘翠英 . 毛乌素沙地资源植物研究 [J]. 西北农林科技大学学报 (自然科学版), 2007(11):196–202.

[4] 刘翠英 , 艾海舰 , 刘江梅 . 榆林沙区野生观赏植物资源及其应用研究 [J]. 陕西农业科学 , 2011, 57(03):100–103.

[5] 梁倩雨 , 郭丽丽 , 许波喜 , 等 . 榆林市 43 种芳香植物园林应用综合评价 [J]. 陕西农业科学 , 2023, 69(08):62–67.

[6] 梁倩雨 , 高静 , 郭丽丽 , 等 . 榆林市野生地被植物资源调查研究 [J]. 陕西农业科学 , 2023, 69(03):98–103.

[7] 赵楠 . 榆林市主城区彩叶树种资源调查及其应用评价 [D]. 陕西榆林 : 榆林学院 , 2023.

[8] 赵楠 , 梁倩雨 , 郭丽丽 , 等 . 基于 AHP 的榆林市木本彩叶植物综合评价 [J]. 陕西农业科学 , 2023, 69(03):110–116.

[9] 郭丽丽 , 赵楠 , 梁倩雨 , 等 . 基于层次分析法的榆林地区彩叶植物综合评价 [J]. 榆林学院学报 , 2022, 32(06):51–56, 70.

[10] 高静 , 赵楠 , 刘翠英 , 等 . 基于 AHP 的榆林市优势地被植物综合评价 [J]. 陕西农业科学 , 2022, 68(01):88–92.

[11] 郭丽丽 , 梁倩雨 , 龙佳文 , 等 . 榆林市园林观果植物评价 [J]. 陕西林业科技 , 2023, 51 (03): 28– 32.

[12] 赵晓彬 . 红石峡沙地植物 [M]. 杨凌 : 西北农林科技大学出版社 , 2022.

[13] 李思锋 , 黎斌 . 秦巴山区野生观赏植物 [M]. 西安 : 陕西科学技术出版社 , 2009.

[14] 刘燕 . 园林花卉学 [M]. 北京 : 中国林业出版社 , 2016.

[15] 卢琦 , 王继和 . 中国荒漠植物图鉴 [M]. 北京 : 中国林业出版社 , 2012.

[16] 陈彦生 . 陕西维管植物名录 [M]. 北京 : 高等教育出版社 , 2016.

[17] 程积民 , 朱仁斌 . 中国黄土高原常见植物图鉴 [M]. 北京 : 科学出版社 , 2012.

[18] 贾厚礼 , 姜林 . 榆林种子植物 [M]. 西安 : 陕西科学技术出版社 , 2012.

[19] 乐天宇 , 徐纬英 . 陕甘宁盆地植物志 [M]. 北京 : 中国林业出版社 , 1957.

[20] 刘广全，王鸿喆．西北农牧交错带常见植物图谱 [M]. 北京：科学出版社，2012.

[21] 陕北建设委员会，西北植物研究所．黄土高原植物志 (第五卷)[M]. 北京：科学技术文献出版社，1989.

[22] 西北植物研究所．黄土高原植物志 (第二卷) [M]. 北京：中国林业出版社，1992.

[23] 西北植物研究所．黄土高原植物志 (第一卷) [M]. 北京：科学出版社，2000.

[24] 中国科学院植物研究所．中国高等植物图鉴 [M]. 北京：科学出版社，1970–1983.

[25] 中国科学院中国植物志编辑委员会．中国植物志 (第 1–80 卷)[M]. 北京：科学出版社，1959–2004.

[26] 朱太平，刘亮，朱明．中国资源植物 [M]. 北京：科学出版社，2007.

[27] 中国植物物种信息数据库 .http://db.kib.ac.cn

[28] 植物智．http://www.iplant.cn

[29] 中国植物图像库 (Plant Photo Bank of China, PPBC). http://ppbc.iplant.cn

[30] 中国自然标本馆 (CFH). https://www.cfh.ac.cn/